中等职业教育国家规划教材
全国中等职业教育教材审定委员会审定

设备电气控制与维修

（机电设备安装与维修专业）

第 2 版

主　编　晏初宏
副主编　赵红顺
参　编　冯其毅　胡细东
　　　　蒋庆斌　周秦源

机械工业出版社

本书是中等职业教育国家规划教材，是在第1版的基础上修订而成的。全书共六章，主要介绍了设备电气控制与维修的基本知识，继电器、接触器控制基本环节电路，常用机床的电气控制系统，可编程序控制器，数控机床维护及数控系统故障诊断，普通机床的数控化改造等内容。各章后均附有思考与练习。本书在深入的调查研究基础上，总结了最近几年来课程改革的经验，以适应经济发展、科技进步和生产实际对教学内容提出的新要求。本书注意反映生产实践中的新知识、新技术、新工艺和新方法，突出职业教育特色，紧密联系生产实际；体现创新意识，渗透当代科学思维，反映当代科学技术发展对人才素质的要求。

本书可供中等职业技术学校、技工学校和职业高中机电设备安装与维修专业及其相关专业使用，也可供从事机电设备安装与维修工作的工程技术人员阅读参考，或作为工厂电气维修、安装工人的培训教材。

图书在版编目（CIP）数据

设备电气控制与维修（机电设备安装与维修专业/晏初宏主编. —2版. —北京：机械工业出版社，2013.5（2023.1重印）
中等职业教育国家规划教材
ISBN 978-7-111-42363-8

Ⅰ.①设… Ⅱ.①晏… Ⅲ.①机械设备—电气控制—中等专业学校—教材②机械维修—中等专业学校—教材 Ⅳ.①TB4

中国版本图书馆CIP数据核字（2013）第091052号

机械工业出版社（北京市百万庄大街22号 邮政编码100037）
策划编辑：汪光灿 责任编辑：汪光灿 张云鹏 版式设计：霍永明
责任校对：申春香 封面设计：姚 毅 责任印制：常天培
保定市中画美凯印刷有限公司印刷
2023年1月第2版第9次印刷
184mm×260mm · 10.25印张 · 246千字
标准书号：ISBN 978-7-111-42363-8
定价：32.00元

电话服务 网络服务
客服电话：010-88361066 机 工 官 网：www.cmpbook.com
010-88379833 机 工 官 博：weibo.com/cmp1952
010-68326294 金 书 网：www.golden-book.com
封底无防伪标均为盗版 机工教育服务网：www.cmpedu.com

中等职业教育国家规划教材出版说明

为了贯彻《中共中央国务院关于深化教育改革全面推进素质教育的决定》精神，落实《面向21世纪教育振兴行动计划》中提出的职业教育课程改革和教材建设规划，根据《中等职业教育国家规划教材申报、立项及管理意见》（教职成［2001］1号）的精神，教育部组织力量对实现中等职业教育培养目标和保证基本教学规格起保障作用的德育课程、文化基础课程、专业技术基础课程和80个重点建设专业主干课程的教材进行了规划和编写，从2001年秋季开学起，国家规划教材将陆续提供给各类中等职业学校选用。

国家规划教材是根据教育部最新颁布的德育课程、文化基础课程、专业技术基础课程和80个重点建设专业主干课程的教学大纲编写而成的，并经全国中等职业教育教材审定委员会审定通过。新教材全面贯彻素质教育思想，从社会发展对高素质劳动者和中、初级专门人才需要的实际出发，注重对学生的创新精神和实践能力的培养。新教材在理论体系、组织结构和阐述方法等方面均做了一些新的尝试。新教材实行一纲多本，努力为教材选用提供比较和选择，满足不同学制、不同专业和不同办学条件的教学需要。

希望各地、各部门积极推广和选用国家规划教材，并在使用过程中，注意总结经验，及时提出修改意见和建议，使之不断完善和提高。

教育部职业教育与成人教育司

第2版前言

本书是中等职业教育国家规划教材，体现了对学生的创新精神和实践能力为重点的教育教学指导思想。本书自2002年2月出版以来，受到了广大师生的喜爱和支持，为全面贯彻素质教育思想，培养高素质劳动者和中、初级专门人才做出了贡献。

为适应当今高新技术的迅猛发展，满足当今职业教育改革需求，编者进行了本次修订工作。

修订后的《设备电气控制与维修第2版》主要有以下特点：

1）在保留本书第1版整体框架的基础上，删除了三相异步电动机的电力拖动、桥式起重机的电气控制系统等内容，增添了数控机床维护及数控系统故障诊断、普通机床的数控化改造等内容。在教学内容方面，降低了理论深度，加强了技能实践环节，基本上满足了“理论浅、内容新、应用多和学得活”的要求。

2）按教育部的要求，突出了中等职业教育培养特色。本书遵循以应用为主的原则，围绕设备电气维修电工基本工艺、故障诊断方法和检修等技术问题组织内容，注重培养学生对设备电气进行维修和故障分析的能力，解决设备电气现场维修技术问题的能力，在设备电气维修过程中采用新知识、新技术、新材料、新工艺和新方法的能力。

3）适应了“准确服务于培养目标，更新技术方法和提高技术应用水平”的社会新形势，本书所阐述的设备电气维修的基本理论、设备电气故障诊断方法、设备电气维修工艺等内容，突出了“实际、实用、实效”的原则，体现了以能力为本位培养学生创新精神和实践能力的教育教学思想。

本书的修订工作，主要由张家界航空工业职业技术学院晏初宏主持完成。张家界航空工业职业技术学院的周秦源负责了第二、三、四章的修订工作，胡细东设计和制作了本书的电子教案。

由于编者水平有限，书中的缺点在所难免，恳请读者能一如既往地给予批评指正。

编　者

第 1 版前言

本书是中等职业技术教育机电设备安装与维修专业的适用教材，是根据国家教育部面向 21 世纪职业教育课程改革和教材建设规划以及中等职业学校机电设备安装与维修专业教学改革方案、指导性教学计划和课程教学大纲的要求，并参照有关行业的职业技能鉴定规范及中级技术工人等级考核标准编写的，除供中等专业学校、技工学校和职业高中等有关专业选用外，也可供从事机电设备安装与维修工作的工程技术人员参考，或作为工厂电气维修、安装工人的自学教材。

本书在较深入的调查研究基础上，反映了近几年来课程改革的经验，适应经济发展、科技进步和生产实际对教学内容提出的新要求。突出了职业教育特色，紧密联系生产实际，具有广泛的实用性。在课时、教学内容和要求等方面安排适当，有较大的灵活性。全书既安排了教学中必须完成的基本模块的内容，又安排了可供选择的选用模块（有“*”的章节）内容。编写了紧密联系实际、形式多样的例题、习题和思考题，方便教学。同时注意反映生产实际中的可编程序控制器等新知识、新技术、新工艺和新方法。

本书旨在突破传统的、繁杂的教学内容体系，根据科学事业的迅速发展对人才素质的需要思考该课程的整体改革，因而保留工程实际中高素质劳动者和中初级专门人才所必须具备的设备电气控制与维修的基本知识和基本技能，体现了创新意识和实践能力为重点的教育教学指导思想。在书中渗透当代科学思维，反映了当代科学事业发展对人才素质的要求。

全书共六章，分别介绍了设备电气控制与维修的基本知识、三相异步电动机的电力拖动、继电器—接触器控制基本环节电路、常用机床的电气控制系统、桥式起重机的电气控制系统和可编程序控制器等内容。

本书的绪论、第一、二章由张家界航空工业学校晏初宏老师编写，第三章由贵州省机械工业学校冯其毅老师编写，第四、五章分别由常州机械学校蒋庆斌、赵红顺老师编写，第六章由张家界航空工业学校胡细东老师编写，晏初宏老师为主编。

本书由黑龙江省机械制造学校谭有广高级讲师主审。参加审稿会者除编审人员外，还有沈阳市机电工业学校孙成普高级讲师、广东省机械学校李锡雯高级讲师、华北机电学校庞建跃高级讲师、张家界航空工业学校张云瑞高级讲师等。他们在审稿会前和会中对书稿提出了许多宝贵的意见。在此谨向他们表示衷心的感谢。

由于编者水平有限，经验不足，时间仓促，书中的缺点和错误在所难免，恳请读者给予批评指正。

编　者

目　录

绪　论

一、电气控制技术的发展概况

19 世纪末，在生产机械的拖动系统中，电动机逐渐代替了蒸汽机，出现了电力拖动。在 19 世纪初，常以一台电动机通过天轴拖动多台生产机械，如图 0-1 所示；或使一台机床的多个运动部件由一台电动机拖动，称为“成组拖动”或“集中拖动”。

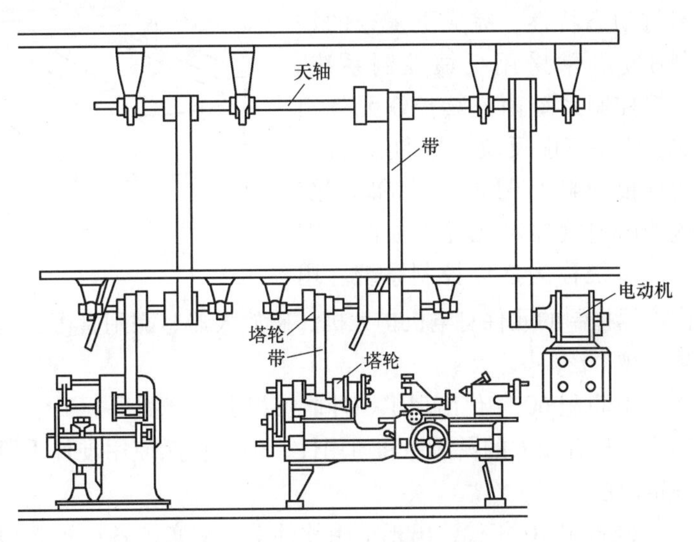

图 0-1　天轴、带、塔轮拖动生产机械

随着生产发展的需要，20 世纪 20 年代，电力拖动由集中拖动（成组拖动）发展为单独拖动，即“单电动机拖动系统”，就是一台生产机械由一台单独的电动机拖动，如图 0-2 所示。这样，电动机与生产机械在结构上配合密切，可以用电气设备调节每台生产机械的转速，从而进一步简化机械结构，而且易于实现生产机械运转的自动化。

为了进一步简化机械传动机构，更好地满足生产机械各运动部件对机械特性的不同要求，在 20 世纪 30 年代出现了多电动机拖动，即机械的各运动部件分别采用不同的电动机拖动。例如，具有四个主轴的龙门铣床用四台电动机拖动，如图0-3 所示，每台电动机拖动一个主轴运动。某些生产机械的生产过程长而连续，如造纸、印刷、纺织、轧制等机械，也都采用多电动机拖动系统。因为这些机械一般由多个部分组成，每一部分可由单独电动机拖动。这种多电动机拖动简化了机械结构，使机械的工作性能日趋完善，更为重要的是为机械的自动化控制创造了良好条件。此外，在生产过程中要求对影响产品质量的各种参数能自动检测与调整，反过来又促使电气自动控制技术迅速发展。

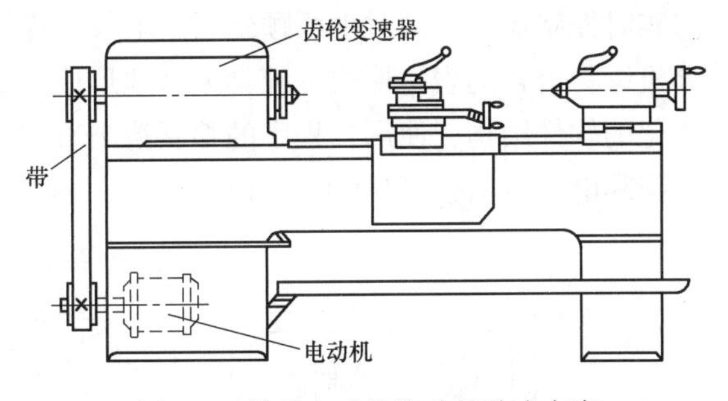

图 0-2　单独电动机拖动的卧式车床

在电力拖动方式的演变过程中，电力拖动的控制方式由手动控制逐步向自动控制方向发展。最初的自动控制是用数量不多的继电器、接触器及保护元件组成的继电器—接触器控制系统。这种控制系统具有使用的单一性，即一台控制装置只适用于某一固定程序的生产机械，若程序发生变动，必须重新设计电路，而且这种控制的输入、输出信号只有通和断两种状态，因而这种控制系统是断续的，不能连续反映信号的变化，故称为断续控制。

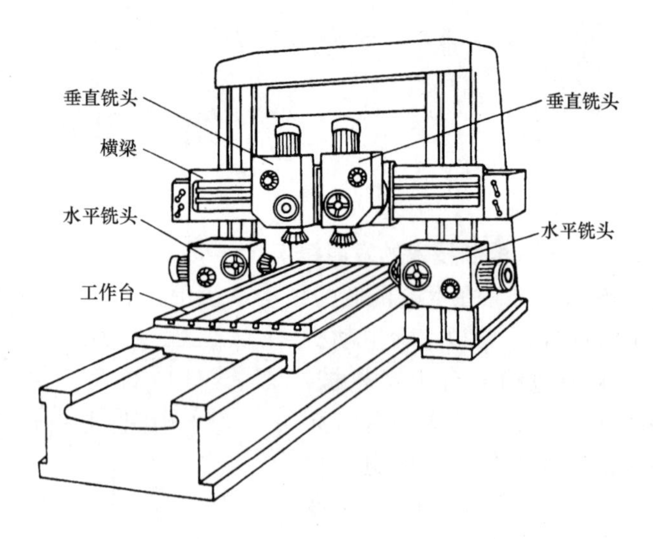

图 0-3　龙门铣床

为使控制系统获得更好的静态与动态特性，完成更复杂的控制任务，常采用反馈控制系统。反馈控制系统由连续控制元件组成，它不仅能反映信号的通与断，而且能反映信号的大小和变化。这种由连续控制元件组成的反馈控制系统称为连续控制系统。用作连续控制的元件有电机扩大机、磁放大器、晶闸管等，尤其是晶闸管控制系统，它的应用越来越广泛。

20 世纪 60 年代出现了一种能够根据生产需要，灵活改变控制程序的顺序控制器，使控制系统具有较大的灵活性和通用性，但它仍然使用硬件手段，而且装置体积大，功能也受到一定限制。

20 世纪 70 年代，出现了用软件手段来实现各种控制功能，以微处理器为核心的工业通用自动控制装置——可编程序控制器（Programmable Controller），简称 PC，如图 0-4 所示。它是将传统的继电器、接触器控制技术、计算机技术和通信技术融为一体，专门为工业控制而设计的一种新型的通用自动控制装置。它不仅充分利用微处理器的优点来满足各种工业领域的实时控制要求，同时也照顾到目前电气操作维护人员的技能和习惯，摒弃了微机常用的计算机编程语言的表达形式，独具风格地形成一套以继电器梯形图为基础的形象编程语言和模块化的软件结构，使用户程序的编制清晰直观、方便易学，且调试和查错容易。

国际电工委员会（IEC）在 1987 年 2 月颁发的可编程序控制器标准草案第三稿中对 PC

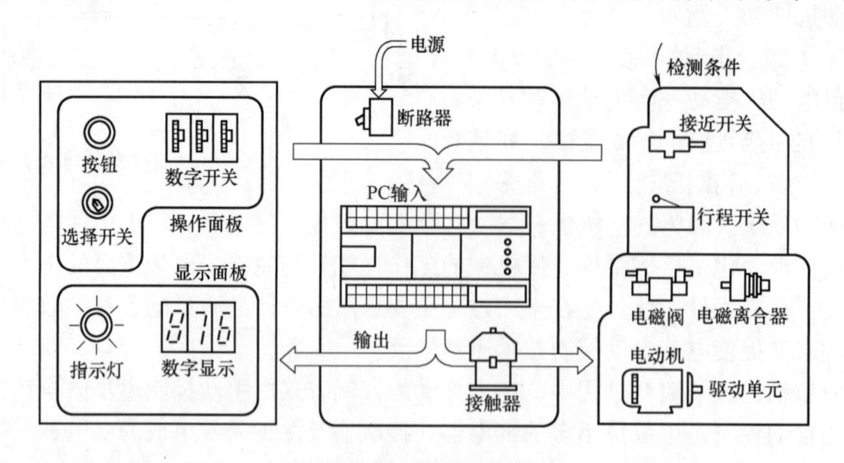

图 0-4　PC 控制系统图

作了如下定义："可编程序控制器是一种数字运算操作的电子系统，专为在工业环境下应用而设计。它采用了可编程序的存储器，用来在其内部存储执行逻辑运算、顺序控制、定时、计数和算术运算等操作的指令，并通过数字式和模拟式的输入和输出，控制各种类型机械的生产过程。可编程序控制器及其有关外围设备，都按易于与工业系统联成一个整体、易于扩充其功能的原则设计。"

由于可编程序控制器具有功能强、通用灵活、可靠性高、环境适用性好、编程简单、使用方便及体积小、重量轻、功耗低等一系列优点，因此目前世界各国已将它作为一种标准化通用设备普遍应用于工业控制。

随着计算机技术的发展，20 世纪 50 年代初，数控设备研制成功，它是由电子计算机按照预先编好的程序，对机床实现自动化的数字控制。随着微型计算机的出现，数控机床得到很快的发展，先后出现了硬件逻辑电路构成的专用数控装置 NC、小型计算机控制的 CNC 数控系统、计算机群控系统 DNC、自适应控制系统 AC、微型计算机数控系统 MNC。20 世纪 80 年代又发展成柔性制造系统 FMS，如图 0-5 所示。最新发展起来的以数控机床为基本单元的计算机集成制造系统，即 CIMS，用以实现无人自动化工厂。

在工业发达的国家，可编程序控制器、机器人和数控机床已成为现代控制的三大支柱。

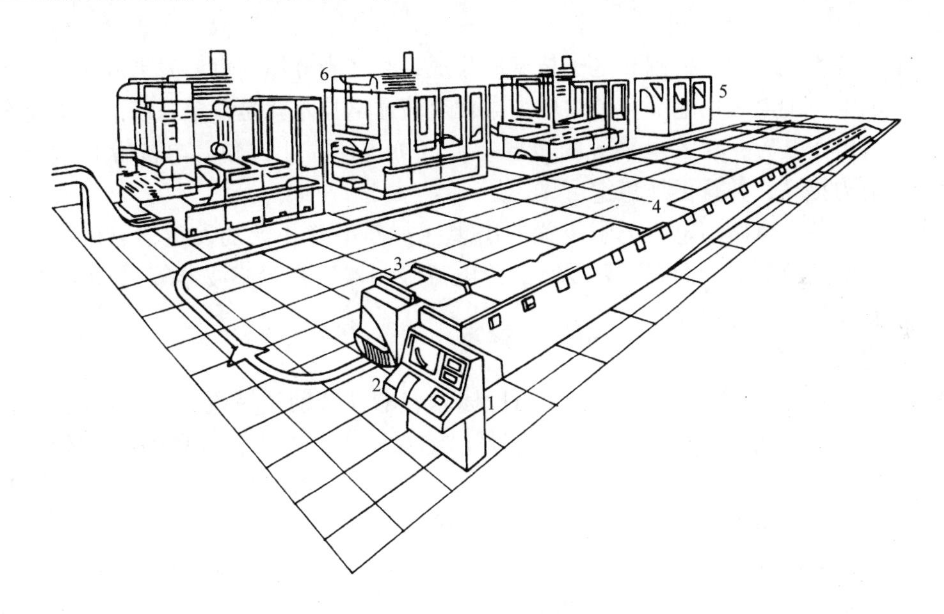

图 0-5　加工箱体零件的柔性制造系统

1—带有记录生产数据的主计算机控制系统与主计算机接口　2—生产数据记录打印
3—感应式无轨小车　4—托盘与上、下工作站　5—零件清洗站　6—卧式镗铣加工中心

二、电气化远景

当电动机、电话、电灯三大发明照亮人类实现电气化的道路时，混沌初开的世界便迅速踏上了现代化的旅程，一切与电相关的发明创造相继问世，完整的电气工业体系得到了建立，从而铸就了电气时代的辉煌，也铸就了电子信息时代的根基，人类工业文明史便翻开了新的一页。从此，曾经"脸朝黄土背朝天"的农耕文明开始慢慢褪色，曾经机器轰鸣、污染严重的"蒸汽工厂"被宁静整洁的"电气工厂"取而代之，曾经驿站相连的马车时代随

着无线电的发明悠然隐没，更是在网络时代来临后成为遥远的回忆。整个人类社会的生产和生活面貌因电气时代的到来而彻底改变，生产走向自动化，生活走向便捷化。在20世纪，电气化成为工业经济时代的必要条件、基础设施，而今人类已步入信息和知识经济时代，但整个世界仍将以电力为主要二次能源，电已是人们生活、生产、工作不可缺少的基本支撑。

展望未来，新的电气技术将不断突破诞生，新的电气产业将不断延展分化。可以预料，由于高新技术的驱动和社会发展需要的拉动，电气高新技术的产业化道路将更加宽广。

1. 新能源发电技术

采用新型高效能源是电力建设和开发的方向。核能、太阳能、燃料电池等技术的实用化将彻底解决人类面临的能源和环境危机。从长远来看，核能将是继石油、煤和天然气之后的主要能源，人类完全有可能从“石油文明”走向“核能文明”。继核裂变发电之后，更高能级的核聚变发电正在一些发达国家竞相开发应用，并被预言为“最终能源”，可以一劳永逸地解决社会发展出现的能源危机。科学家们估计，到2025年以后，示范型核聚变发电有可能出现；2050年前后，受控核聚变发电有可能投入商业运营。

2. 输变电技术

无阻的、能传输高电流密度的高温超导材料的相继问世，将带动超导电力设备的全面进展。

电力电子技术是电力、控制和电子技术的集成，是在半导体问世后发展起来的，可以应用到发电、输电、配电和用电等各种领域。柔性交流输电技术就是输电系统的主要部分，它采用各种电力电子装置，对输电系统的重要参数（如电压、相位角、电抗等）进行调整控制，使输电能力提高，并且更加稳定可靠。

近年来，随着大量新型电力电子装置的出现（如新型静止无功发生器、可控串联电容补偿器、综合潮流控制器、固态断路器、故障电流限制器、有源滤波器等），使柔性交流输电技术和装置发展十分迅速。

3. 电气传动技术

20世纪50年代末，第一只晶闸管的问世标志着电气传动领域电力电子新技术的诞生。电力电子器件经过一代又一代的创新，特别是以绝缘栅双极晶体管（IGBT）为代表的第三代电力电子器件，正向复合化、模块化、智能化、高频化和功率集成化的方向发展，从而使电气设备的体积与重量大大减小，不仅使电气设备在制造时节约了大量材料，而且运行时节电明显，设备的系统性能亦大为改善，并且对航空、航天工业也有着十分深远的意义。电力电子技术的发展与创新是21世纪可持续发展战略纲领的重要组成部分。随着新世纪现代电力电子技术转化为生产力的速度的加快，必将形成一条高科技产业链，从而推动整个工业领域的技术创新向前发展。

4. 电气控制和应用技术

目前前景看好的智能化、信息化产品有机顶盒、平板电脑、智能手机、车载盒、工业控制产品等。机顶盒不仅可使模拟电视能接收数字电视节目和上网，还可能成为未来家庭的控制中心。平板电脑是计算机微型化、专业化趋势的产物，由于平板电脑易用、便携、低价，因此未来几年将快速发展。从功能上看，平板电脑还将扩充通信功能，甚至会具有手机的功能。车载盒用于汽车上的通信，随着全球定位技术的成熟和广泛应用，车载盒将会成为有汽车家庭的消费时尚。此外，信息电器还可广泛用于工业控制，如数控机床、电梯及其他工业控制设备和仪器都可采用芯片技术、嵌入式软件、通信技术等，以提高作业效率，促进企业技术改造，为企业带来新的活力。

5. 电工材料技术

先进材料技术已成为世界各国科技竞争的焦点，高温超导、纳米和环保材料是电工材料的重要研究方向，是构成21世纪信息社会的基石和电气工业的支柱。新材料中最具活力的是信息功能材料，耐高温、高比强度、高比刚度的结构材料，高温超导材料，纳米材料，能源材料和环保材料等。信息功能材料指用于信息的获取、传输、存储、显示及处理有关事宜的材料，信息功能材料品种多、涉及面广。其中，单晶硅片由于直径越来越大、性能好、价格低，成为发展最快的先进信息材料，21世纪上半叶仍将占主导地位。纳米材料具有很多异乎寻常的特点，纳米技术已成为先进材料的前沿技术。例如，乙烯球，除材料本身外，还为新材料合成开辟了一条新途径；纳米碳管的强度比钢高100倍，密度仅为钢的1/10，其导电性超过铜，有可能成为纳米级电子电路的主要材料。纳米技术有望成为核心技术，从而引起新的产业革命，给人类带来无数的新产品和新工艺。还有被称为绿色材料的环保材料等，都将成为有发展前景的新型电工材料。

不难想象，正是由于有这五个方面的电气高新技术的突破及产业化道路的铺就，电气工业将继续演绎本世纪的辉煌。

三、课程的性质和任务

本课程是一门实践性很强的主要专业课程。其任务是：通过设备电气控制的基本知识、机械设备的电力装备、基本电路、控制系统及可编程序控制器等基本内容的教学，应使学生具备高素质劳动者和中初级专门人才所必需的设备电气控制与维修的基本知识和基本技能，初步形成解决实际问题的能力，逐步培养学生的职业技能，提高全面素质，增强适应职业变化的能力。

1. 基本知识教学目标

1）设备电气控制与维修的基本概念和基本分析方法。

2）电气电路及电气设备的工作原理、结构及用途。

3）常用低压电器的特性、结构、原理、主要参数及其选用、调整和故障维修方法。

4）可编程序控制器的特性和应用范围。

2. 能力目标

1）能正确使用常用电工仪表。

2）能阅读和分析简单的电气控制电路原理图及通用设备电气控制电路系统图。

3）具有借助手册等工具书和设备铭牌、产品说明书、产品目录等资料，查阅低压电器元件及产品的有关数据、功能和使用方法的能力。

4）初步具有装配和调试简单电气控制电路的能力。

5）能处理一般通用设备电气控制电路的简单故障。

思考与练习

0-1　试述电气控制技术的发展概况。

0-2　展望未来，电气高新技术将会有哪些方面的发展？

0-3　试述本课程的性质和任务。

第一章　设备电气控制与维修的基本知识

第一节　电工基本工艺

一、电工常用工具

在机械电气设备的安装、维护和检修过程中，必须具备一些常用的电工工具并掌握其正确的使用方法，才能够顺利进行电气设备的安装、维护和检修工作。电工常用工具见表1-1。

表1-1　电工常用工具

工具名称	构造及用途	使用注意事项
钢丝钳	由钳头和钳柄两部分组成，钳柄一般带绝缘套管。钢丝钳有多种用途。钳口用来夹持或弯绞导线线头；刀口用来剪切导线或剖切软导线绝缘层；铡口用来铡切电线线芯和钢丝等较硬金属。钳柄有绝缘套管的钢丝钳可在有电的场合下使用，允许电压为500V	1）握钳时，要握钳柄的后部，这样夹起来才有力 2）不要用钢丝钳松、紧螺母，否则螺母和钳口都会受到损伤 3）不要用钢丝钳代替锤子敲击或撬东西 4）带电作业时，不能一次剪断带电的双股胶线，否则会引起电源短路
电工刀	电工刀在电工装修工作中，用于割削电线电缆绝缘层、纸张、木片或软性金属。有普通式和三用式两种，三用式电工刀增加了锯片和锥子，用来锯小木板和锥孔	1）避免切割坚硬的材料，以保护刀口 2）刀口用钝后，可用油石磨 3）刀刃部分损坏严重，可用砂轮磨，但要防止退火
活扳手	活扳手的头部由定、动扳唇，蜗轮和轴销等构成，旋动蜗轮可调节扳口的大小	1）根据螺母的大小选用适当规格的扳手 2）松动和旋紧规格较大的螺母（或锈住螺母）时，必须将动扳唇放在用力方向的内侧 3）旋动螺母时，必须事先调节两扳唇，将螺母夹持得松紧适度
剥线钳	剥线钳用来剥削线芯截面为$6mm^2$以下的塑料、橡胶电线的绝缘层。钳头部分由压线口和切口构成，切口上有$\phi0.5 \sim \phi3mm$的多个切孔，以适用于不同规格的线芯	1）剥线时，电线必须放在稍大于线芯直径的切孔上切剥，否则会切伤线芯 2）当需剥削较长一段绝缘层时，应分段进行
试电笔	试电笔能检查低压导体和电气设备外壳是否带电，其检测电压的范围为60～500V。为了便于使用和携带，常做成钢笔状，前端是金属探头，内部依次装有安全电阻、氖泡和弹簧。弹簧与后端外部的金属部分接触。使用时，手应与笔尾的金属部分相接触	1）使用试电笔前，务必先在正常的电源上检查氖泡能否正常发光，以确认试电笔验电可靠 2）由于氖泡发光微弱，在明亮的光线下测试时，往往不易看清氖泡的辉光，所以应当避光检测 3）试电笔的金属探头一般都制成一字旋具形状，只能承受很小的转矩，不可随意作旋具使用

（续）

工具名称	构造及用途	使用注意事项
电烙铁	电烙铁是锡焊的电热工具，它由手柄、套管、电热元件和铜头组成。按铜头受热方式分有外热式电烙铁和内热式电烙铁两种。电烙铁的规格以其消耗的电功率表示，通常为20～500W。常用的起清除污垢和抑制工件表面氧化作用的焊剂有松香、松香混合剂、焊膏、盐酸等	1）电烙铁的金属外壳必须妥善接地，以防电烙铁漏电，发生意外 2）当焊接弱电元件时，宜采用45W以下的电烙铁；焊接强电元件时，则需45W以上的电烙铁 3）电烙铁一旦使用完毕，应随即断电，让其自然冷却

二、电工基本操作技术

电工基本操作技术的内容包括导线线头加工工艺、锡焊的方法、穿铁管布线和各种开关的操作方法等。

1. 导线线头加工工艺

（1）导线分类和用途　机械电气设备常用的导线分电磁导线和绝缘导线两大类。

1）电磁导线。按绝缘材料分为漆包线、丝包线、丝漆包线、纸包线、玻璃纤维包线和纱包线等多种。按截面几何形状分为圆形和矩形两种。导线的线芯又有铜芯和铝芯之分。机械电气设备常用的电磁线为漆包线和纱包线，多用于各种接触器、继电器的线圈，电动机、电磁铁等的电感线圈。

2）绝缘导线。按绝缘导线的绝缘材料和用途的不同，分为塑料线、塑料护套线和各种电缆等。机械电气设备中常用的为塑料线、塑料护套线等，多用于控制电盘配线或作盘外各电盘与电器之间的连线。

（2）电磁导线线头绝缘层的去除　去除直径$>\phi0.1$mm的漆包线线头绝缘层时，宜用细砂布擦去绝缘层。直径$>\phi0.6$mm的线头，可用电工刀轻轻刮去绝缘层。直径$<\phi0.1$mm的线头（尤其是线圈抽头或断头）较难处理，可用细砂布轻轻擦去绝缘层，也可用火轻轻一烧，然后用细砂布擦去。采用后一种方法时，绝缘层去除得较为干净，但火烧时间要短，轻轻掠过即可，否则会将线头烧熔。

去除纱包线线头绝缘层时，是将纱层松散到所需长度，打结扎住，防止纱层继续散开，然后用细砂布擦去线芯表面的氧化层。

（3）绝缘导线线头绝缘层的剥削　剥削塑料线绝缘层可用电工刀、钢丝钳或剥线钳进行。用剥线钳剥削塑料层，只限于线芯直径$<\phi3$mm的导线，并且多在电盘集中配线时用。用钢丝钳剥削，适合于线芯截面为4mm^2以下的塑料线。剥削时，根据线头所需长度，用钳头刀口轻切塑料层（不可切伤线芯），然后用右手握住钳子头部，用力向外勒去绝缘层。与此同时，左手握紧导线反向用力，如图1-1所示。如果所需线头较长，可分成两段或三段剥削。线径较粗的塑料线，可用电工刀剥削绝缘层，如图1-2所示。剥削时，根据所需的线端长度，将刀口以45°倾斜角切入塑料绝缘层（图1-2a），不可切

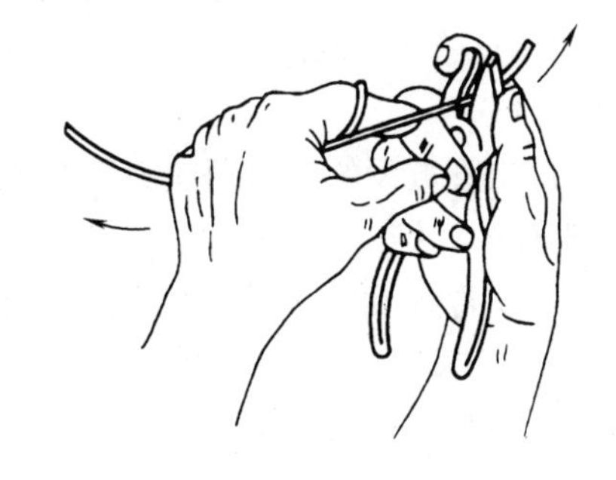

图1-1　用钢丝钳剥离导线塑料层的方法

伤线芯。然后刀面与线芯保持25°角左右，刀口向外削出一条缺口（图1-2b）。将绝缘层剥离线芯，用电工刀取齐切去（图1-2c）。

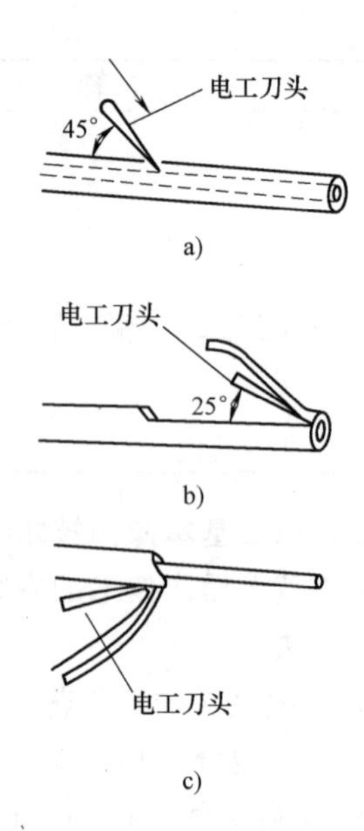

图1-2　用电工刀剖剥导线塑料层的方法

塑料护套线的护套层用电工刀剥削，如图1-3所示。方法是按所需长度用刀尖在线芯缝隙间划开护套层（图1-3a），然后剥离导线绝缘层，用刀口切齐（图1-3b）。其导线绝缘层的去除方法与塑料护套层剥削法相同，但绝缘层的切口与护套层的切口间应留5~10mm的距离。

2. 锡焊的方法及注意事项

使用电烙铁锡焊时必须将焊点焊透、焊牢，以减小连接点的接触电阻。要注意焊锡的熔化温度，焊液必须充分渗透，锡结晶部位要细而光滑。

造成虚焊的原因是焊件表面不干净或使用焊剂太少，以致于焊件表面没有充分焊上锡层。另外，烙铁温度不够或烙铁留焊时间过短，焊锡未被充分熔化，也会造成虚焊。

焊接电子元件引出线头时，焊接时间一般不超过2s，使用的电烙铁以25W为宜，焊头要修整得稍尖些，含锡量要适当，避免焊锡过多而使焊点粗大。焊接电子元件，忌用酸性焊剂，以防降低介质绝缘性能和加剧腐蚀。

3. 穿铁管布线的注意事项

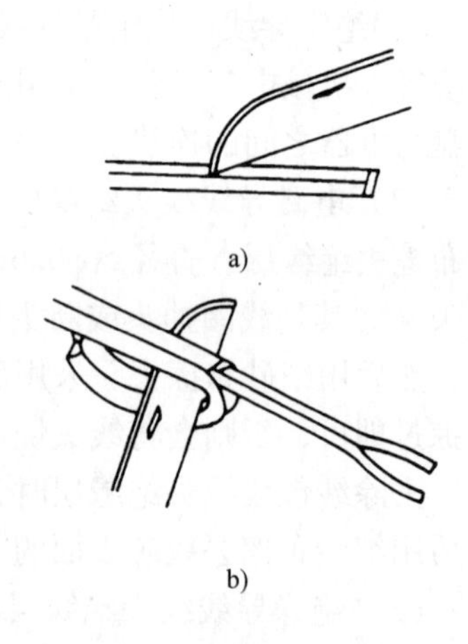

图1-3　塑料护套层的剥离方法

在进行机械设备的电气安装和维修时，布线多采取穿铁管敷设的方法。操作不当，易造成导线间或导线与地短路的故障。铁管常埋于地下，一旦有故障，不易维修，因此，穿管时一定要注意以下问题：

1）铁管内部及管口应光滑无毛刺，管口要加护口，以防伤线。

2）铁管要有可靠的接地或接零，与接线盒连接处须用导线连接好，且有良好的接地保护。

3）铁管内部导线的总面积要小于铁管截面积的40%，铁管内不许有导线接头，两出口处的导线最好套上绝缘软管。

4）铁管敷设的弯曲角应大于90°，明管弯曲半径应大于管径的4倍，暗管弯曲半径应大于管径的6倍。

5）铁管敷设在潮湿场所或地下时，应使用壁厚大于2mm的铁管，并在导线的出口、铁管的连接处采取防潮措施。

4. 各种开关的操作方法

1）瓷底胶盖刀开关的分、合操作均应敏捷利落。若分断速度过慢，会产生强烈电弧，轻则烧伤触点，重则使动、静触点焊在一起。合闸时，要向上推到位，使动触点（刀片）完全插入静触点中，上下胶盖要完整无损。

2）负荷开关（即铁壳开关）一般不可开盖合闸，以防电弧灼伤人体。拉闸正常时，能听到弹簧的跳动声，否则说明动触点没有分断。

3）手动自耦减压起动器合闸时用手柄操作，手柄的位置有三挡，中间位置标“停”，是空位，外挡是“起动”位，内挡是“运转”位。开车时，应把手柄推向“起动”位，但不可松手，同时注意电动机的起动运转情况。待转速稳定、声音均匀时，再把手柄趁势拉到“运转”位置。手柄停在“起动”挡的时间不可过短，否则达不到减压起动的目的，造成热继电器触点跳开或熔体熔断，对电动机运转会造成影响。停车时，只需按一下停止按钮，脱扣线圈失压，开关分断，电动机停转。

三、电工仪表

机械电气设备的电量指示和机械设备电气维修所用的仪表，主要用来测量电路的电流、电压、电阻及绝缘电阻等，借以了解电气设备的性能、运行情况以及发生故障时各种电量参数的变化。

1. 电工仪表的分类

电工仪表的种类很多，按测量方法分，有直接测量和比较测量两类。采用直接测量方法的仪表称为直读式仪表，可从表盘上读出电量的数值。采用比较测量方法的仪表是将被测电量与“较量仪器”中的已知标准电量进行比较，从而确定电量的大小。直读式仪表使用比较方便，但测量的准确度不太高。较量仪器的测量可获得很高的准确度，但仪器笨重，测量不太方便，价格较贵，平时较少使用。

按工作原理的不同，电工仪表可分为磁电系、电磁系、感应系、整流系、静电系和热电系等类型。

按被测电量的名称（或单位）可分为电流表（千安表、安培表、毫安表、微安表）、电压表（千伏表、伏特表、毫伏表）、功率表（瓦特表）、兆欧表（摇表）、欧姆表和电能表等。

按使用方法的不同，电工仪表可分为开关板式和可携式仪表。开关板式仪表一般安装在机械设备电气箱（或电盘）外壳的前部。可携式仪表有万用表、兆欧表和钳形电流表等。

根据工作电流种类的不同，电工仪表还可分为直流表、交流表和交直流两用表。

2. 电工仪表符号

电工仪表的表盘上面标有各种符号和文字，用以表示仪表的结构形状、测量对象、准确度等级、灵敏度、防磁防震度等。常用电工仪表表盘的标记符号见表1-2。

3. 电工仪表的构造及工作原理

机械电气设备电量指示和维修常用的仪表有磁电系仪表和电磁系仪表。

（1）磁电系仪表的构造和原理　磁电系仪表的构造由固定和可动两大部分组成，如图1-4所示。固定部分由一个马蹄形永久磁铁1、磁极6及软铁铁心2组成。磁极为半圆形软铁，连接马蹄形磁铁的两极。软铁铁心呈圆柱形，固定在两磁极中间。由于软铁铁心的磁导率很高，与磁极间的空气隙很小，所以磁力线几乎全部穿过软铁铁心，并均匀地分布在空气隙中。可动部分主要由绕在铝框骨架上的活动线圈7和支承在轴承上的转轴8组成。线圈骨架与轴相连，轴的两端各装有一个盘形游丝5，轴上还装有零点调节器4和指针3，指针能随轴转动，在标度盘上指示出读数来。

表 1-2　电工仪表表盘的标记符号（摘自 GB/T 7676.1—1998）

测量单位符号

名称	符号
千安	kA
安培	A
毫安	mA
千伏	kV
伏特	V
毫伏	mV
千瓦	kW
瓦特	W
兆欧	MΩ
千欧	kΩ
欧姆	Ω

仪表工作原理符号

名　称	符　号
磁电系仪表	
磁电系比率表（商值表）	
电磁系仪表	
电磁系比率表（商值表）	
电动系仪表	
电动系比率表（商值表）	
动磁系仪表	
动磁系比率表	
铁磁电动系仪表	
铁磁电动（铁心电动）系比率表（商值表）	
极化电磁系仪表	
静电系仪表	

被测量的性质和测量元件数

名称	符号
直流电路和/或直流响应的测量元件	(5 0 3 1)*
交流电路和/或交流响应的测量元件	(5 0 3 2)*
直流和/或交流电路和/或直流和交流响应的测量元件	(5 0 3 3)*
三相交流电路（通用符号）	3 ~ * *

准确度等级符号

名称	符号
等级指数（例如 1），基准值为标度尺长或指示值或量程者除外	1
等级指数（例如 1），基准值为标度尺长	1
等级指数（例如 1），基准值为指示值	1

使用位置符号

名称	符号
标度盘垂直使用的仪表	
标度盘水平使用的仪表	
标度盘相对水平面倾斜（例如 60°）的仪表	60°

耐压水平

名称	符号
不经受电压试验的装置	0
试验电压高于 500V（例如 2kV）	2
高压闪络	

端钮、转换开关、调零器和止动器符号

名称	符号
正端	+
负端	—
公共端钮（多量限仪表和复量用电表） 电源端钮（功率表、无功功率表、相位表）	
调整器	
交流端钮	~
接地端钮（螺钉或螺杆）	
止动器	止
止动方向	

电表按外界条件分组符号

名称	符号
Ⅰ级防外磁场（如磁电系）	
Ⅰ级防外电场（如静电系）	
Ⅱ级防外磁场及电场	Ⅱ　Ⅱ
Ⅲ级防外磁场及电场	Ⅲ　Ⅲ
Ⅳ级防外磁场及电场	Ⅳ　Ⅳ
A 级仪表（工作环境温度为 0 ~ +40℃）	A
B 级仪表（工作环境温度为 -20 ~ +50℃）	B
C 级仪表（工作环境温度为 -40 ~ +60℃）	C

磁电系仪表的工作原理是电流经过游丝流经线圈时，线圈受磁场力矩的作用带动指针向一边偏转。线圈偏转时，游丝发生形变，它产生的反作用弹性力矩与偏转角的大小成正比，这个弹性力矩将阻止线圈的偏转。当磁场的力矩和游丝的弹性力矩相等时，线圈处于平衡状态，指针不再偏转，指示出读数。电流越大，磁场对线圈的力矩越大，指针偏转越大。当线圈转动时，铝框切割磁力线，在铝框上产生感应电动势。因铝框是个环形导体，于是在铝框中就产生感应电流，这个感应电流产生的磁场与原磁场相互作用，也产生一个力矩。这个力矩总要阻碍线圈的转动，而起到了阻尼作用。显然阻尼力矩的方向与铝框架的运动方向相反，因此能够使指针平稳地停在读数位置上，如图 1-5 所示。待铝框静止时，感应电流消失，阻尼力矩也随之消失。

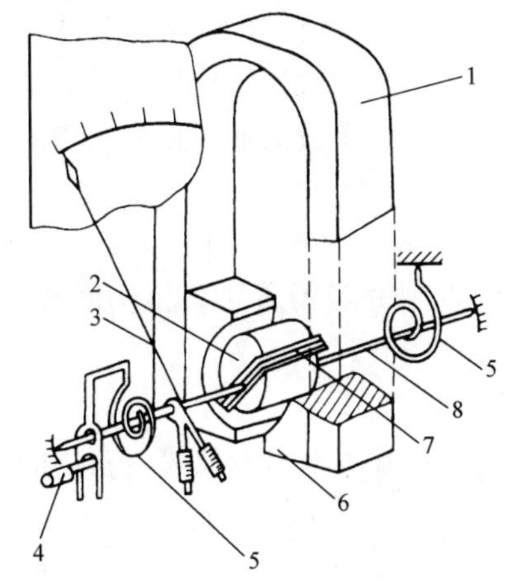

图 1-4　磁电系仪表的构造

1—马蹄形永久磁铁　2—软铁铁心　3—指针
4—零点调节器　5—盘形游丝　6—磁极
7—活动线圈　8—转轴

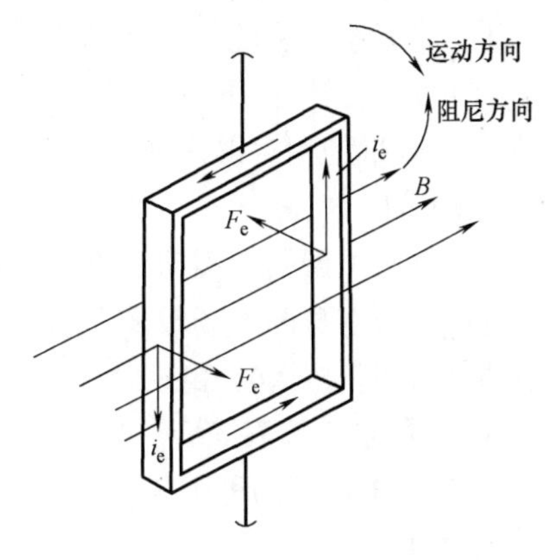

图 1-5　铝框产生的阻尼力矩

磁电系仪表具有如下使用特点：

1）磁电系仪表磁铁产生的磁场很强，受外界磁场的影响不太大，线圈中通过的电流又很小，仪表的准确度和灵敏度比较高。

2）磁电系仪表的极性是固定的，如果将交流电通入线圈，磁场对线圈的力矩大小和方向都是交变的。由于仪表可动部分的惯性，它不能随着迅速改变的力矩而迅速改变方向，所以指针不动。因此，磁电系仪表只能用于直流电的测量。

3）磁电系仪表通常只作表头使用，其线圈导线很细，不能通过大电流，一般不单独使用。

4）因指针偏转角与被测电流的大小成正比，所以标度盘上的刻度均匀。

（2）电磁系仪表的构造和原理　电磁系仪表的构造，如图 1-6 所示。由固定线圈 1

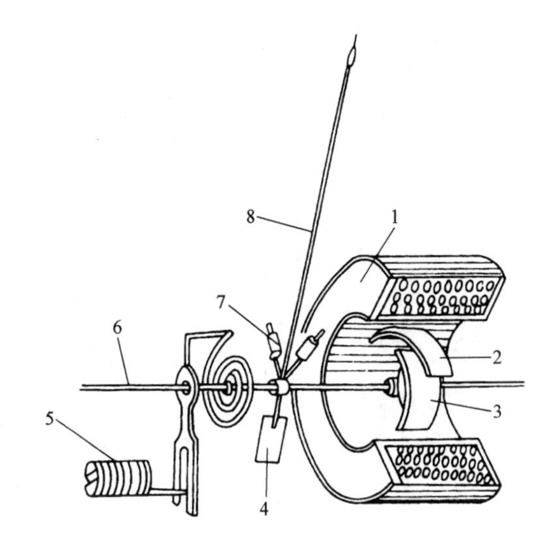

图 1-6　电磁系仪表的构造

1—固定线圈　2—固定铁片　3—可动铁片　4—空气阻尼器
5—零点调节器　6—转轴　7—平衡重物　8—指针

和装在线圈内的固定铁片 2、与轴相连的可动铁片 3、转轴 6、指针 8、空气阻尼器 4、平衡重物 7 和零点调节器 5 等组成。

电磁系仪表的工作原理是线圈通电后，线圈内就产生了磁场，固定铁片和可动铁片同时被磁化，成为两片磁铁。由于两片磁铁同一端的极性相同，相互排斥，铁片 2 是固定的，因此排斥力使可动铁片 3 绕转轴 6 顺时针转动，并带动转轴 6 和指针 8 一起转动，直至铁片的转矩与游丝的弹性力矩相平衡，指针静止，指示出读数。如果电流方向改变了，两铁片的磁性也同时改变，结果转轴仍向顺时针方向转动。它的转动方向不因电流方向改变而改变，所以这种仪表既可用于直流电路的测量，又能用于交流电路的测量。

电磁系仪表具有如下使用特点：

1）电磁系仪表的偏转角度与电流有效值的平方成正比，因此标度尺的刻度是不均匀的。在正常使用条件下，仪表的误差都按最大绝对误差计算，所以被测值比仪表最大量程小得越多，测量的相对误差越大。因此，在选择仪表量程时，应当使被测值在仪表量程的一半至 2/3 的范围内。

2）仪表线圈固定不动，可以选择较粗的导线绕制，所以能测量较大的电流。

3）仪表本身的磁场较弱，容易受外界磁场干扰，可以用屏蔽罩将测量机构屏蔽起来。在测量交流电时，动、定铁片受磁滞和涡流的影响，准确度较低。

4. 常用电工仪表简介

电工测量仪表的种类虽然很多，但实际中最常见的是测量基本电量的仪表。常用的电工仪表见表 1-3。

表 1-3　常用的电工仪表

仪表名称	使用方法	
电流表	直流电流的测量：测量直流电流时，要将电流表串联在被测电路中，并注意电流表的量程和极性。电流表直接接入电路的方法如下图所示 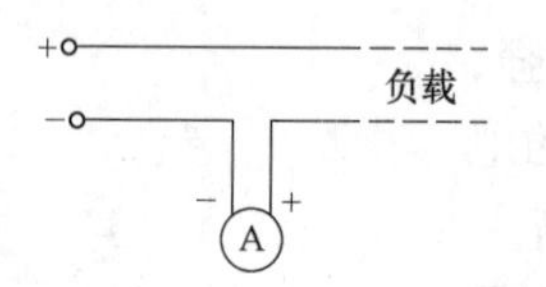 电流表直接接入电路时，仪表本身的内阻会造成功率损耗，改变了电路的工作状态，影响测量的准确度。因此，电流表内阻越小，测量的准确度越高 选用磁电系仪表作电流表时，其绕在铝框上的线圈导线很细，不能通过大电流。为了扩大量程，常用分流器和磁电系仪表并联后再串联在被测电路中，如下图所示 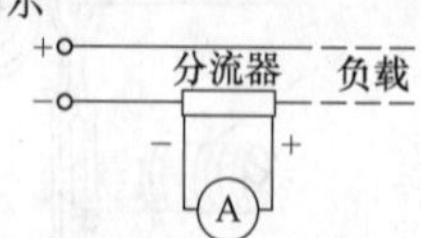 分流器的电阻很小，大部分电流从分流器中流过，而仪表中流过的电流很小，不致于把线圈烧坏。分流器的电阻和仪表的内阻有一定的比例，通过计算便可得出被测电流的实际值	交流电流的测量：测量交流电流时，应选用电磁系仪表，其接法如下图所示 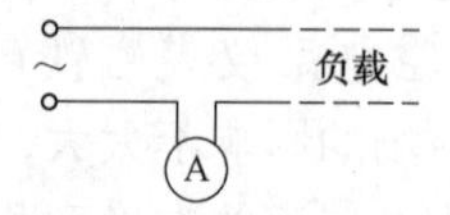 当被测电流大于电流表量程时，应借助电流互感器来扩大量程，其接法如下图所示 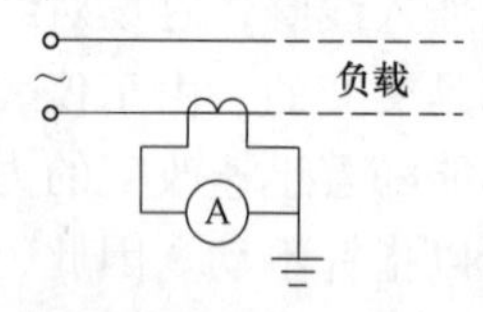 测量时，电路电流通过电流互感器的一次绕组，电流表串联在二次绕组中，电流表的读数应乘以电流互感器的变比，才是实际电流值。配套的电流表其表盘标度已按变比标出，可以直接读数。国产电流互感器，不论一次绕组电流多大，二次绕组侧的额定电流大部分都是 5A 使用电流互感器时，它的二次绕组和铁心应可靠接地，严禁开路和加装熔断器

（续）

仪表名称	使用方法	
电压表 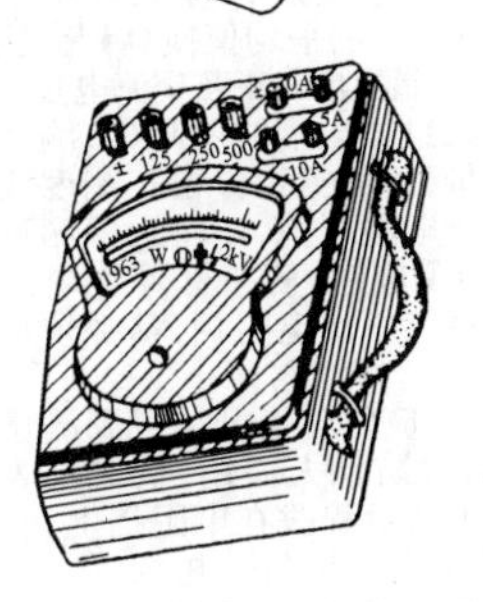	直流电压的测量：测量直流电压，如选用磁电系仪表，应注意接线端钮的极性，把电压表并联在被测电路中，流过电压表的电流随被测电压大小而变化，便可获得电压读数。在测量大于或几倍于电压表量程的直流电压时，由于仪表线圈不能胜任较大电流，要在仪表线圈电路中串入一个较大电阻 R_f，这个电阻叫附加电阻（或倍压器），其接法如下图所示 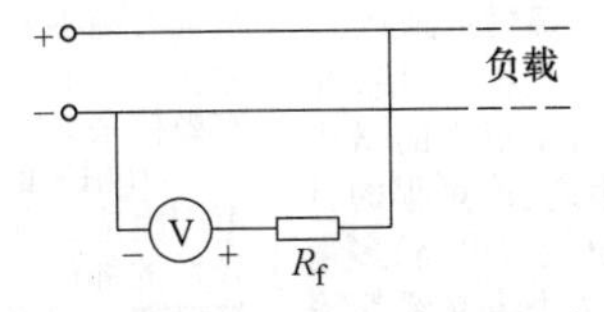 附加电阻有内附和外附两种。电压表的灵敏度，可用满偏转电流（最大允许通过的电流）I_c 的倒数（Ω/V）表示。Ω/V 的值越大，说明满偏转电流越小，灵敏度越高 电压表本身的功率损耗会严重影响测量的准确度，故电压表的内阻应尽量大些。电压表的内阻越大，测量误差越小	交流电压的测量：测量交流电压，可将交流电压表直接并联在适当量程的被测电压两端，如下图所示 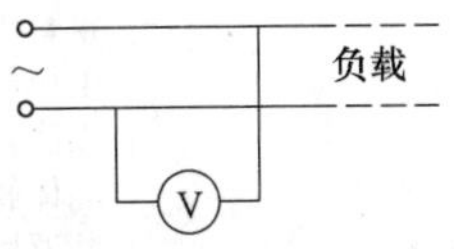 在附加电阻为外附的情况下，电压表和附加电阻先串联，再与被测电路并联。测量高电压，如6kV 以上的电压时，一般电压表的量程和绝缘程度均不能胜任，需要借助电压互感器来扩大电压表的量程。将电压互感器的一次绕组并联于被测电压的两端，二次绕组连接适当量程的电压表，就可以将高电压变成低电压来测量。测量结果再乘以系数 K（K 为电压互感器变比），就是被测电压的实际值，如下图所示 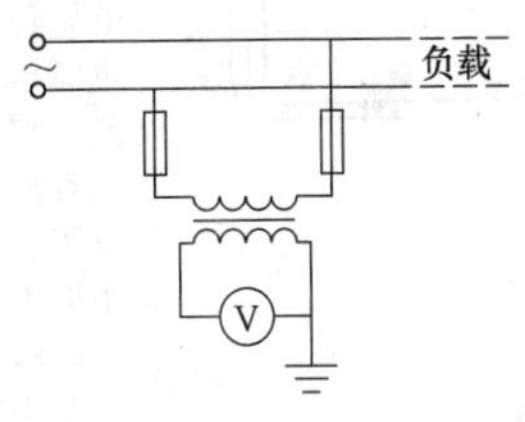 国产的电压互感器，不论一次绕组的电压多高，二次绕组的额定电压一般均设计为 100V，如6000/100V、35000/100V 等 在电压互感器运行中，若二次绕组发生短路，其电路的阻抗将立即下降，同时电流猛增，绕组因剧烈发热而烧毁。因此，必须注意防止二次绕组短路，并加装熔断器保护。电压互感器铁心及二次绕组的一端必须接地，防止一旦绝缘破坏，一次绕组的高压窜入二次绕组，造成人身和设备事故
钳形电流表 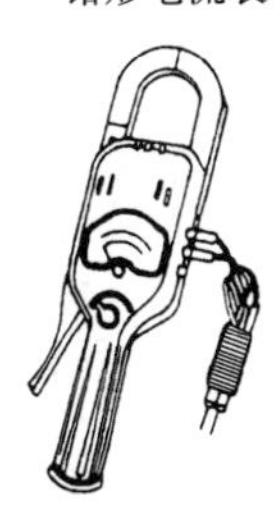	在不断开电路而需要测量电流的场合，可用钳形电流表进行测量。钳形电流表由电磁系电流表、开口铁心（用硅钢片叠成）、胶木柄以及电流互感器二次绕组组成 使用时握紧手柄，打开铁心，将被测导线从铁心开口处置于铁心中间，再放松手柄，便可获得读数 测量交流的钳形电流表，实际上是由一个电流互感器和一个整流系仪表所组成。被测载流导体相当于电流互感器的一次绕组（只有一匝）。被测电流在铁心中产生磁通，这个磁通穿过二次绕组，产生一个与一次绕组成正比例的电流，从而间接测出一次绕组电流的大小 测量交、直流的钳形电流表，是一种电磁系仪表。放置在钳口中的被测载流导线作为励磁线圈，磁通在铁心中形成回路，电磁系仪表测量机构位于铁心缺口中间，在磁场的作用下，指针偏转，获得读数。因其偏转不受电流方向的影响，所以可测量交、直流电流	使用钳形电流表应注意以下事项： 1）进行电流测量时，被测的载流导线应放在钳口中央处，以免产生误差 2）测量前应先估计被测电流的数值，选择合适的量程，或先选用较大量程测量，然后再视电流大小，减小量程 3）为使读数精确，钳口铁心的两个结合面应很好吻合。如有噪声，可将钳口重新开合一次。如果铁心仍有声音，可检查结合面上是否有污垢存在，擦净再量 4）测量后，一定要把调节开关放在最大电流量程位置，以免下次使用时，由于未选择量程而损坏仪表 5）测量小于 5A 以下的电流，为了得到较准确的读数，在条件许可时，可把导线多绕几圈放进钳口进行测量，但实际电流应为读数除以放进钳口内的导线根数

（续）

仪表名称	使用方法	
万用表 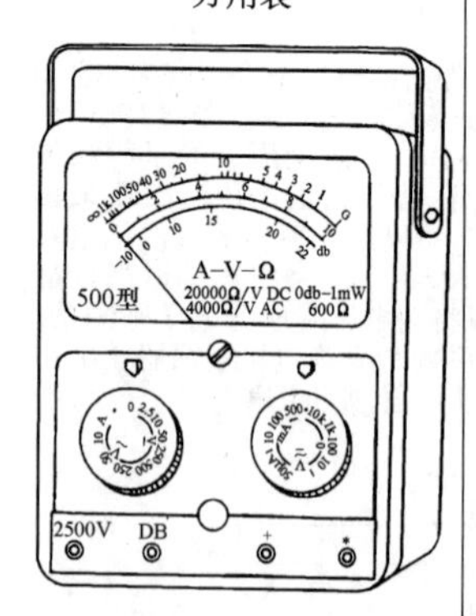 	万用表的构造及原理：万用表是电工经常使用的多用途仪表。它可用来测量直流电流、直流电压、交流电流、交流电压和电阻等。较高级的万用表还可以测量电感、电容、音频电平（输出）及晶体管的直流放大系数β值等 万用表主要由表头、测量电路和转换开关三部分组成。表头是一个高灵敏度的磁电系微安表，通过指针和标有各种电量标度尺的表盘，用以指示被测电量的数值。表头的灵敏度用满偏转电流来衡量，电流越小，灵敏度越高，一般为40～200μA，最小的可到9.3μA。在测量电压时，灵敏度用偏转电流的倒数Ω/V表示，Ω/V值越大，灵敏度越高 表内测量电路的作用是把各种被测电量转换为适合表示测量范围的微小直流电流，来达到多用途、多量程的目的。它由多量程直流电流表电路、多量程直流电压表电路、多量程整流系交流电压表电路、多量程欧姆表电路等几种用途不同的电路组成。在测交流电流和电压时，电路采用了整流措施。转换开关用来选择各种电量的种类和量程	万用表的使用及注意事项： 1）正确选择端钮（或接插孔）。在测量电流和电阻及500V以下的电压时，应将红色测试棒的连接线接到标有“+”号的端钮上，将黑色测试棒的连接线接到标有“-”号的端钮上。测量直流电流时，将两测试棒串联在被测电路中。在测量直流电压时，应将两测试棒并联在被测电路中，并注意被测电路的极性。有的万用电表有交流2500V测量端钮，在测量时黑色测试棒不动，将红色测试棒接到2500V的端钮上 2）量程转换开关必须拨在需测挡位置，不能拨错或测量完一种电量后，忘记换挡就测另一种电量。如果测量电压时，转换开关在电流挡或电阻挡上，就会烧坏仪表 3）在测量时，如对某种电量的大小不清楚，应拨在最大量程上进行测试，然后根据所测读数的大小，选择合适的量程进行测量 4）在测量交流电压时，需考虑到被测电压的波形。因为万用表交流电压挡的刻度，实际上是按正弦电压经过整流后的平均值换算到交流有效值来刻度的，它不能测量非正弦交流电量 5）万用表的欧姆（Ω）挡刻度线不均匀，测量电阻时应选择适当量程，使指针停留在刻度线较稀的部位。在测量电阻之前，应将两根测试棒碰在一起，转动调零旋钮，使指针停在电阻刻度尺的零位上。每换一次电阻挡，都必须重新调零 6）每次测量完毕后，应将转换开关拨到测量交流电压的最高挡，以防他人误用，造成仪表损坏。也可避免由于将量程拨在电阻挡上，测试棒又碰在一起，造成电池长期耗电

四、电气控制电路的图形符号及文字符号

电气控制电路由各种电器元件组成，电气控制电路图用图形符号和文字符号表示。我国于1964年、1985年和1975年、1987年分别制订和颁布了电气控制电路图的图形符号和文字符号的国家标准，表1-4是常用电气图形符号及文字符号的新旧对照表。

表1-4　常用电气图形符号及文字符号新旧对照表（摘录）

名称	GB 312—1964 图形符号	GB 1203—1975 文字符号	GB/T 4728—2005 图形符号	GB/T 7159—1987 文字符号
三相笼型异步电动机	D	JD	M 3～	M 3～
三相绕线转子异步电动机	D	JD	M 3～	M 3～
普通刀开关		K		Q

（续）

名称	GB 312—1964 图形符号	GB 1203—1975 文字符号	GB/T 4728—2005 图形符号	GB/T 7159—1987 文字符号
普通三相刀开关	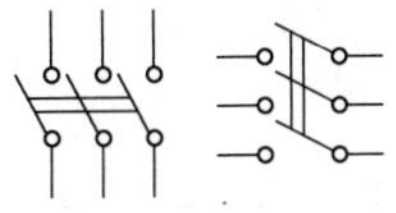	K	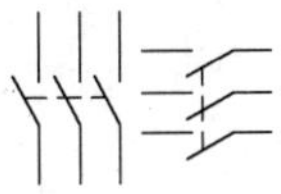	Q
按钮动合触点 （起动按钮）	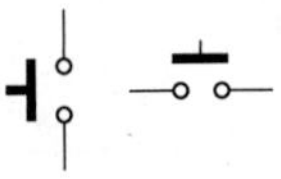	QA	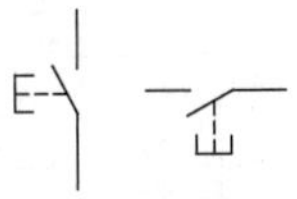	SB
按钮动断触点 （停止按钮）	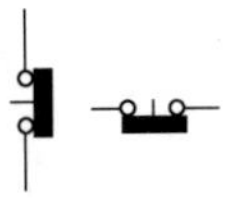	TA	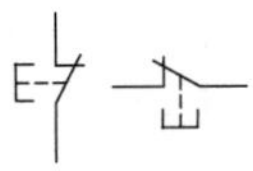	SB
位置开关 动合触点	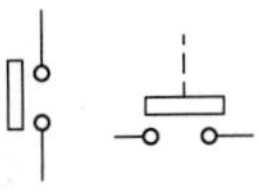	XK	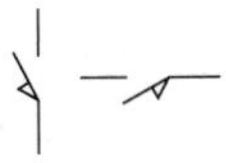	SQ
位置开关 动断触点	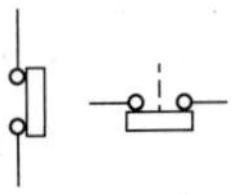	XK	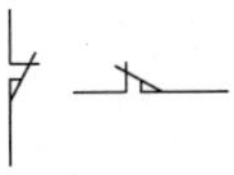	SQ
熔断器		RD		FU
接触器动合主触点		C	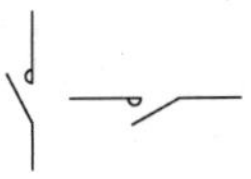	KM
接触器动合辅助触点			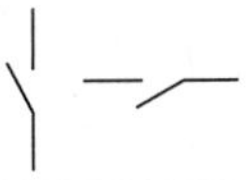	
接触器动断主触点	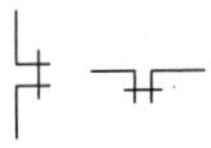	C	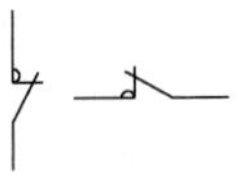	KM
接触器动断辅助触点			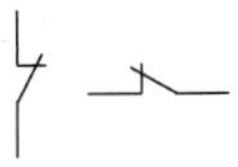	
继电器动合触点	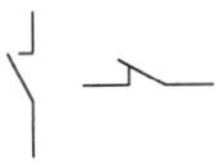	J	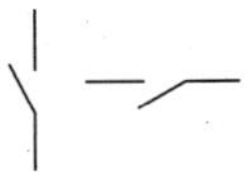	KA
继电器动断触点	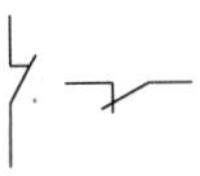	J	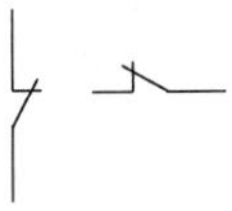	KA

（续）

名称	GB 312—1964 图形符号	GB 1203—1975 文字符号	GB/T 4728—2005 图形符号	GB/T 7159—1987 文字符号
热继电器动合触点	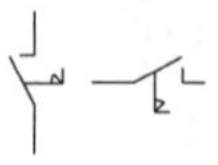	JR	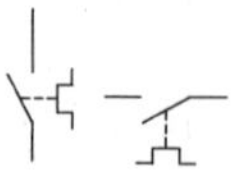	FR
热继电器动断触点	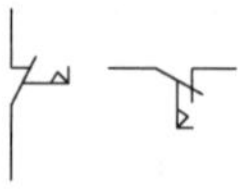	JR	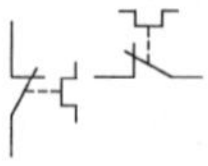	FR
延时闭合的动合触点	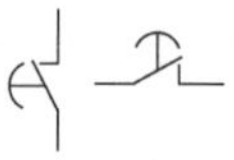	SJ		KT
延时断开的动合触点	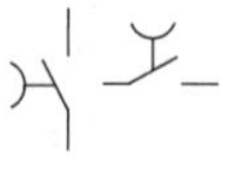	SJ	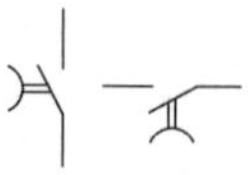	KT
延时闭合的动断触点	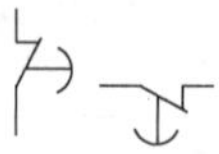	SJ	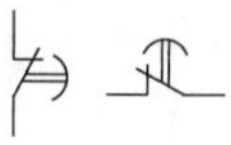	KT
延时断开的动断触点	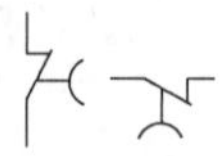	SJ	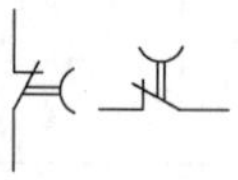	KT
操作器件一般符号 接触器线圈	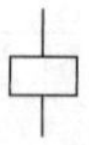	C	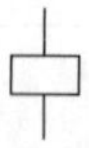	KM
电磁离合器	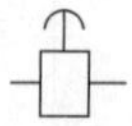	CH	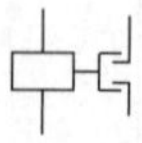	YC
电磁铁	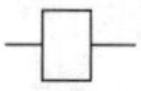	DT	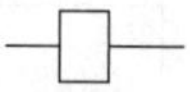	YA
照明灯一般符号	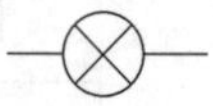	ZD	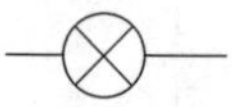	EL
指示灯/信号灯 一般符号		ZSD/XD	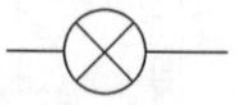	HL

五、电气控制电路原理图

电气控制电路原理图是为了便于阅读与分析控制电路，根据简单清晰的原则，将原理图采用电器元件展开的形式来绘制。它包括所有电器元件的导电部件和接线端头，但并不是按照电器元件实际布置的位置来绘制的。

原理图一般分为主电路和辅助电路两部分。主电路是电气控制电路中强电流通过的部分，如图 1-7 所示。CW6132 型普通卧式车床电气控制电路原理图的主电路，就是从三相电源经普通三相刀开关 Q、熔断器 FU1、接触器动合主触点 KM、热继电器的驱动器件 FR 到三相笼型异步电动机 M1。辅助电路包括控制电路、照明电路、信号电路及保护电路，由继电器和接触器的线圈、继电器的触点、接触器的辅助触点、按钮、照明灯、信号灯、照明变压器等电器元件组成。辅助电路是弱电流通过的部分。

在绘制电气控制电路原理图时应遵循如下原则：

1）各个电器元件及其部件在控制电路中的位置，根据便于阅读的原则来安排。同一电器元件的各个部件可以不画在一起，通常主电路与辅助电路分开来画。如图 1-7 中接触器 KM 的主触点与线圈分别画在主电路与控制电路中。

2）每个电器元件均用特定的国家标准图形符号和文字符号来表示，如图 1-7 中接触器 KM 的动合辅助触点用“—/—”图形符号表示，线圈则用图形符号“□”来表示，在其旁边都标有文字符号 KM，说明它们同属于接触器 KM。

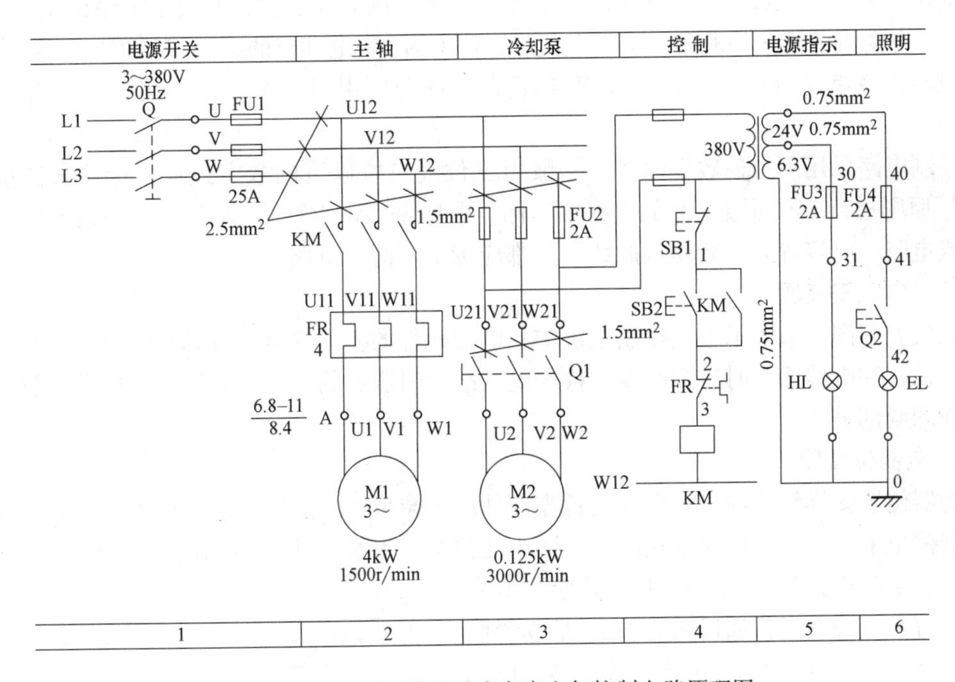

图 1-7　CW6132 型普通卧式车床电气控制电路原理图

3）为了说明每种电器元件在电气控制电路中的作用，通常用一定的文字符号来表示，文字符号分为基本文字符号和辅助文字符号。

基本文字符号有单字母符号和双字母符号两种。单字母符号按拉丁字母顺序将各种电气设备、装置和元器件划分为 23 大类，每一类用一个专用单字母符号表示，如“C”表示电容器类，“R”表示电阻器类等。双字母符号由一个表示种类的单字母符号与另一个字母组成，且以单字母符号在前，另一个字母在后的次序写出，如“F”表示保护器件类，“FU”则表示熔断器。

辅助文字符号是用来表示电气设备、装置和元器件以及电路的功能、状态和特征的，如“RD”表示红色，“L”表示限制等。辅助文字符号也可以放在表示种类的单字母符号之后组成双字母符号，如“SP”表示压力传感器，“YB”表示电磁制动器等。为简化文字符号，若辅助文字符号由两个以上字母组成时，允许只采用其第一个字母进行组合，如“MS”表示同步电动机。辅助文字符号还可以单独使用，如“ON”表示接通，“M”表示中间线等。

4）图中电器元件触点的开闭，均以吸引线圈未通电、手柄置于零位、没有受到外力作用或生产机械在原始位置时的情况为准。如线圈未通电时，触点呈断开状态称为动合触点，触点呈闭合状态称为动断触点。

5）电路平行排列，各分支电路基本上按控制动作顺序由上而下或自左至右排列。

6）为了安装与检修的方便，电动机和电器的接线端均要标记编号。三相交流电源引入线采用 L1、L2、L3 标记，电源开关之后的三相交流电源主电路分别按 U、V、W 顺序标记。分级三相交流电源主电路采用三相文字代号 U、V、W 的前面加上阿拉伯数字 1、2、3 等来标记，如 1U、1V、1W，2U、2V、2W 等。

各电动机分支电路各接点标记采用三相文字代号后面加数字来表示，数字中的个位数表示电动机代号，十位数字表示该支路各接点的代号，从上到下按数值大小顺序标记。如 U11 表示 M1 电动机的第一相的第一个接点代号，U21 为 M1 电动机的第一相的第二个接点代号。

电动机绕组首端分别用 U、V、W 标记，尾端分别用 U′、V′、W′标记，双绕组的中性点则用 U″、V″、W″标记。

控制电路采用阿拉伯数字编号，一般由三位或三位以下的数字组成，标注方法按“等电位”原则进行。在垂直绘制的电路中，标号顺序一般由上而下编号，凡是被线圈、绕组、触点或电阻、电容等元件所间隔的线段，都应标记不同的电路标号。

六、电气安装图

电气安装图用来表示电气控制系统中各电器元件的实际安装位置和接线情况，是为了安装电气设备和电器元件时进行配线或检修电气故障时服务的。电气安装图有电器位置图和电气互连图两部分。

1. 电器位置图

电器位置图详细绘制出了电气设备零部件的安装位置。图中各电器代号应与有关电路图和电器清单上所有元器件代号相同，在图中往往留有 10% 以上的备用面积及导线管（或槽）的位置，供改进设计时用，图中不需标注尺寸。图 1-8 为 CW6132 型普通卧式车床电器位置图。图中 FU1 ~ FU4 为熔断器、KM 为接触器、FR 为热继电器、TC 为照明变压器、XT 为接线端子板。

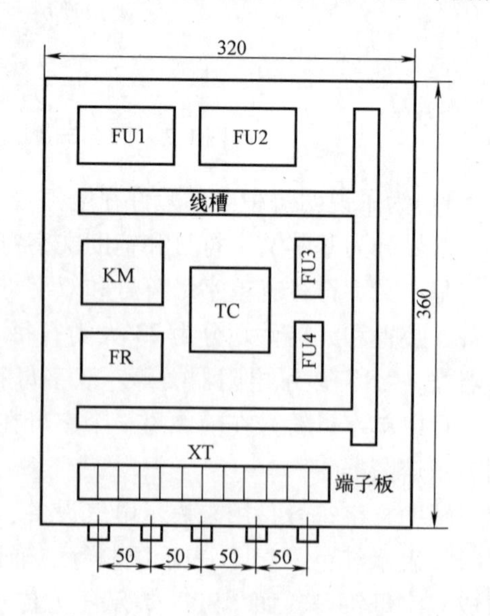

图 1-8 CW6132 型普通卧式车床电器位置图

2. 电气互连接线图

电气互连接线图用来表明电气设备各单元之间的接线关系。它清楚地表明了电气设备外部元件的相对位置及它们之间的电气连接，是实际安装接线的依据，在具体施工和检修中能够起到电气原理电路图所起不到的作用，在生产现场得到了广泛应用。

绘制电气互连接线图的原则是：

1）电气互连接线图应表示出各电器元件的实际安装位置，外部单元同一电器的各部件画在一起，其布置尽可能符合电器实际情况。

2）各电器元件的图形符号、文字符号和电路标记均以电气原理电路图为准，并保持一致。

3）不在同一控制箱和同一配电屏上的各电器元件的连接，必须经接线端子板进行。电气互连接线图中的电气互连关系用线束表示，连接导线应注明导线规格（数量、截面积等），一般不表示实际走线途径，施工时由操作者根据实际情况选择最佳走线方式。

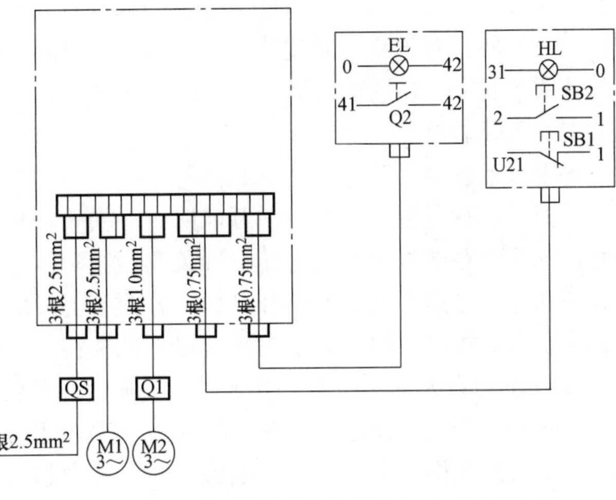

图 1-9　CW6132 型普通卧式车床电气互连接线图

4）对于控制装置的外部连接线应在图上或用接线表表示清楚，并标明电源的引入点。图 1-9 是 CW6132 型普通卧式车床电气互连接线图。

第二节　低压电器的基本知识

一、低压电器的分类及组成

低压电器通常是指工作在交流电压小于 1.2kV、直流电压小于 1.5kV 的电路中，起接通、断开、保护、控制或调节作用的电气设备。低压电器种类繁多、规格齐全。通常，低压电器按下面三种方法进行分类：

1. 按低压电器的用途分类

（1）低压配电电器　这类电器包括刀开关、转换开关、熔断器和断路器。它们主要用于低压配电系统中，对系统进行控制和保护，使系统在发生故障的情况下动作准确、工作可靠，当系统中出现短路电流时，其产生的热效应不会损坏电器。

（2）低压控制电器　这类电器包括接触器、继电器及各种主令电器等，主要用于设备电气控制系统。要求这类电器工作可靠、寿命长，且体积小、重量轻。

2. 按低压电器的动作方式分类

（1）自控电器　这类电器根据电器本身的参数变化或外来信号（如电流、电压、温度、压力、速度、热量等）自动接通、断开电路或使电动机进行正转、反转及停止等动作，如接触器及各种继电器等。

（2）手控电器　这类电器依靠外力（人工）直接操作来进行接通、断开电路等动作，如各种开关、按钮等。

3. 按低压电器的执行机能分类

（1）有触点电器　这类电器依靠触点进行接通、断开电路等动作，如接触器、继电器等。

（2）无触点电器　这类电器接通、断开电路等动作不需要触点，如接近开关等。

低压电器一般都有两个基本部分。一部分是感受部分，它感受外界的信号，作出有规律的反应。在自控电器中，感受部分大多由电磁机构组成。在手控电器中，感受部分通常为电器的操作手柄。另一部分是执行部分，如触点及灭弧系统。它根据指令执行接通、断开电路等任务。另外，对于断路器类的低压电器，还具有中间传递部分，它的任务是把感受和执行两部分联系起来，使它们协同一致，按一定的规律动作。

二、灭弧装置

各种有触点电器都是通过触点的开、闭来通、断电路的。触点接通电路时，存在接触电阻，从而引起触点温升。触点断开电路时，由于热电子发射和强电场的作用，使气体游离，从而在断开电路的瞬间产生电弧。开关电器在断开电路时产生的电弧，一方面使电路仍旧保持导通状态，延迟了电路的断开，另一方面会烧损触点，缩短电器的使用寿命，所以不少电器采取了灭弧措施，归纳起来主要有以下几种：

（1）电动力灭弧　如图1-10a、b、c所示，当触点断开时，在断口处产生电弧，根据右手螺旋定则，产生如图所示的磁场，此时电弧可以看作一载流导体，又根据电动力左手定则，对电弧产生图示电动力，将电弧拉断，从而起到灭弧作用。

（2）磁吹灭弧　为了加强弧区的磁场强度，可采用如图1-10d所示的串联线圈磁吹装置。由于磁吹线圈产生的磁场经过导磁片，磁通比较集中，电弧将在磁场中产生更大的电动力，使电弧拉长并拉断，从而达到灭弧的目的。这种灭弧装置，由于磁吹线圈同主电路串联，所以其电弧电流越大，灭弧能力就越强，并且磁吹力的方向与电流方向无关，故一般都用于直流电路中。

（3）纵缝灭弧　纵缝灭弧是依靠磁场产生的电动力将电弧拉入用耐弧材料制成的狭缝中，以加快电弧冷却，达到灭弧的目的，如图1-10e、f所示。

（4）栅片灭弧　如图1-10g所示，当电器的触点分开时，所产生的电弧在电动力的作用下被拉入一组静止的金属片中，这组金属片称为栅片，是互相绝缘的。电弧进入栅片后被分割成数段，并被冷却以达到灭弧目的。

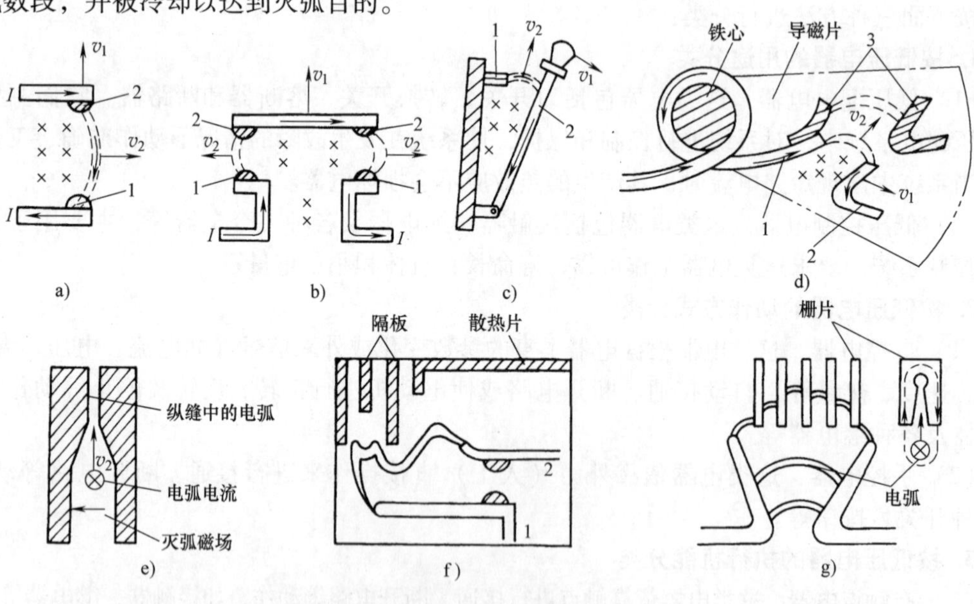

图1-10　灭弧措施

a)、b)、c）电动力灭弧　d）磁吹灭弧　e)、f）纵缝灭弧　g）栅片灭弧

1—静触点　2—动触点　3—引弧角

v_1—动触点移动速度　v_2—电弧在电磁力作用下的移动速度

（5）熔断器的灭弧　有些熔断器为了加快熔断速度，将熔片制成变截面的形状，放在密封的管内，管内填满硅砂，如图 1-11 所示。当出现短路电流时，熔片在狭颈处熔断，气化形成几个串联短弧，熔片气化后产生很高的压力，此压力推动弧隙中游离气体迅速向周围硅砂中扩散，并受到硅砂的冷却作用，从而有较强的灭弧能力。

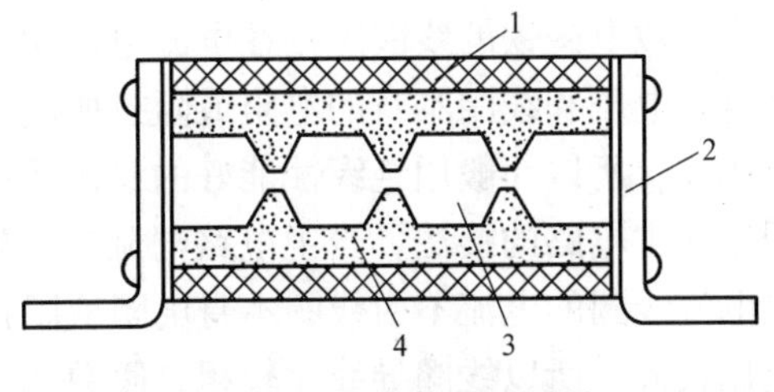

图 1-11　熔断器的灭弧
1—熔管　2—端盖及接线板　3—熔片　4—硅砂

三、电磁机构

电磁机构的作用是将电磁能转换成机械能，并带动触点闭合或断开。

1. 结构形式

电磁机构由吸引线圈、铁心（也称静铁心或磁轭）和衔铁（也称动铁心）三部分组成，如图 1-12 所示。其工作原理是：当线圈通入电流后，磁通 Φ 通过铁心、衔铁和工作气隙形成闭合回路，如图 1-12 中虚线所示。衔铁受到电磁力被吸向铁心、但衔铁的运动受到反作用弹簧的拉力，故只有当电磁力大于弹簧反力时，衔铁才能可靠地被铁心吸住。电磁吸力应大于弹簧反力，以便吸牢，但吸力又不宜过大，过大会在吸合时使衔铁与铁心产生严重撞击。

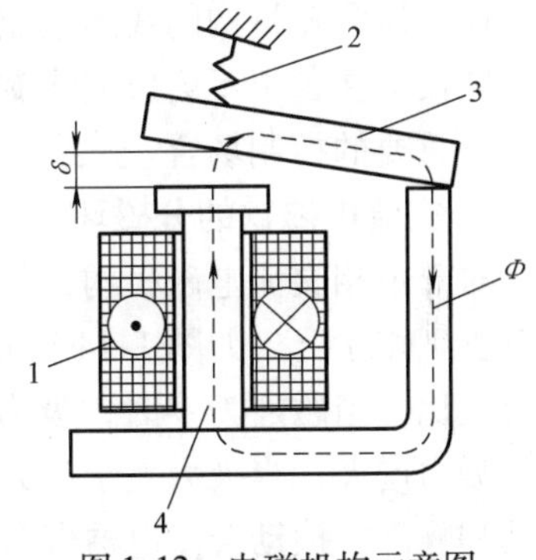

图 1-12　电磁机构示意图
1—线圈　2—弹簧　3—衔铁　4—铁心

电磁铁有各种形式，铁心有 E 形、U 形，动作方式有直动式和转动式。它们各有不同的机电性能，适用于不同的场合。图 1-13 列出了几种常用铁心的结构形式。

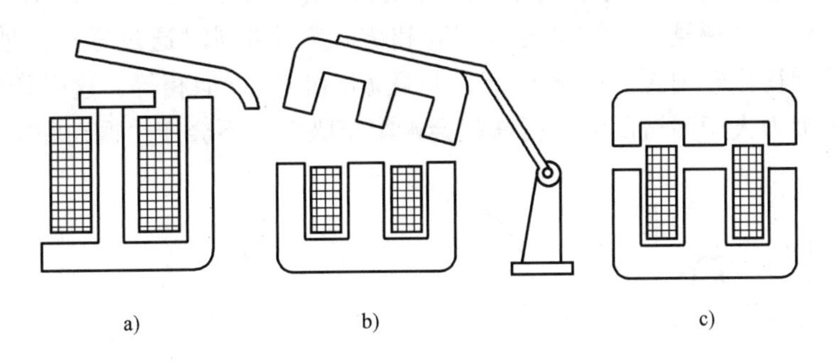

图 1-13　电磁铁心的结构形式
a）U 形　b）、c）E 形

直流励磁的电磁铁和交流励磁的电磁铁在结构上也不相同。直流电磁铁在稳定状态下通过恒定磁通，铁心中没有磁滞损耗和涡流损耗，也就不产生热量，只有线圈是产生热量的热源。因此，直流线圈通常没有骨架，且成细长形，以增加它和铁心直接接触的面积，从而使线圈产生的热量通过铁心散发出去。交流铁心中因为通过交变磁通，铁心中有磁滞损耗和涡流损耗，所以产生热量。为此，一方面铁心用硅钢片叠成，以减少铁心损耗，另一方面将线圈制成短粗形，并由线圈骨架把它和铁心分开，以免铁心的热量传给线圈，使其过热烧坏。

大多数电磁铁的线圈跨接在电源电压两端，获得额定电压时吸合，称电压线圈。其电流值由电路电压和线圈本身的电阻或阻抗所决定。由于电压线圈匝数多、导线细、电流小而匝间电压高，所以一般用绝缘性能好的漆包线绕制。当需要反映主电路电流值时，常采用电磁线圈串入主电路的接法，当主电路电流超过或低于某一规定值时吸合，故称其为电流线圈。通过电流线圈的电流不由线圈本身电阻或阻抗决定，而由电路负载的大小决定。由于主电路电流比较大，所以线圈导线比较粗，匝数比较少，通常用较粗的纯铜条或纯铜线绕制。

交流电磁机构工作时，其线圈电流是由线圈本身阻抗决定的，该阻抗受铁心磁路的影响。当线圈通电，铁心和衔铁未吸合时，阻抗小而电流大；铁心和衔铁吸合后，阻抗大而电流小，故交流电磁机构吸合瞬间存在一个类似电动机起动时的“起动电流”。如果通、断电路过于频繁，会使线圈过热，并且一旦衔铁被卡住吸合不上时，铁心线圈还有被烧毁的危险。而直流电磁机构的线圈电流是由其本身纯电阻决定的，与铁心磁路无关，所以工作时即使衔铁被卡住，也不会影响线圈电流。因此，直流电磁机构运行可靠、平稳、无噪声，一般用于较重要的控制场合。

2. 交流电磁铁的分磁环

对于单相交流电磁机构，一般在铁心端面上安置一个铜制的分磁环（或称短路环），以便改善工作状况，如图 1-14 所示。因为电磁机构的磁通是交变的，而电磁吸力与磁通的平方成正比，当磁通为零时，吸力也为零，这时衔铁在弹簧反力作用下被拉开，磁通大于零后，吸力增大，当吸力大于反力时，衔铁又吸合，在如此反复循环过程中，衔铁产生强烈的振动和噪声。振动会使电器寿命缩短，使触点接触不良、磨损或熔焊。为了消除振动，单相交流电磁机构必须加分磁环。在铁心端面安置了分磁环后，将气隙磁通 $\dot{\Phi}$ 分成了 $\dot{\Phi}_1$ 和 $\dot{\Phi}_2$ 两部分。其中，$\dot{\Phi}_2$ 穿过分磁环，在环内产生感应电动势、感应电流，于是又产生磁通 $\dot{\Phi}_k$，$\dot{\Phi}_k$ 分别与 $\dot{\Phi}_1$、$\dot{\Phi}_2$ 相量相加，使穿过气隙的磁通成为 $\dot{\Phi}_{1k}$ 和 $\dot{\Phi}_{2k}$，它们不仅相位不同而且幅值也不一样，由这样两个磁通产生的电磁力 F_{1k} 和 F_{2k} 就不再同时通过零点，如图 1-14 所示。如果分磁环设计得比较理想，使 $\varphi=90°$，并且 F_{1k} 和 F_{2k} 近似相等，这时合成磁力就相当平坦，只要最小吸力大于弹簧反力，衔铁就会被牢牢吸住，不会产生振动和噪声。

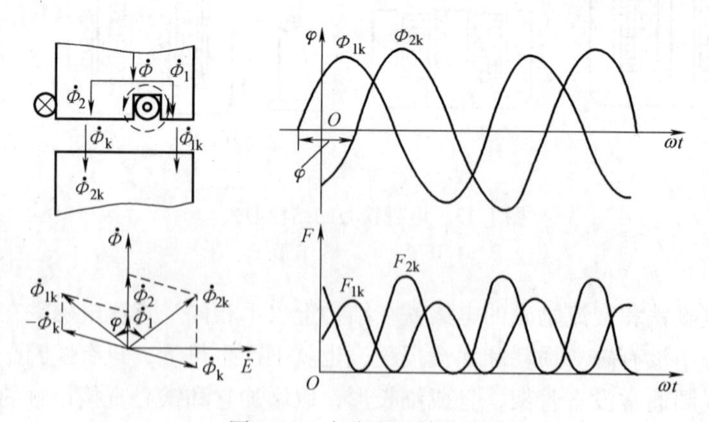

图 1-14　交流电磁铁分磁环

四、低压电器的主要参数

因为电器要可靠地接通和断开被控电路，所以对电器提出了各种技术要求。例如，触点在断开电路时要有一定的耐压能力以防止漏电或绝缘击穿，因而电器应有额定电压这一基本参数。触点闭合时，要存在一定的接触电阻，负载电流在接触电阻上产生的压降和热量不应过大，因此对电器触点规定了额定电流值。另外，有些配电电器担负着接通和断开短路电流的任务，于是相应规定了极限断开能力、使用寿命等。

（1）额定电压和额定电流　额定电压是指在规定条件下，能保证电器正常工作的电压值，通常是指触点的额定电压。选用电器时，其工作电压应小于该额定电压值，有电磁机构的控制电器还规定了电磁线圈的额定电压，如接触器，其线圈额定电压应与工作电压相等，以保证其可靠工作。

额定电流是根据电器的具体使用条件确定的电流值。它和工作电压、额定工作制，触点寿命、使用环境等诸因素有关，同一开关电器在不同使用条件下，可以规定出不同的电流值。

（2）通断能力　通断能力是以在非正常负载下工作时能接通和断开的电流值来衡量的。接通能力是指开关闭合时不会造成触点熔焊的能力。断开能力是指开关断开时能可靠灭弧的能力。

（3）寿命　低压电器的寿命包括机械寿命和电寿命。机械寿命是指电器在无电流的情况下能操作的次数。电寿命是指电器在有负载电流的情况下，按规定的使用条件，不需修理或更换零件时的操作次数。

五、接触器

接触器是用来频繁接通和断开电动机或其他负载主电路的一种自动切换电器。它主要由触点系统、电磁机构及灭弧装置组成。接触器分交流接触器和直流接触器两大类。

1. 接触器的主要技术数据和型号

（1）主要技术数据　接触器的主要技术数据有接触器额定电压、额定电流，接触器线圈额定电压，主触点接通与断开能力，接触器电气寿命与机械寿命，接触器额定操作频率，接触器线圈起动功率与吸持功率等。

1）额定电压。接触器额定电压是指接触器主触点之间的正常工作电压值，该值标注在接触器铭牌上。选用时应使主触点工作电压小于或等于接触器的额定电压。

交流接触器常用的额定电压等级有220V、380V、660V；直流接触器常用的额定电压等级有220V、440V、660V。

2）额定电流。接触器额定电流是指接触器主触点正常工作电流值，该值也标注在接触器铭牌上。常用的额定电流等级为：交流接触器是10A、20A、40A、60A、100A、150A、250A、400A及600A；直流接触器是40A、80A、100A、150A、250A、400A及600A。

3）线圈的额定电压。指接触器电磁线圈正常工作电压值，其值应等于控制回路电压。常用接触器线圈额定电压等级为：交流线圈是127V、220V及380V；直流线圈是110V、220V及440V。

4）主触点接通与断开能力。指接触器主触点在规定条件下能可靠地接通和断开的电流值。在此电流值下，接通电路时主触点不会发生熔焊；断开电路时，主触点不应产生长时间的燃弧。在电路中，若电流大于此值时，电路中的熔断器、断路器等保护电器应起作用。

主触点的接通与断开能力和接触器的使用类别相关，常见的接触器使用类别和典型用途见表 1-5。接触器的使用类别代号通常在产品手册中给出或在产品铭牌中标注，它用额定电流的倍数来表示，其具体含义是：AC—1 和 DC—1 类要求接触器主触点允许接通和断开额定电流；AC—2 和 DC—3、DC—5 类要求接触器主触点允许接通和断开 4 倍的额定电流；AC—3 类要求接触器主触点允许接通 6 倍额定电流和断开额定电流；AC—4 类允许接触器主触点接通和断开 6 倍的额定电流。

表 1-5　常见的接触器使用类别和典型用途

触点	电流种类	使用类别代号	典型用途举例
主触点	AC(交流)	AC—1	无感或微感负载、电阻炉
		AC—2 AC—3 AC—4	绕线转子感应电动机的起动、制动 笼型感应电动机的起动、运转中断开 笼型感应电动机的起动、点动、反接制动、反向
	DC(直流)	DC—1 DC—3 DC—5	无感或微感负载、电阻炉 并励电动机的起动、点动和反接制动 串励电动机的起动、点动和反接制动

5）电气寿命与机械寿命。电气寿命是在规定的正常工作条件下，接触器不需修理和更换零件的负载操作循环次数。

机械寿命是指接触器在需要修理或更换机械零件前所能承受的无载操作循环次数。

6）操作频率。指接触器在每小时内可能实现的最高操作循环次数。交流接触器额定操作频率为 1200 次/h 或 600 次/h；直流接触器额定操作频率也为 1200 次/h 或 600 次/h。操作频率不仅直接影响接触器的电气寿命和灭弧罩的工作条件，而且对交流接触器还影响到电磁线圈的温升。

7）接触器线圈的起动功率和吸持功率。对于直流接触器，这两种功率相等，但对于交流接触器，线圈通电后，在衔铁尚未吸合时，由于磁路气隙大，线圈电抗小，线圈电流大，起动视在功率较大，而当衔铁吸合后，气隙很小，线圈感抗增大，线圈电流减小，线圈视在功率小。一般起动视在功率为吸持视在功率的 5 ~ 8 倍，而线圈的工作功率为吸持有功功率。

（2）常用型号　常用的交流接触器有 CJ20、CJX1、CJ12 和 CJ10 等系列，直流接触器有 CZ18、CZ21、CZ10 和 CZ0 等系列。其中 CJ20 和 CZ18 的型号含义如下：

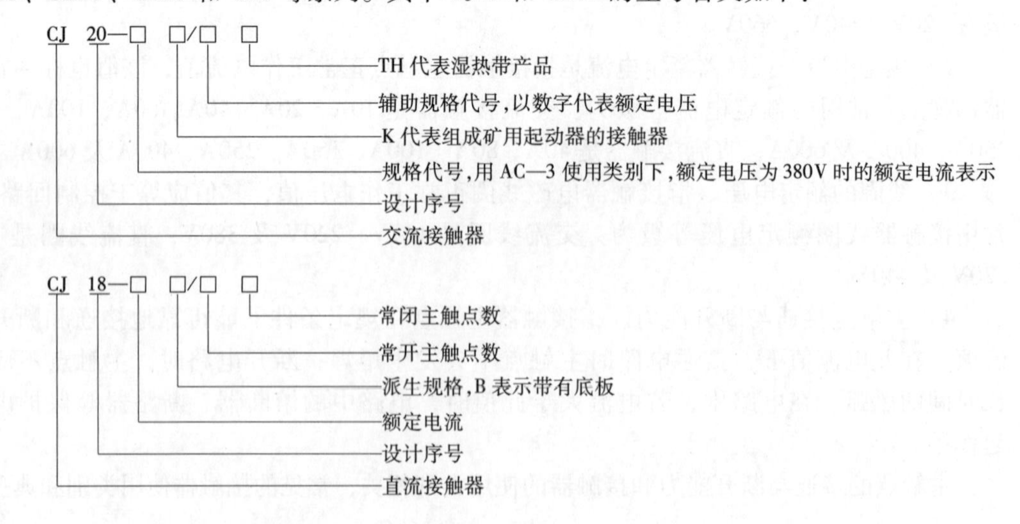

图 1-15 所示是 CJ20—63 型交流接触器，主要适用于交流 50Hz、电压 660V 以下（其中部分等级可用于 1140V）、电流 630A 以下的设备电气控制系统及电力电路中。

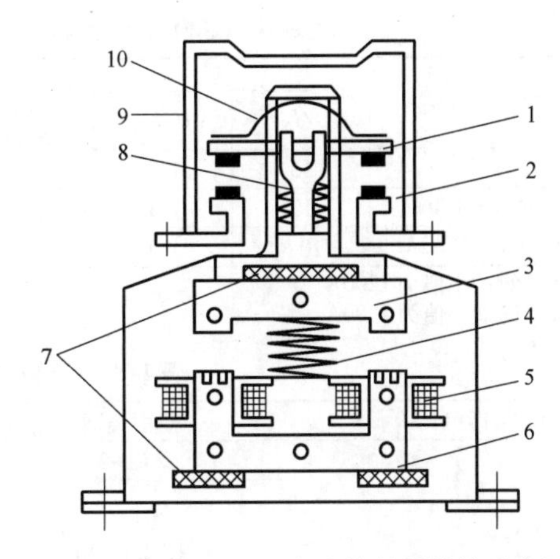

图 1-15　CJ20—63 型交流接触器结构示意图
1—动触点　2—静触点　3—衔铁　4—缓冲弹簧
5—电磁线圈　6—铁心　7—垫毡　8—触点弹簧
9—灭弧室　10—触点压力弹簧

直流接触器主要用于额定电压 440V 及以下、额定电流 600A 及以下的直流控制电路中，实现远距离接通和断开电路，控制直流电动机的起动、停止及反向等。它多用于起重、冶金和运输等机械设备中，分单极和双极、常开和常闭主触点等多种形式。其主要特点是在静触点下方均装有串联的磁吹式灭弧装置，磁吹线圈在轻载时灭弧能力较差，电流越大，其灭弧能力越强。

CJ20 系列交流接触器的主要技术数据见表 1-6、表 1-7 和表 1-8。直流接触器 CZ18 系列的主要技术数据见表 1-9。

表 1-6　CJ20 系列交流接触器的主要技术数据

型号	极数	额定工作电压 U_N/V	额定发热电流 I_{th}/A	额定工作电流 I_N/A	额定操作频率（AC—3）/（次·h^{-1}）	机械寿命/万次	辅助触点	
							额定发热电流 I_{th}/A	触点组合
		220		10	1200			
CJ20—10		380	10	10	1200			
		660		5.8	600			
		220		16	1200			
CJ20—16		380	16	16	1200			2 常开 2 常闭
		660		13	600	1000	10	
		220		25	1200			
CJ20—25		380	32	25	1200			
		660		16	600			
CJ20—160/11	3	1140	200	80	300			
CJ20—250		220		250	600			
		380	315	250	600			
CJ20—250/06		660		200	300			
CJ20—400		220		400	600			4 常开 2 常闭 或 3 常开 3 常闭 或 2 常开 4 常闭
		380	400	400	600	600	16	
CJ20—400/06		660		250	300			
CJ20—630		220	630	630	600			
		380		630	600			
CJ20—630/06		660	400	400	300			
CJ20—630/11		1140		400	300			

注：辅助触点额定电压为交流 380V 及以下。

表 1-7　CJ20 系列接触器接通与断开能力（使用类别 AC—4）

额定工作电流	接通				断开			
	I/I_N	U/U_N	$\cos\varphi$ ±0.05	次数	I/I_N	U/U_N	$\cos\varphi$ ±0.05	次数
$I_N \leqslant 17A$	15	1.1	0.65	100	10	1.1	0.65	25
$17A \leqslant I_N \leqslant 100A$	12	1.1	0.35	100	10	1.1	0.35	
$100A < I_N \leqslant 630A$	10①	1.1	0.35	100	8②	1.1	0.35	

① I 的最小值为 1200A。
② I 的最小值为 1000A。

表 1-8　CJ20 系列接触器的使用寿命

额定工作电压 U_N/V	使用类别	额定工作电流 I_N	寿命次数/万次
380	AC—2	$10A \leqslant I_N \leqslant 630A$	10
	AC—3 Ⅰ组	$I_N \leqslant 16A$	100
		$25A \leqslant I_N \leqslant 40A$	100
		$63A \leqslant I_N \leqslant 160A$	120
		$25A \leqslant I_N \leqslant 630A$	60
	AC—3 Ⅱ组	$63A \leqslant I_N \leqslant 160A$	20
		$25A \leqslant I_N \leqslant 630A$	12
	AC—4	$I_N \leqslant 16$	4
		$25A \leqslant I_N \leqslant 40A$	4
		63	5
		100	3
		160	1.5
		250	1
		400	1
		630	0.5
660	AC—4	5.8 ~ 16	4
		25	4
		40	1
		63	1
		100	1
		200	1
		250	1
		400	0.5
1140	AC—4	80	1
		400	0.5

表 1-9　CZ18 系列直流接触器的技术数据

型号	额定工作电压 U_N/V	额定发热电流 I_{th}/A	额定操作频率/(次·h^{-1})	使用类别	常开主触点数	辅助触点		
						常开	常闭	额定发热电流 I_{th}/A
CZ18—40/10	440	40 (20、10、5①)	1200	DC—2②	1	2	2	6
CZ18—40/20					2			
CZ18—80/10		80	1200		1			
CZ18—80/20					2			
CZ18—160/10		160	600		1			10
CZ18—315/10		315			1			
CZ18—630/10		630			1			
CZ18—1000/10		1000			1			

① 5A、10A、20A 为吹弧线圈的额定工作电流。
② 使用类别为 DC—2 时，在 440V 下，额定工作电流等于额定发热电流。

2. 接触器的选用

接触器使用广泛，但由于使用场合及控制对象的不同，接触器的操作条件与工作繁重程度也不同。因此，必须对控制对象的工作情况以及接触器性能有较全面的了解，才能作出正确的选择，保证接触器可靠运行并充分提高其技术经济效益。为此，应根据以下原则选用接触器。

1）根据主触点接通或断开电路的电流性质来选择直流还是交流接触器。

2）根据接触器所控制负载的工作任务来选择相应使用类别的接触器，如负载为一般任务则选用 AC—3 使用类别，负载为重任务时选用 AC—4 使用类别。

3）根据负载的功率和操作情况来确定接触器主触点的电流等级。当接触器的使用类别与所控制负载的工作任务相对应时，一般应使接触器主触点的电流额定值与所控制负载的电流值相当，或稍大一些。若不对应，如用 AC—3 类的接触器控制 AC—3 与 AC—4 混合类负载时，则应降低电流等级使用。

4）根据被控制电路电压等级来选择接触器的额定电压。

5）根据控制电路的电压等级来选择接触器线圈的额定电压等级。

3. 接触器的维护

接触器一旦发生故障，就会影响机械设备的正常工作，严重的甚至烧毁电动机，造成停车事故或危及人身安全。为此，应根据以下原则做好接触器的日常维护保养工作。

1）定期检查接触器的零件，要求可动部分灵活，紧固件无松动。对损坏的零部件应及时修理或更换。

2）保持触点表面的清洁，不允许粘有油污。当触点表面因电弧烧蚀而附有金属小珠粒时，应及时去掉。触点若已磨损，应及时调整消除过大的超程。若触点厚度只剩下 1/3 时，应及时更换。当银和银合金触点表面因电弧作用而生成黑色氧化膜时，不必锉去，因为这种氧化膜的接触电阻很小，不会造成接触不良，锉掉反而缩短了触点寿命。

3）接触器不允许在去掉灭弧罩的情况下使用，因为这样很可能发生相间短路。用陶土制成的灭弧罩易碎，拆装时应小心，避免碰撞造成损坏。

4）若接触器一旦不能修复，应及时更换。更换前应检查接触器的铭牌和线圈标牌上标出的参数，换上去的接触器的有关数据应符合技术要求。检查接触器的可动部分，看其是否活动灵活，并将铁心端面上的防锈油擦净，以免油污粘滞造成接触器不能释放。有的接触器还需检查和调整触点的开距、超程、压力等，并使各个触点的动作同步。

4. 接触器常见故障、产生原因及处理方法

接触器可能出现的故障很多，表 1-10 列出了一些常见故障、故障原因及故障处理方法。

六、继电器

继电器是根据某一输入量来控制电路的“接通”与“断开”的自动切换电器。在电路中，继电器主要用来反映各种控制信号，从而改变电路的工作状态，实现既定的控制程序，达到预定的控制目的，同时也提供一定的保护。目前，继电器被广泛用于各种控制领域。

继电器种类很多，一般按用途可分为控制用继电器和保护用继电器。按反映的信号不同，可分为电压继电器、电流继电器、时间继电器、热与温度继电器、速度继电器和压力继电器等。按工作原理可分为电磁式、感应式、电动式、电子式继电器和热继电器等。

表 1-10　接触器常见故障及处理方法

故障现象	产生故障的原因	处理方法
吸不上或吸力不足	电源电压过低或波动过大 操作回路电源容量不足或发生断线，触点接触不良，以及接线错误 线圈技术参数不符合要求 接触器线圈断线，可动部分被卡住，转轴生锈，歪斜等 触点弹簧压力与超程过大 接触器底盖螺钉松脱或其他原因使静、动铁心间距太大 接触器安装角度不符合规定	调整电源电压 增大电源容量，修理线路和触点 更换线圈 更换线圈，排除可动零件的故障 按要求调整触点 拧紧螺钉，调整间距 电器底板垂直水平面安装
不释放或释放缓慢	触点弹簧压力过小 触点被熔焊 可动部分被卡住 铁心端面有油污 反力弹簧损坏 用久后，铁心截面之间的气隙消失	调整触点参数 修理或更换触点 拆修有关零件再装好 擦干净铁心端面 更换弹簧 更换或修理铁心
线圈过热或烧损	电源电压过高或过低 线圈技术参数不符合要求 操作频率过高 线圈已损坏 使用环境特殊，如空气潮湿，含有腐蚀性气体或温度太高 运动部分卡住 铁心端面不平或气隙过大	调整电源电压 更换线圈或接触器 按使用条件选用接触器 更换或修理线圈 选用特殊设计的接触器 针对情况设法排除 修理或更换铁心
噪声较大	电源电压低 触点弹簧压力过大 铁心端面生锈或粘有油污、灰尘 零件歪斜或卡住 分磁环断裂 铁心端面磨损过度而不平	提高电压 调整触点压力 清理铁心端面 调整或修理有关零件 更换铁心或分磁环 更换铁心
触点熔焊	操作频率过高或过负荷使用 负载侧短路 触点弹簧压力过小 触点表面有突起的金属颗粒或异物 操作回路电压过低或机械性卡住，触点停顿在刚接触的位置上	按使用条件选用接触器 排除短路故障 调整弹簧压力 修整触点 提高操作电压，排除机械性卡阻故障
触点过热或灼伤	触点弹簧压力过小 触点表面有油污或不平，铜触点氧化 环境温度过高，或使用于密闭箱中 操作频率过高或工作电流过大 触点的超程太小	调整触点压力 清理触点 接触器降低容量使用 调换合适的接触器 调整或更换触点
触点过度磨损	接触器选用欠妥，在某些场合容量不足，如反接制动、密集操作等 三相触点不同步 负载侧短路	接触器降低容量或改用合适的接触器 调整使之同步 排除短路故障
相间短路	可逆接触器互锁不可靠 灰尘、水气、污垢等使绝缘材料导电 某些零部件损坏（如灭弧室）	检修互锁装置 经常清理，保持清洁 更换损坏的零部件

1. 电磁式继电器的主要技术参数和型号

（1）主要技术参数　电磁式继电器的主要技术参数有额定参数、动作参数、整定值、返回系数、动作时间和消耗功率等。

1）额定参数。额定参数是指继电器的线圈和触点在正常工作时的电压或电流的允许值。同一系列的继电器，其线圈有不同的额定电压或额定电流。

2）动作参数。动作参数是指衔铁刚产生动作时线圈的电压或电流的数值。根据衔铁是吸合动作还是释放动作，又有吸合动作参数和释放动作参数。

电压继电器的动作参数：吸合电压 U_o 与释放电压 U_r。

电流继电器的动作参数：吸合电流 I_o 与释放电流 I_r。

3）整定值。整定值是根据控制电路的要求，对继电器的动作参数进行人为调整的数值。

4）返回系数。返回系数是指继电器的释放值与吸合值的比值，以 K 表示。

对于电压继电器，电压返回系数 K_V 为

$$K_V = \frac{U_r}{U_o} \tag{1-1}$$

式中，U_r 为释放电压，单位为 V；U_o 为吸合电压，单位为 V。

对于电流继电器，电流返回系数 K_I 为

$$K_I = \frac{I_r}{I_o} \tag{1-2}$$

式中，I_r 为释放电流，单位为 A；I_o 为吸合电流，单位为 A。

返回系数实际上反映了继电器吸力特性和反力特性配合的紧密程度，是电压和电流继电器的重要参数，不同场合要求不同的 K 值，因此，继电器的返回系数是可以调节的。

5）动作时间。动作时间有吸合时间与释放时间两种。吸合时间是指从线圈通电瞬间起，到动、静触点闭合或打开为止所经过的时间。释放时间是指从线圈断电瞬间起，到动、静触点恢复到触点打开或闭合状态为止所经过的时间。

一般继电器动作时间为 0.05～0.2s，动作时间小于 0.05s 的继电器为快速动作继电器，动作时间大于 0.2s 的继电器为延时动作继电器。

6）消耗功率。继电器线圈运行时消耗的功率称为消耗功率，其与线圈匝数的二次方成正比。继电器的灵敏度越高，则要求继电器消耗功率越小。

（2）常用电磁式继电器的型号　电磁式继电器种类型号繁多，不便一一列举，仅以 JT18 系列直流电磁式通用继电器、JT4 系列交流电磁式继电器和 JL14 系列交、直流电流继电器来说明其型号含义、规格和技术数据。

1）JT18 系列直流电磁式通用继电器。该继电器主要用于直流电压至 440V 的主电路，直流电流至 630A、直流电压至 220V 的一般电路，作为电压中间继电器、欠电流继电器和时间继电器用。其型号含义如下：

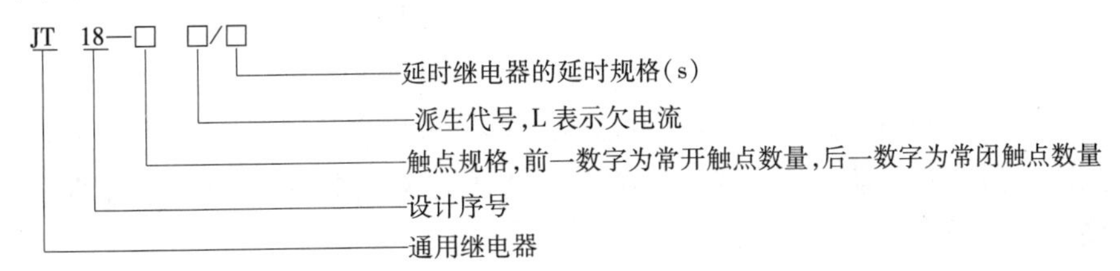

JT18 系列直流电磁式通用继电器的型号、规格和技术数据见表 1-11。

表 1-11　JT18 系列直流电磁式通用继电器型号、规格和技术数据

类型	型号	可调参数调整范围	延时可调范围/s 断电/短路	触点数量		吸引线圈		机械寿命/万次	电寿命/万次
				常开	常闭	额定电压(或电流)	消耗功率/W		
电压	JT18—□	吸合电压(30%～50%)U_N 释放电压(7%～20%)U_N		1	1	直流 24V、48V、110V、220V、440V	19	300	50
		吸合电压(35%～50%)U_N		2	2				
电压	JT18—□L	吸合电流(30%～65%)I_N 释放电流(10%～20%)I_N		1	1	直流 2.5A、4.6A、10A、16A、25A、40A、63A、100A、160A、250A、600A	19	300	50
		吸合电流(35%～65%)I_N		2	2				
时间	JT18—□/1		0.3～0.9 0.3～1.5	1	1	直流 24V、48V、110V、220V、440V	19	300	50
	JT18—□/3		0.8～3 1～3.5						
	JT18—□/5		2.5～5 3～3.5	2	2				

2）JT4 系列交流电磁式继电器。该继电器适用于交流 50Hz、380V 及以下的自动控制电路，作为零电压（或中间）、过电流和过电压继电器用。电磁机构为 U 形拍合式，但铁心和衔铁均用硅钢片叠制而成，其线圈为交流线圈。当安置不同的线圈时，可以做成交流电压、交流电流及交流中间继电器。JT4 系列继电器产品中没有欠电流继电器。

JT4 系列继电器有自动和手动两种复位方式。所谓自动复位方式，是当被保护的电路中出现过电压或过电流故障时，衔铁吸合，其触点使接触器线圈断电，从而切断负载电路，这时，继电器线圈的电压或电流也就消失，衔铁释放，其触点也自动恢复到原来的状态。而手动复位方式则是指当负载电路出现上述故障时，手动复位机构不能使衔铁释放，只有在故障排除且负载电路恢复正常之后，才允许用手触动复位机构使衔铁释放，使触点恢复到原来状态。也就是说，自动复位方式在衔铁上没有复位机构，而手动复位方式则有复位机构。JT4 系列继电器的型号含义如下：

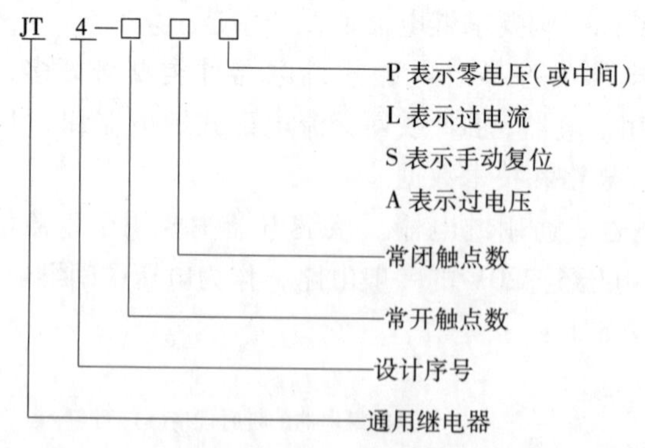

表 1-12 为 JT4 系列交流电磁继电器的型号、规格和技术数据。从表中看出，只有交流过电流继电器才有手动复位方式，这种交流过电流继电器一般用于比较重要的对人身和设备有直接影响的场合。

表 1-12　JT4 系列交流电磁式继电器型号、规格和技术数据

型号	可调参数 调整范围	返回系数	触点 数量	吸引线圈		复位 方式	机械寿命 /万次	电寿命 /万次
				额定电压 (或电流)	消耗 功率			
JT4—□□A 过电压继电器	吸合电压 (105% ~120%) U_N	0.1 ~0.3	1 常开 1 常闭	110V、220V、380V	75VA	自动	1.5	1.5
JT4—□□P 零电压(或中间) 继电器	吸合电压 (60% ~85%) U_N 或释放电压 (10% ~35%) U_N	0.2 ~0.4	1 常开 1 常闭 或 2 常开 2 常闭	110V、127V、 220V、380V			100	10
JT4—□□L 过电流继电器	吸合电流 (110% ~350%) I_N	0.1 ~0.3		5A、10A、15A、 20A、40A、80A、 150A、300A、 600A	5W		1.5	1.5
JT4—□□S 过电流继电器						手动		

3）JL14 系列交、直流电流继电器。该继电器主要用于交流电压 380V 及以下、直流电压 440V 及以下的控制电路中，作过电流或欠电流保护用。

JL14 系列继电器的电磁系统是由呈棱角形的磁轭、固定在磁轭上的圆形铁心及平板衔铁组成，电磁机构为棱角拍合式。在电磁系统上部有反力弹簧，通过改变弹簧压力的大小来改变继电器的起始值。通过改变衔铁上的非磁性垫片的厚度来调整继电器的释放值。触点安装在电磁系统的下部。

交、直流继电器的结构通用，对于交流继电器，其铁心上开有槽，用以减少铁心的涡流损耗。JL14 系列电流继电器的型号含义如下：

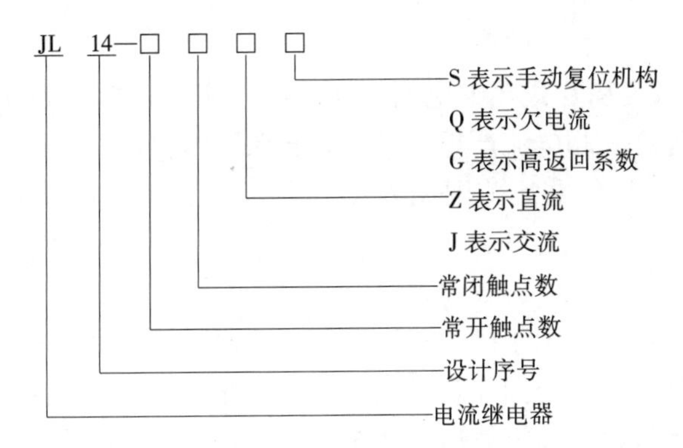

JL14 系列电流继电器的型号、规格和技术数据见表 1-13。

表 1-13　JL14 系列电流继电器型号、规格和技术数据

电流种类	型号	吸引线圈额定电流 I_N/A	吸合电流 调整范围	触点组合形式		备注
				常开	常闭	
直流	JL14—□□Z	1,1.5,2.5,5,10,15,25, 40,60,100,150,300, 600,1200,1500	(70% ~300%) I_N	3 2 1	3 1 2	手动复位 欠电流
	JL14—□□ZS		(30% ~65%) I_N 或释放电流 在(10% ~20%) I_N 范围调整			
	JL14—□□ZQ					
交流	JL14—□□J		(110% ~400%) I_N	1 2	1 2	手动复位
	JL14—□□JS					
	JL14—□□JG			1	1	返回系数 大于 0.65

2. 热继电器的主要技术参数和型号

（1）主要技术参数　热继电器的主要技术参数有额定电流、整定电流、电流调节范围、相数和热元件编号等。

1）额定电流。额定电流是指可能装入热元件的最大整定（额定）电流值。每种额定电流的热继电器可装入几种不同整定电流的热元件。

2）整定电流。整定电流是指热元件能够长期通过而不致引起热继电器动作的电流值。

3）电流调节范围。手动调节整定电流的范围称电流调节范围。主要用来更好地对电动机实现过载保护。

4）相数。相数即热继电器的热元件数。

5）热元件编号。热元件编号是指热继电器不同整定电流的热元件用不同编号表示。

（2）热继电器的型号　常用的热继电器有 JR20、JRS1 以及 JR16、JR10、JR0 等系列。引进的产品有 T 系列（德国 BBC 公司）、3UA（西门子）、LR1—D（法国 TE 公司）等系列。JR20 系列和 JRS1 系列具有断相保护、温度补偿、整定电流值可调、能手动脱扣及手动断开常闭触点、手动复位、动作信号指示等功能。例如，JR20 系列热继电器的型号含义为

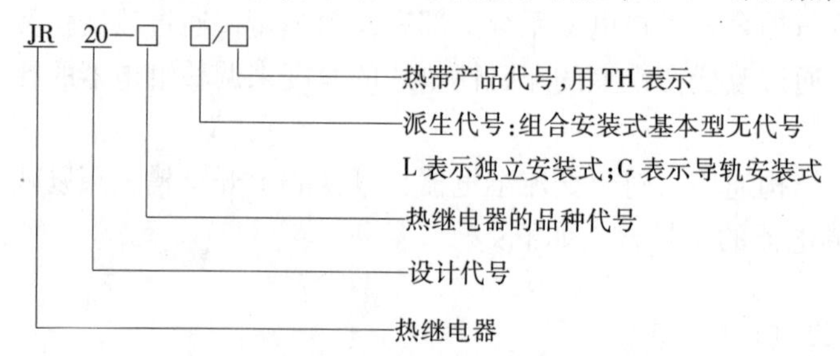

JR20 系列热继电器是一种双金属片式热继电器，在电路中用于长期或间断工作的一般交流电动机的过载保护，并且能在三相电流严重不平衡时起保护作用。

JR20 系列热继电器的规格、整定电流范围见表 1-14，动作特性及温度补偿性能见表 1-15，复位性能见表 1-16。

3. 继电器的选用

继电器的种类很多，也被广泛地应用于机械电气设备自动控制系统中，借助其来扩大控制电路的容量。因此，必须对其使用场合和控制对象的工作情况以及继电器性能有较全面的了解，才能正确选择继电器，保证继电器可靠运行并充分提高其技术经济效益。为此，应根据一定的原则选用继电器。

（1）电磁式继电器的选择　选择电磁式继电器应根据以下原则：

1）使用类别的选用。继电器的典型用途是控制交、直流电磁铁，如用于控制交、直流接触器的线圈等，按 JB 2455—1985 规定，继电器的使用类别为 AC—11 控制交流电磁铁，DC—11 控制直流电磁铁。由于使用类别决定了继电器所控制的负载性质及通断条件，因此这是选用继电器的主要依据。

2）额定工作电压、额定工作电流的选用。继电器在相应使用类别下触点的额定工作电压 U_N 和额定工作电流 I_N，表征了该继电器触点所能切换电路的能力。选用时，继电器的最高工作电压可作为该继电器的额定电压，继电器的最高工作电流一般应小于该继电器的额定发热电流。选用电压线圈的电流种类和额定电压值时，应注意与系统要求一致。

表 1-14　JR20 系列热继电器的规格、整定电流范围

型号	热元件号	整定电流范围/A	型号	热元件号	整定电流范围/A
JR20—10	1R	0.1～0.13～0.15	JR20—63	1U	16～20～24
	2R	0.15～0.19～0.23		2U	24～30～36
	3R	0.23～0.29～0.35		3U	32～40～47
	4R	0.35～0.44～0.53		4U	40～47～55
	5R	0.53～0.67～0.8		5U	47～55～62
	6R	0.8～1～1.2		6U	55～62～71
	7R	1.2～1.5～1.8	JR20—160	1W	33～40～47
	8R	1.8～2.2～2.6		2W	47～55～63
	9R	2.6～3.2～3.8		3W	63～74～84
	10R	3.2～4～4.8		4W	74～86～98
JR20—16	1S	3.6～4.5～5.4		5W	85～100～115
	2S	5.4～6.7～8		6W	100～115～130
	3S	8～10～12		7W	115～132～150
	4S	10～12～14		8W	130～150～170
	5S	12～14～16	JR20—250	1X	130～160～195
	6S	14～16～18		2X	167～200～250
JR20—25	1T	7.8～9.7～11.6	JR20—400	3Y	200～250～300
	2T	11.6～14.3～17		4Y	267～335～400
	3T	17～21～25	JR20—630	5Z	320～400～480
	4T	21～25～29		6Z	420～525～680

表 1-15　JR20 系列热继电器的动作特性及温度补偿性能

	型号	整定电流倍数	动作时间	起始条件	周围空气温度/℃
各相负载平衡	1	1.05	2h 不动作	冷态	+20±5
	2	1.2	<2h	热态(按序号 1 达热稳定后)	
	3	1.5	<2min		
	4	6	>5s	冷态	
有断相保护负载不平衡	5	任意二相 1.0 第三相 0.9	2h 不动作	冷态	
	6	任意二相 1.15 第三相 0	<2h	热态(按序号 5 达热稳定后)	
无断相保护负载不平衡	7	1.05		冷态	
	8	任意二相 1.32 第三相 0	<2h	热态(按序号 7 达热稳定后)	
温度补偿	9	1.0	2h 不动作	冷态	+55±2
	10	1.20	<2h	热态(按序号 9 达热稳定后)	
	11	1.05	2h 不动作	冷态	−5±2
	12	1.30	<2h	热态(按序号 11 达热稳定后)	

表 1-16　JR20 系列热继电器的复位性能

额定工作电流 I_N/A	自动复位	手动复位
≤63	≤5min	≤2min
>63	≤8min	

3）工作制的选用。继电器一般适用于 8h 工作制（间断长期工作制）、反复短时工作制和短时工作制。工作制不同，对继电器的过载能力要求也不同。当交流电压（或中间）继电器用于反复短时工作制时，由于吸合时有较大的起动电流，因此其负担反比长期工作制时重，选用时应充分考虑这一点，使用中实际操作频率应低于额定操作频率。

4）返回系数的调节。对于电压和电流继电器，应根据控制要求，进行继电器返回系数的调节。在实际工作中，通常采用增加衔铁吸合后的气隙、减小衔铁释放后的气隙以及适当放松释放弹簧等措施来达到增大返回系数的目的。

（2）热继电器的选择　热继电器主要用于电动机的过载保护，因此必须了解电动机的工作环境、起动情况、负载性质、工作制及允许的过载能力。应使热继电器的安秒特性位于电动机的过载特性之下，并尽可能接近，以便充分发挥电动机的过载能力，同时不受电动机短时过载和起动瞬间的影响。

热继电器的选择与所保护电动机的工作制密切相关，现分述如下：

1）长期工作或间断长期工作制。热继电器用于长期工作或间断长期工作制的电动机时，应考虑以下原则来选择热继电器。

① 为保证热继电器在电动机起动过程中不产生误动作，所选热继电器的可返回时间应为 $6I_N$ 下动作时间的 0.5～0.7 倍。$6I_N$ 下动作时间可在热继电器安秒特性上查获。

② 热继电器整定电流范围的中间值为电动机的额定电流。使用时，应将热继电器整定电流旋钮调至该额定值，否则起不到保护作用。

③ 电动机断相保护时热继电器的选择与电动机定子绕组的接线形式直接有关。

当电动机定子绕组为丫联结时，带断相保护和不带断相保护的三相热继电器接在相线中，在发生三相均匀过载、不均匀过载或发生一相断线时，因流过热继电器的电流即为流过电动机绕组的电流，所以热继电器可如实反映电动机过载情况，均可实现电动机的断相保护。

当电动机定子绕组为△联结时，带断相保护和不带断相保护的热继电器，在实现断相保护时接入电动机定子电路的方式是不同的。

对于不带断相保护的热继电器，若仍接在定子相线中，如果在电动机起动前已发生一相断线时，流过热继电器的电流为 4.5～6 倍的电动机额定电流，足以使热继电器动作；如果电动机运行中且在满载情况下发生一相断线时，此时电流最大的一相绕组中的电流可达到 2.4～2.5 倍的相电流，流过热继电器的线电流也可达到 2 倍额定电流，仍可使热继电器动作。所以，在上述两种情况下，热继电器接于相线中，对电动机可以起到断相保护作用。然而，大多数电动机在负荷低于满载情况下运行时发生断线，按前面分析可知，当电动机运行在 0.58 倍的额定电流时，若发生断线，最严重一相绕组中的相电流可达 1.15 倍的额定相电流，这对该相绕组来说已处于过载状态，但由于热继电器接在相线上，故不能使热继电器动作，也就不能实现电动机的断相保护。所以，若使用不带断相保护的三相热继电器来实现断相保护时，应将三个发热元件分别串接于电动机三相绕组的相电路中，但靠这种联结方式将带来一些不便。因此，△联结的三相电动机应选择带断相保护的三相热继电器，并可将其串接于电动机线电路中，靠差动结构的作用可以实现断相保护。

2）反复短时工作制。热继电器用于反复短时工作制的电动机时，应首先考虑热继电器的允许操作频率。当电动机起动电流为$6I_N$、起动时间为1s、电动机满载工作、通电持续率为60%时，每小时允许操作次数最高不超过40次。

对于正反转密集通断工作的电动机，不宜采用热继电器保护，可选用埋入电动机绕组的温度继电器或热敏电阻来保护。

4. 继电器常见故障、产生原因及处理方法

继电器经过长期的使用或者使用不当会造成故障或损坏，必须及时进行修理。在修理时，拆卸必须小心仔细，要注意各零件的装配次序，千万不可硬拆、硬敲，以免造成不必要的损失。对于较复杂的部件，要做好各零件的位置的记录，以免修好之后忘记组装顺序而装不上去。

1）电磁式继电器在使用中的故障现象、原因分析及处理方法见表1-17。

表1-17　电磁式继电器常见故障及处理方法

故障现象	产生故障的原因	处理方法
触点过热或灼伤	触点的弹簧压力太小 触点上有油垢 触点的超行程太小 触点的断开容量不够	调整弹簧的压力 清除油垢 调整运动系统或更换触点 改用较大容量的电器
触点熔焊	触点过热 触点的断开容量不够 触点开断过于频繁	更换触点并排除过热原因 改换较大容量的电器 更换触点
线圈损坏	空气潮湿或含有腐蚀性气体 因振动冲击过大线圈内部断路	换用特种绝缘漆的线圈 更换或修复、重绕线圈
线圈过热或烧毁	弹簧的反作用力过大 线圈额定电压与电路电压不符 线圈的通电持续率与实际工作情况不符 线圈由于机械擦伤或附有导电尘埃而部分短路	调整弹簧压力 更换线圈 更换线圈 更换线圈，并经常保持清洁
噪声较大	弹簧的反作用力过大 极面有污垢 极面磨损过大而不平 磁系统歪斜 短路环断裂（交流） 衔铁与机械部分的连接销松脱	调整弹簧压力 清除污垢 修正极面 调整机械部分 重焊或更换短路环 装好连接销
衔铁吸不上	线圈断线或烧毁 衔铁或机械部分被卡住 机械部分转轴生锈或歪斜	修理或更换线圈 清除障碍物 去锈、上润滑油或调换配件
继电器的动作缓慢	极面间隙过大 电器底板上部较下部凸出	调整机械部分，减小压力 把电器装直
断电时衔铁不释放	触点间弹簧压力过小 电器的底板上部较下部凸出 衔铁或机械部分被卡死 非磁性衬垫片被过度磨损或太薄（直流） 触点熔焊 铁心有剩磁	调整触点间压力 装正电器位置 除去障碍物 更换或加厚垫片 更换触点并研究原因消除隐患 退磁或更换铁心

2）热继电器在使用中的故障现象、原因分析及处理方法列于表 1-18 中。

表 1-18　热继电器常见故障及处理方法

故障现象	产生故障的原因	处理方法
热继电器动作太快	整定值偏小 电动机起动时间过长 可逆运转及密集通断 强烈的冲击振动 连接导线太细 环境温度变化太大	合理调整整定值，如额定电流不符合要求，应予更换 按起动时间要求，选择具有合适的可返回时间（t）级数的热继电器或在起动过程中将热元件短接 不宜用双金属片式热继电器，可改用其他保护方式 采用防振措施或改用防冲击专用热继电器 按要求更换连接导线 改善使用环境，使周围介质温度不高于 +40℃及不低于 −30℃
电动机烧坏热继电器不动作	整定值偏大 触点接触不良 热元件烧断或脱焊 动作机构卡住 导板脱出	合理调整整定值，如额定电流不符合要求，应予更换 消除触点表面灰尘或氧化物等 更换已坏的热继电器 进行维修整理，但应注意修正后，不使特性发生变化 重新放入，并试验动作是否灵活
热元件烧断	负载侧短路或电流过大 反复短时工作，操作频率过高	排除电路故障，更换热继电器 按要求合理选用过载保护方式或限制操作频率

第三节　断路器与电动机的综合保护

一、断路器的结构、原理及特点

断路器相当于刀开关、熔断器、热继电器和欠电压继电器的组合，是一种既能起手动开关作用，又能进行欠电压、失电压、过载短路保护的电器。

断路器主要由触点、操作机构、脱扣器和灭弧装置等组成。操作机构分直接手柄操作、杠杆操作、电磁铁操作和电动机操作四种。脱扣器有过电流脱扣器、热脱扣器、复式脱扣器、欠电压脱扣器、分励脱扣器等类型。

图 1-16 为断路器的原理图，图中触点有三对，串联在被保护的三相主电路中。手动按钮处于“合”（图中未画出）时，触点 2 由锁键 3 保持在闭合状态，锁键 3 由搭钩 4 支持着。要使断路器断开时，按下按钮，使其处于“开”位置（图中未画出），搭钩 4 被杠杆 8 顶开（搭钩可绕轴 5 转动），触点 2 就被弹簧 1 拉开，电路断开。

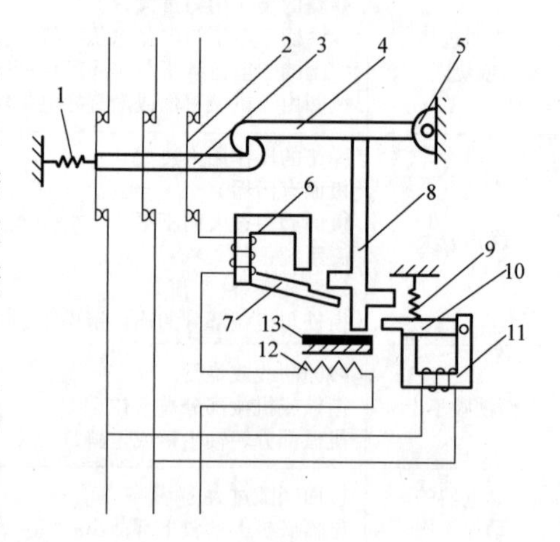

图 1-16　断路器的原理图
1—弹簧　2—触点　3—锁键　4—搭钩　5—轴　6—过电流脱扣器　7—衔铁　8—杠杆　9—弹簧　10—衔铁　11—欠电压脱扣器　12—热脱扣器　13—双金属片

断路器的自动断开，是通过过电流脱扣器 6、欠电压脱扣器 11 和热脱扣器 12 使搭钩 4 被杠杆 8 顶开而完成的。过电流脱扣器 6 的线圈和主电路串联，当电路工作正常时，所产生的电磁吸力不能将衔铁 7 吸合，只有当电路发生短路或产生很大的过电流（超过整定电流）时，其电磁吸力才能将衔铁 7 吸合，推动杠杆 8 顶开搭钩 4，使触点 2 断开，从而将电路切断。

欠电压脱扣器 11 的线圈并联在主电路上，当电路电压正常时，电磁铁吸合，当电路电压低于某一值时，电磁吸力小于弹簧9的拉力，衔铁10释放并推动杠杆8顶开搭钩4，切断电路。

当电路发生过载时，过载电流通过热脱扣器12的发热元件使双金属片13受热弯曲，推动杠杆8顶开搭钩4，使触点2断开，从而起到过载保护作用。

根据不同的用途，断路器可配备不同的脱扣器。按结构分，断路器可分为框架式和塑料外壳式两种。机械设备电路中常用塑料外壳式断路器作为电源引入开关，或作为控制和保护不频繁起动、停止的电动机开关，其操作方式多为手动，主要有扳动式和按钮式两种。

由于断路器具有多种完善的保护，因此与刀开关和熔断器相比，具有结构紧凑、安装方便、使用安全可靠等优点，而且在短路时，过电流脱扣器将电源同时切断，避免了电动机的缺相运行。

二、断路器的技术参数及型号

断路器的主要技术参数有：

（1）额定电压　断路器在电路中长期工作时的允许电压称为额定电压。

（2）断路器额定电流　断路器额定电流是指脱扣器允许长期通过的电流，即脱扣器额定电流，对可调式脱扣器则为长期通过的最大电流。

（3）断路器壳架等级额定电流　断路器壳架等级额定电流是指每一种框架或塑料外壳中能安装的最大脱扣器的额定电流，亦即过去常称的断路器额定电流。

（4）断路器通断能力　在规定操作条件下，断路器能接通和断开短路电流的能力称为断路器通断能力。

（5）动作时间　动作时间是指从电路出现短路的瞬间至触点分离、电弧熄灭、电路完全切断所需的全部时间。

（6）保护特性　保护特性是指断路器的动作时间与动作电流的函数关系曲线，主要是指断路器过载和过电流保护特性，即断路器动作时间与过载和过电流脱扣器的动作电流的关系特性。

图1-17所示为低压断路器的保护特性曲线，图中*ab*段为过载保护曲线，具有反时限。*df*段为瞬时动作部分，当故障电流超过*d*点对应电流值时，过电流脱扣器便瞬时动作。*ce*段为定时限延时动作部分，当故障电流超过*c*点相对应的电流值时，过电流脱扣器经过短延时后动作。

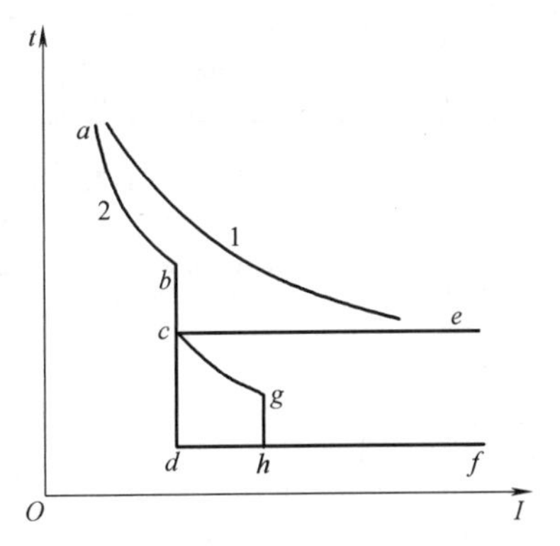

图1-17　低压断路器的保护特性曲线
1—被保护对象的发热特性
2—低压断路器保护特性

根据需要，断路器的保护特性可以是两段式的，如*abdf*具有过载长延时和短路瞬动保护，而*abce*则为过载长延时和短路短延时保护。断路器还可有三段式的保护特性，如*abcghf*具有过载长延时、短路短延时和特大短路的瞬动保护。为了能起到良好的保护作用，断路器的保护特性应与被保护对象的允许发热特性有合理的配合，即低压断路器的保护特性2应位于保护对象的允许发热特性1的下方。为此，应根据被保护对象的要求合理选择断路器的保护特性，以期获得可靠的保护。

常用的塑料外壳式断路器有 DZ15、DZ20、DZ5、DZ10、DZX10、DZX19 等系列，引进生产的有 S0606 系列（德国 BBC 公司生产）等。其中 DZ15 系列断路器是全国统一设计的系列产品，适用于在交流 50Hz 或 60Hz、电压 500V 及以下、电流 40～100A 的电路中作为配电、电动机和照明电路的过载及短路保护，也可用于不频繁转换和电动机不频繁起动的电路中。DZ15 的型号含义如下：

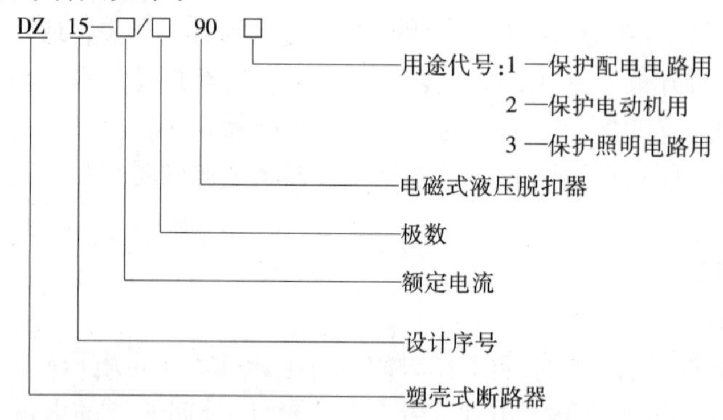

DZ15 系列断路器的技术数据见表 1-19，其过电流脱扣器延时特性见表 1-20。

表 1-19　DZ15 系列断路器的技术数据

型号	额定电流/A	极数	脱扣器额定电流/A	额定短路通断能力/A	电寿命/次
DZ15—40/190	40	1,2,3,4	6,10,16,20,25,32,40	3000	15000
DZ15—40/290					
DZ15—40/390					
DZ15—40/490					
DZ15—63/190	63	1,2,3,4	10,15,20,25,32,40,50,63	5000	10000
DZ15—63/290					
DZ15—63/390					
DZ15—63/490					
DZ15—100/390	100	3,4	80,100	6000	10000
DZ15—100/490					

表 1-20　DZ15 系列断路器过电流脱扣器延时特性

保护配电电路		保护电动机		保护照明电路	
试验电流	动作时间	试验电流	动作时间	试验电流	动作时间
I_N	不动作	I_N	不动作	I_N	不动作
$1.3I_N$	<1h	$1.2I_N$	<20min	$1.3I_N$	<1h
$2I_N$	<4min	$1.5I_N$	<3min	$2I_N$	<4min
$3I_N$	可返回时间≥1s	$6I_N$	再返回时间≥1s	$6I_N$	<0.2s
$10I_N$	<0.2s	$12I_N$	<0.2s		

三、漏电保护断路器

漏电保护断路器是为了防止低压电路中发生人身触电和设备漏电等事故，而研制的一种新型电器。当人身触电或设备漏电时，断路器能够迅速切断故障电路，从而避免人身和设备受到危害。这种漏电断路器实际上是装有漏电保护元件的塑料外壳式断路器。常见的有电磁式电流动作型、电压动作型和晶体管（集成电路）电流动作型等断路器。

电磁式电流动作型断路器的原理，如图1-18所示。其结构是在一般的塑料外壳式断路器中，增加一个漏电检测元件（零序电流互感器）和漏电脱扣器。图中主电路的三相导线一起穿过零序电流互感器的环形铁心，零序电流互感器的输出端和漏电脱扣器线圈相接，漏电脱扣器因永久磁铁的磁力而被吸住，拉紧了释放弹簧。电路正常运行时，三相电流的相量和为零，零序电流互感器二次侧无输出。当出现漏电或人身触电时，漏电或触电电流通过大地回到变压器的中性点，因而三相电流的相量和就不等于零，于是零序电流互感器的二次回路就会产生感应电流 I_s，这时漏电脱扣器铁心中出现感应电流 I_s 的交变磁通，这个交变磁通的正半波或负半波总会抵消永久磁铁对衔铁的吸力，当 I_s 达到一定值时，漏电脱扣器动作释放，使触点断开，切断主电路。采用这种释放式电磁脱扣器，可以提高灵敏度，且动作快、体积小。从零序电流互感器检测到漏电信号至切断故障电路的全部动作时间一般在0.1s以内，所以它能有效地起到漏电保护作用。

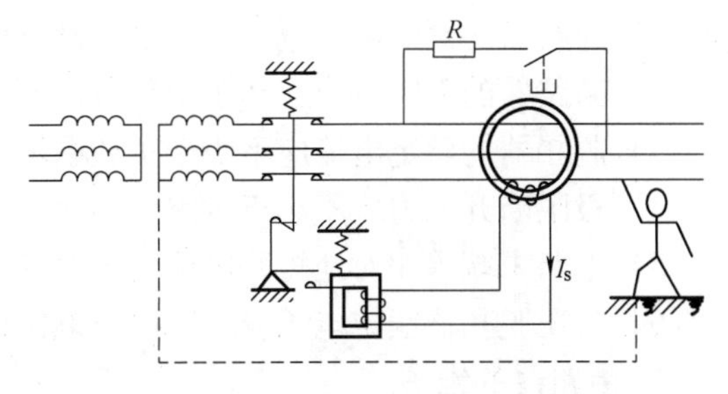

图1-18　电磁式电流动作型漏电保护断路器原理图

为了能经常检查漏电保护断路器的动作性能，漏电保护断路器装有试验按钮，在断路器闭合后，按下试验按钮，如果开关断开，则漏电保护断路器工作正常。

常用的漏电保护断路器有DZ15L—40、DZ5—20L等，其主要技术数据见表1-21。

表1-21　漏电保护断路器的技术数据

型　　号			DZ15L—40		DZ5—20L
额定电压 U_N/V			380		380
极数			3	4	3
过流脱扣器额定电流/A			40,30,15,10	20,(6)	20,15,10,6.5,4.5,3.2,1.5,1
额定漏电动作电流/mA			30,50,75	50,75,100	30,50,75,
额定漏电不动作电流/mA			15,25,40	25,40,50,	15,25,40
漏电脱扣全部动作时间/s			≤0.1		≤0.1
极限通断能力			(380V $\cos\varphi=0.7$)2.5kA		(380V $\cos\varphi=0.8$)1.5kA
寿命千次	机械		1.5		1.5
	电气	电动机用	1.5		2.0
		配电用	0.5		0.5
型号含义			DZ 15 L — 40：DZ—设计代号；L—漏电断路器；40—额定电流		DZ 5—20 L：DZ—设计代号；20—额定电流；L—漏电断路器

四、断路器的选用及维护

1. 断路器的选用原则

一般框架式断路器宜作主开关，其短路通断能力较高，且有短延时脱扣，可满足选择性保护要求。塑料外壳式断路器宜作支路开关，其短路通断能力一般较低，大都无短延时脱扣，不能满足选择性保护要求。断路器选用原则如下：

1）断路器的额定电压应不低于电路额定电压。

2）断路器的额定电流应不小于负载电流。

3）脱扣器的额定电流应不小于负载电流。

4）极限断开能力应不小于电路中最大短路电流。

5）电路末端单相对地短路电流与瞬时脱扣器整定电流之比应不小于 1.25。

6）欠压脱扣器额定电压应等于电路额定电压。

2. 断路器的维护

断路器在使用过程中，应该做好如下的日常维护保养工作：

1）使用新断路器前应将电磁铁工作面的防锈油脂擦净，以免增加电磁机构动作的阻力。

2）工作一定次数后（约机械寿命的 1/4），主要转动机构应加润滑油（小容量塑壳型不需要）。

3）每经过一定时间（如定期维修时），应消除断路器上的灰尘，以保证良好的绝缘。

4）灭弧室在断开短路电流或经过较长时期使用后，应清除其内壁和栅片上的金属颗粒和烟垢，长期未使用的灭弧室（如配件）在使用前应先烘一次，以保证良好的绝缘。

5）断路器的触点在使用一定次数后，如表面发现毛刺、颗粒等，应当予以修整，以保证良好的接触。当触点磨损至原来厚度的 1/3 时，应考虑更换触点。

6）定期检查各脱扣器的电流整定值和延时时间，以及动作情况。

五、电动机多功能保护器工作原理

由于过载、断相、短路和绝缘损坏都对电动机造成极大威胁，所以现在出现了许多电动机多功能保护装置。该装置将电动机的过载保护、断相及堵转保护、瞬动保护等功能融为一体，从而对电动机进行全面的综合保护。由于这种装置大都由电子电路组成，故体积小、性能可靠，在使用中取得了较好的效果。

如图 1-19 所示，是电动机多功能保护器工作原理图。保护器的信号由电流互感器 TA1、TA2、TA3 串联后取得。这种互感器选用具有用较低饱和磁通密度的磁环（例如，用软磁铁氧体 MXO—2000 型锰锌磁环）制成，电动机运行时磁环处于饱和状态，因此互感器二次绕组中的感应电动势，除基波外还有三次谐波成分。

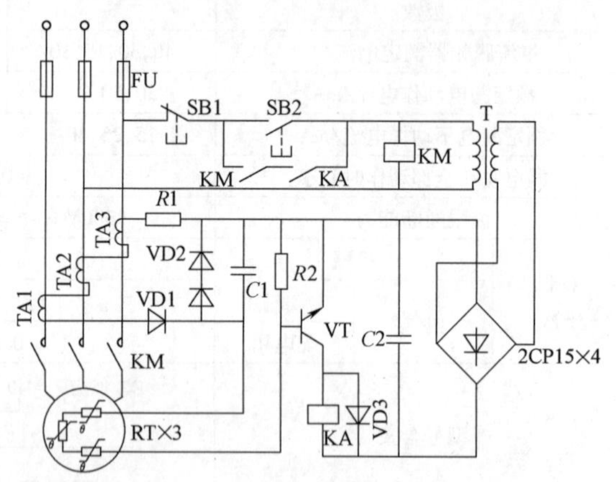

图 1-19　电动机多功能保护器原理图

电动机正常运行时，三相线电流基本平衡（即大小相等，相位互差 120°），因此在互感器二次绕组中的基波合成电动势为零，但三次谐波由于是同相位的，所以其合成电动势为每相电动势的三倍。该电动势经二极管 VD1 整流、VD2 稳压（利用二极管的正向特性）、电容器 $C1$ 滤波，再经过 $R1$ 和 $R2$ 分压后，供给晶体管 VT 的基极，使之饱和导通，于是继电器 KA 吸合，其常开触点闭合。按下 SB2 时，接触器 KM 得电自锁，电动机起动旋转。

当电动机电源断开一相时，另外两相线电流大小相等、方向相反，互感器三个串联的二次绕组中也对应有两相产生感应电动势，其大小相等、方向相反，结果互感器二次绕组总电动势为零。既不存在基波电动势，也不存在三次谐波电动势，于是晶体管 VT 的基极电流为零，VT 截止，接在 VT 集电极电路中的 KA 释放，接触器 KM 断电，其主触点切断电动机电源，对电动机实现断相保护。

当电动机由于故障或其他原因使其绕组温度升高，超过允许值时，PTC 热敏电阻 RT 的阻值急剧上升，这样就改变了 $R1$ 和 $R2$ 的分压比，使晶体管 VT 的基极电流下降到很低的数值（实际上接近于零），VT 截止，继电器 KA 释放，其常开触点断开，接触器 KM 线圈断电，电动机脱离电源，实现电动机的过载或热保护。

第四节　机械设备电气故障的诊断方法和检修步骤

一、机械设备电气故障的基本诊断方法

机械设备电气控制电路出现的故障，由于机械设备的种类不同而有不同的特点，但对于各类机械设备的电气故障，都可以运用以下的基本诊断方法进行诊断检修。

1. 直观法

直观法是根据电气故障的外部表现，通过目测、鼻闻、耳听等手段，来检查、判断故障的方法。

（1）检查步骤　主要包括调查情况、初步检查和试车等步骤。

1）调查情况。向机械设备的操作者和机械设备发生故障时的在场人员询问故障情况，包括故障外部表现、大致部位、发生故障时的环境情况（如蒸汽、明火等热源是否靠近电气，有无腐蚀性气体侵蚀，有无漏水等），是否有人修理过，修理的内容等。

2）初步检查。根据调查的情况，先作初步分析检查，看有关电器外部有无损坏，连线有无断路、松动，绝缘有无烧焦，螺旋熔断器的熔断指示器是否跳出，电器有无进水、油垢，开关位置是否正确等。

3）试车。通过初步检查，确认不会使故障进一步扩大造成人身、设备事故后，可进行试车检查。试车中要注意观察电器有无严重跳火、冒火、异常气味、异常声音等现象，一经发现应立即停车，切断电源。注意检查电动机的温升及电器的动作程序是否符合电气原理图的要求，从而发现故障部位。

（2）检查方法　直观法检查故障的方法如下：

1）用观察火花的方法检查故障。电器的触点在接通、断开电路或导线线头松动时会产生火花，因此可以根据火花的有无、大小等现象来检查电气故障。例如，正常固紧的导线与螺钉间不应有火花产生，当发现该处有火花时，说明线头松动或接触不良。电器的触点在接通、断开电路时跳火，说明电路是通路，不跳火说明电路不通。当观察到控制电动机的接触器主触点两相有火花，一相无火花时，说明无火花的触点接触不良或这一相电路断路。三相中有两相的火花比正常大，另一相比正常小，可初步判断为电动机相间短路或接地。三相火花都比正常火花大，可能是电动机过载或机械部分卡住。

在辅助电路中，接触器线圈电路通电后，衔铁不吸合，要分清是电路断路，还是接触器本身机械部分卡住造成。可按一下起动按钮，如按钮常开触点在通、断时有轻微的火花，说明电路通路，故障可能是接触器本身机械部分卡住。如果触点间无火花，说明电路断路。

2）从电器的动作程序来检查故障。机械设备电器的工作程序应符合电气说明书和图样的要求，如某一电路上的电器动作过早、过晚或不动作，说明该电路或电器有故障。

运用直观法不但可以确定简单的电气故障，还可以把较复杂的故障缩小到较小的范围。

（3）注意事项　应用直观法检查电气故障要注意以下问题：

1）当电器元件已经损坏时，应进一步查明故障原因后更换，不然会造成元件连续损坏。

2）试车时，手不能离开电源开关，以便随时切断电源。

3）直观法检查故障的准确性差，不要盲目拆卸导线或元件，以免延误排除故障的时机。

2. 测量电压法

在检修电气设备时，经常用测量电压值的方法来判断电器、电路的运行情况及故障原因。

（1）检查方法　测量电压法有分阶测量法、分段测量法和点测法三种。

1）分阶测量法。电压的分阶测量法如图1-20所示。当电路中的位置开关SQ和中间继电器的常开触点KA闭合时，按起动按钮SB，接触器KM1不吸合，说明电路有故障。检查时把万用表扳到电压500V的挡位上（或用电压表），首先测量电源线A、B两点间电压、正常值应为380V。然后，按下起动按钮不放，同时将黑色测试棒接到B点上，红色测试棒按标号依次向前移动，分别测量标号为2、11、9、7、5、3、1各点的电压。电路正常情况下，B与2两点之间无电压，B与1～11各点电压均为380V。如测到B与11间无电压，说明是断路故障，可将红色测试棒前移。当移至某点时电压正常，说明该点以前开关触点或接线是完好的，此点以后的开关触点或接线断路，一般是此点后的第一个触点（即刚刚跨过的触点）或接线断路。例如，测到标号9时电压正常，说明接触器KM2的常闭触点或9所连接的导线接触不良或断路。究竟故障在触点上还是接线断路，可将红色测试棒接在KM2的常闭触点的接线柱上，如电压仍正常，故障出在KM2的触点上，如没有电压，说明接线断路。根据电压值来检查故障的具体方法见表1-22。

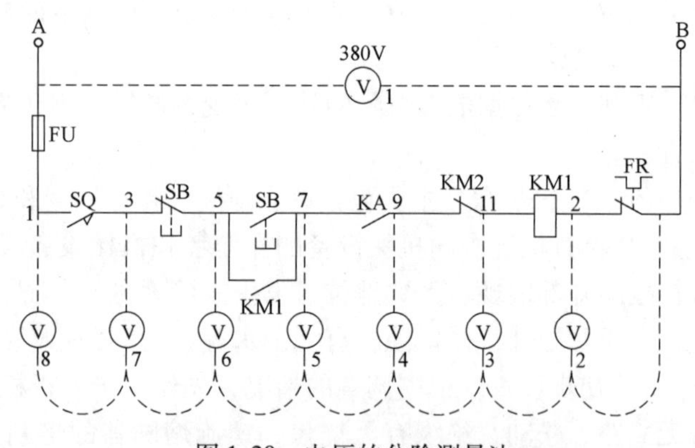

图1-20　电压的分阶测量法

表1-22　分阶测量法所测电压值及故障原因

故障现象	测试状态	B—2	B—11	B—9	B—7	B—5	B—3	B—1	故障原因
SB按下时，KM1不吸合	SB按下	380V	380V	380V	380V	380V	380V	380V	FR接触不良
		0	380V	380V	380V	380V	380V	380V	接触器本身故障
		0	0	380V	380V	380V	380V	380V	KM2接触不良
		0	0	0	380V	380V	380V	380V	KA接触不良
		0	0	0	0	380V	380V	380V	SB接触不良
		0	0	0	0	0	380V	380V	SB接触不良
		0	0	0	0	0	0	380V	SQ接触不良

这种测量法像上台阶一样，所以叫分阶测量法。在运用分阶测量法时，可以向前测量（即由B点向标号1测量），也可以向后测量（即由标号1向B点测量）。但要注意，向后测量时，当标号1与某点（标号2与B点除外）电压等于电源电压时，说明刚测过的触点或导线断路。

2）分段测量法。触点闭合时各电器之间的导线，在通电时其压降接近于零，而用电器、各类电阻、线圈通电时，其电压降等于或接近于外加电压。根据这一特点，采用分段测量法检查电路故障更为方便。

电压的分段测量法如图1-21所示。按下按钮SB，如接触器KM1不吸合，先测A、B两点的电源电压，电压为380V，说明电路断路。可将红、黑两测试棒逐段或重点测量相邻两标号的电压。如果电路正常，除11与2两标号间的电压等于电源电压380V外，其他任何相邻两点间的电压都应为零。如测量某相邻两点电压为380V，说明该两点所包括的触点、连接导线接触不良或断路。例如，标号3与5两点间电压为380V，说明停止按钮接触不良。

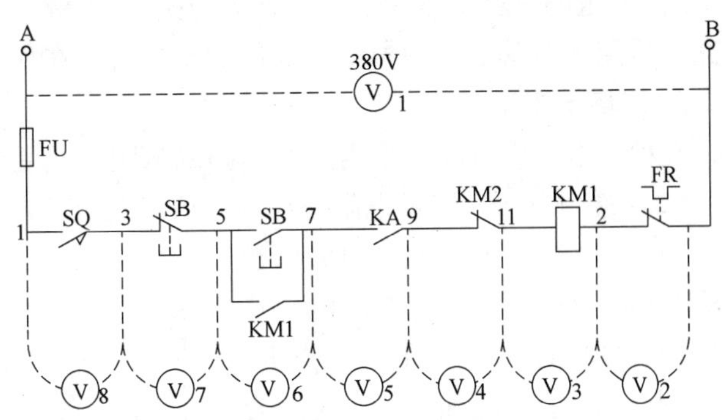

图1-21　电压的分段测量法

当测电路电压均无异常，而11与2间电压正好等于电源电压，接触器KM1仍不吸合，说明接触器线圈断路或机械部分卡住。

3）点测法。机械设备电气的辅助电路电压为220V，且零线直接接在机械设备的底座上，可采用点测法来检查电路故障。

电压的点测法如图1-22所示。把万用表的黑色测试棒接地，红色测试棒逐点测2、11、9、7、5、3、1各点，根据测量的电压情况来检查电气故障，这种测量某标号与接地间电压的方法称为点测法（或对地电压法）。

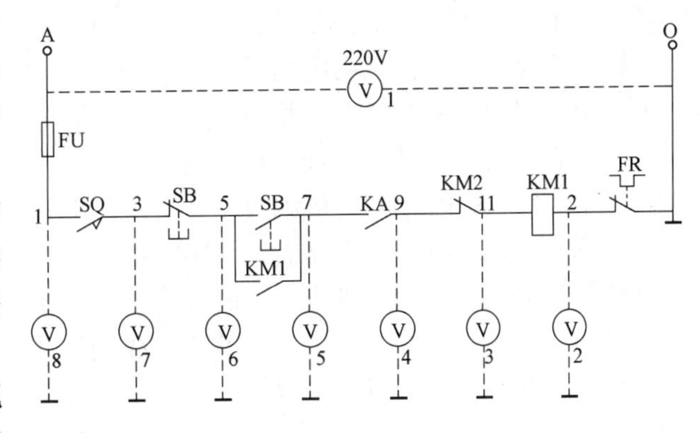

图1-22　电压的点测法

用点测法测量电压值，判断故障的原因见表1-23。

表1-23　点测法所测电压值及故障原因

故障现象	测试状态	2	11	9	7	5	3	1	故障原因
SB按下时，KM1不吸合	SB按下	220V	220V	220V	220V	220V	220V	220V	FR接触不良
		0	220V	220V	220V	220V	220V	220V	接触器本身故障
		0	0	220V	220V	220V	220V	220V	KM2接触不良
		0	0	0	220V	220V	220V	220V	KA接触不良
		0	0	0	0	220V	220V	220V	SB接触不良
		0	0	0	0	0	220V	220V	SB接触不良
		0	0	0	0	0	0	220V	SQ接触不良
		0	0	0	0	0	0	0	FU熔断

（2）注意事项　应用测量电压法检查机械设备的电气故障要注意如下三个问题：

1）用分阶测量法时，标号 11 以前各点对 B 点的电压都应为 380V，如低于该电压（相差 20% 以上，不包括仪表误差）时，可视为电路故障。

2）用分段和分阶测量法测量到接触器线圈两端 11 与 2 时，电压等于电源电压，可判断为电路正常，接触器不吸合可视为接触器本身故障。

3）电压的三种测量法，可以灵活运用，测量步骤也不可过于死板，除点测法在 220V 电路上应用外，其他两种方法是通用的，也可以在检查一条电路时同时用两种方法。

3. 测量电阻法

在检修电气设备时，常需测量电路的电阻值。测量电阻的技巧称为测量电阻法。

（1）检查方法　测量电阻法的检查方法有分阶测量法和分段测量法。

1）分阶测量法。电阻的分阶测量法如图 1-23 所示。当确定电路中的位置开关 SQ、中间继电器触点 KA 闭合时，按起动按钮 SB，接触器 KM1 不吸合，说明该电气回路有故障。检查时，先将电路断电，把万用表扳到电阻挡位上，测量 A、B 两点的电阻（注意测量时要一直按下按钮 SB），如电阻为无穷大，说明电路断路。为了进一步检查故障点，将 A 点上的测试棒移至标号 2 上，如果电阻为零，说明热继电器触点接触良好。再测量 B 与 11 两点间电阻，若接近正常值（接触器线圈电阻值），说明接触器线圈良好。然后，将两测试棒移至 9 与 11 两点，若电阻为零，可将标号 9 上的测试棒前移，逐步测量 7—11、5—11、3—11、1—11 各点的阻值。当测量到某标号时电阻值突然增大，则说明测试棒刚刚跨过的触点或导线断路。

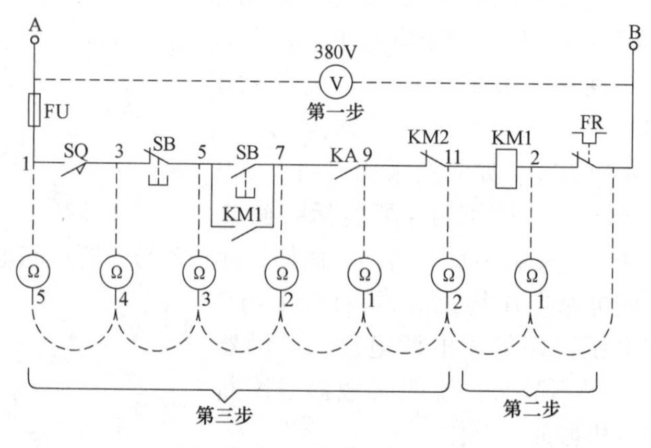

图 1-23　电阻的分阶测量法

在运用分阶测量法时，既可以从 11 向 1 方向移动测试棒检查，又可从 1 向 11 方向移动测试棒检查。

2）分段测量法。电阻的分段测量法如图 1-24 所示。根据故障现象，首先要切断电源，按下起动按钮，两测试棒逐段或重点测量相邻两标号（除 2 ~ 11 两点外）间的电阻。如两点间电阻很大，说明该触点接触不良或导线断路。例如，当测得 1 ~ 3 两点间电阻很大时，说明位置开关触点 SQ 接触不良。

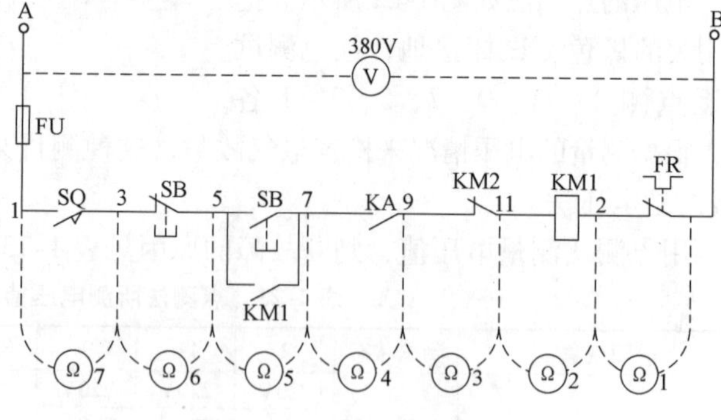

图 1-24　电阻的分段测量法

（2）注意事项　测量电阻法的优点是安全，缺点是测得的电阻值不准确时容易造成判断错误。为此应注意以下几点：

1）用测量电阻法检查故障时一定要断开电源。

2）如所测电路与其他电路并联，必须将该电路与其他电路断开，否则测得的电阻值不准确。

3）测量高电阻电器元件，万用表要扳到适当的挡位。在测量连接导线或触点时，万用表要扳到 R×1 的挡位上，以防仪表误差造成误判。

4. 对比法、置换元件法、逐步开路（或接入）法

（1）对比法　在检查机械设备的电气故障时，总要进行各种方法的测量和检查，把已得到的数据与图样资料及平时记录的正常参数相比较来判断故障。对无资料又无平时记录的电器，可与同型号的完好电器相比较，来分析检查故障，这种检查方法称为对比法。

对比法在检查故障时经常使用，如比较继电器、接触器的线圈电阻、弹簧压力、动作时间、工作时发出的声音等，都可以检查出电器的工作是否正常。

电路中的电器元件具有同样控制性质或多个元件共同控制同一设备时，可以利用其他相似的或同一电源的元件动作情况来判断故障。例如，异步电动机正反转控制电路，若正转接触器 KM1 不吸合，可操纵反转，看接触器 KM2 是否吸合，如吸合，则证明 KM1 电路本身有故障。再如，反转接触器吸合时，电动机两相运转，可操作电动机正转，若电动机运转正常，说明 KM2 主触点或连接导线有一相接触不良或断路。

（2）置换元件法　某些电器的故障原因不易确定或检查时间过长时，为了保证机械设备的利用率，可置换同一型号性能良好的元器件试验，以证实故障是否由此电器引起。

运用置换元件检查法应注意，当把原电器拆下后，要认真检查是否已经损坏，只有肯定是由于该电器本身因素才造成损坏时，才能换上新电器，以免新换元件再次损坏。

（3）逐步开路（接入）法　多支路并联且控制较复杂的电路短路或接地时，一般有明显的外部表现，如冒烟、有火花等。对于电动机内部或带有护罩的电器短路、接地时，除熔断器熔断外，不易发现其他外部现象，这种情况可采用逐步开路（接入）法检查。

1）逐步开路法。遇到难以检查的短路或接地故障，可重新更换熔体，把多支路并联电路，一路一路逐步或重点地从电路中断开，然后通电试验。若熔断器不再熔断，故障就在这条断开的支路上。然后，再将这条支路分成几段，逐段地接入电路。当接入某段后熔断器又熔断，故障就在这段电路所包含的电器及元件上。这种方法简单，但容易把损坏不严重的电器元件彻底烧毁。为了不发生这种情况，可采用逐步接入法。

2）逐步接入法。电路中出现短路或接地故障时，换上新熔体，逐步或重点地将各支路一条一条地接入电源。当接到某支路时熔断器又熔断，说明该支路短路或接地。然后，再将这条支路分成几段，一段一段地接入电源，更换熔断器重新试验。当接到某段时熔断器又熔断，故障就在这段电路所包含的电器及元件上。这种检查方法称为逐步接入法。

3）注意事项。逐步开路（接入）法是检查故障时较少用的一种方法，它有可能使故障电器损坏得更严重，而且拆卸的线头特别多，费时费力，只在遇到较难排除的故障时才用这种方法。用接入法检查故障时，因大多数并联支路已经拆除，为了保护电器，可用较小容量的熔体接入电路试验。对于某些不易购买且估计尚能修复的电器元件，出现故障时，可用欧姆表或兆欧表进行接入或开路检查。

5. 强迫闭合法

在排除机械设备电气故障时，经过直观检查后没有找到故障点，而手中又没有适当的仪表进行测量，可用一绝缘棒将有关继电器、接触器、电磁铁等用外力强行按下，使其常开触点或衔铁闭合，然后观察机械设备电气部分或机械部分出现的各种现象，如电动机从不转到转动，机械设备相应的机械部分从不动到正常运行等。利用这些外部现象的变化来判断故障点，这种方法叫做强迫闭合法。

（1）检查方法　应用强迫闭合法检查电路故障，可检查一条回路的故障和检查多支路自动控制电路的故障。

1）检查一条回路的故障。异步电动机单向控制电路如图 1-25 所示。若按下起动按钮 SB2，接触器 KM 不吸合，可用一细绝缘棒或绝缘良好的一字旋具（注意手不得碰金属部分），从接触器灭弧罩的中间孔（小型接触器用两绝缘棒对准两侧的触点），快速按下然后迅速松开，可能有以下情况出现：

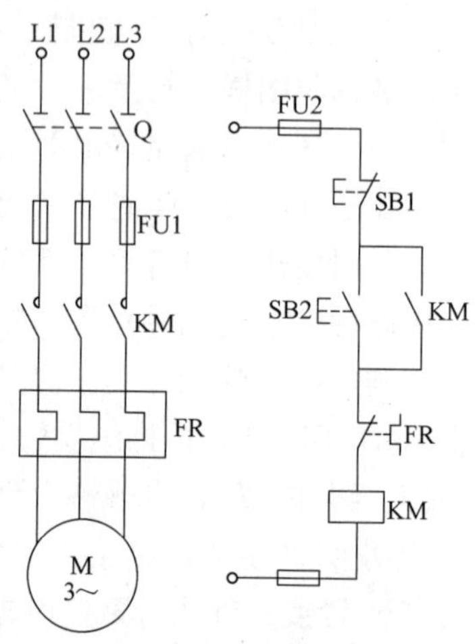

图 1-25　电动机单向旋转接触器控制电路

① 强迫闭合时，电动机运转，接触器不再释放，说明起动按钮 SB2 接触不良。

② 强迫闭合时，电动机 M 不转但有“嗡嗡”声，松开时看到三个主触点都有火花，且亮度较均匀，其原因是电动机严重过载或辅助电路中的热继电器 FR 常闭触点跳开。

③ 强迫闭合时，电动机运转正常，松开后电动机停转，接触器复原，一般是熔断器 FU2 熔断，或停止、起动按钮接触不良。

④ 强迫闭合时，电动机不转有“嗡嗡”声，松开时接触器的主触点只有两触点有火花。说明熔断器 FU1 有一相熔断。

2）检查多支路自动控制电路的故障。异步电动机多支路自动控制电路如图 1-26 所示。它是定子绕组串联电阻的减压起动电路，在电动机起动时，定子绕组上串联电阻 R，限制了起动电流。在电动机转速上升到一定数值时，时间继电器 KT 动作，它的常开触点闭合，接通 KM2 电路，KM2 主触点闭合，起动电阻 R 自动短接，电动机在额定电压下正常运行。

若按下起动按钮 SB，接触器 KM1 不吸合，可将 KM1 强迫闭合，松开后看 KM1 是否保持在吸合位置，电动机在强迫闭合瞬间是否转动。如果 KM1 随绝缘棒松开而释放，但电动机转动了，其故障在停止按钮 SB、热继电器 FR 触点或 KM1 本身。如电动机不转，故障原因是熔断器熔断、电源无电压等。如 KM1 不再释放，电动机正常运

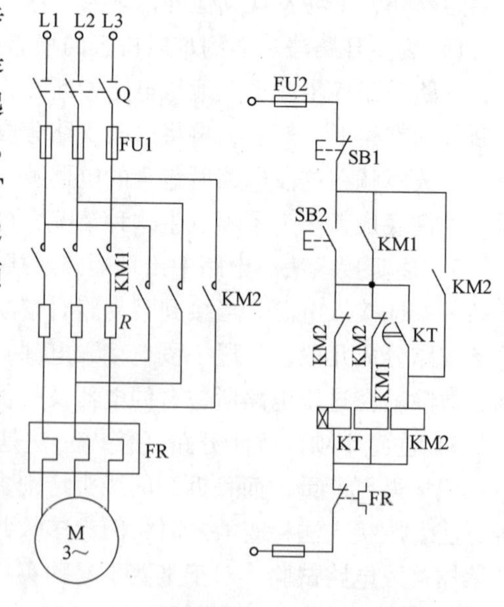

图 1-26　异步电动机多支路自动控制电路

转，故障在起动按钮 SB。

当按下起动按钮 SB 时，KM1 吸合，时间继电器 KT 不吸合，可将其强行吸合，待 KT 延时过后，看 KM2 是否吸合。如吸合且电动机正常运行（电阻 R 被短路），故障在时间继电器线圈电路或它的机械部分。如时间继电器吸合但 KM2 不吸合，可用小一字旋具按压 KT 上的微动开关触杆，注意听是否有开关动作声音。如有声音且电动机正常运行，说明微动开关位置装配不正确。

（2）注意事项　用强迫闭合法检查电路故障，如运用得当，比较简单易行，但运用不好，也容易出现人身或设备事故，所以应注意以下几点：

1）运用强迫闭合法时，应对机械设备电气控制程序比较熟悉，对要强迫闭合的电器与机械设备机械部分的传动关系比较明确。

2）用强迫闭合法前，必须对整个故障电路的电气设备、电器做仔细的外部检查，如发现以下情况，不得用强迫闭合法检查：

① 具有联锁保护的正反转控制电路，两个接触器中有一个接触器未释放，不得强迫闭合另一个接触器。

② Y—△起动控制电路，当接触器 KM1 没有释放时，不能强迫闭合接触器。

③ 绕线转子异步电动机三级电阻起动控制电路中，接触器 KM1、KM2 或 KM3 中如有一接触器未释放，一般不要强迫闭合接触器 KM4。

④ 机械设备的运动机械部件已达到极限位置，又弄不清反向控制关系时，不要随便采用强迫闭合法。

⑤ 当强迫闭合某电器后，可能造成机械部分（如夹紧装置等）严重损坏时，不得用强迫闭合检查法。

⑥ 用强迫闭合法时，所用的工具必须有良好的绝缘性能，否则会出现触电事故。

6. 短接法

机械设备电路或电器的故障归纳为六类，即短路、过载、断路、接地、接线错误和电器的电磁、机械故障。这些故障中出现较多的为断路故障，它包括导线断路、虚连、松动、触点接触不良、焊接点虚焊、假焊、熔断器熔断等。对这类故障除用电阻法、电压法检查外，还有一种更为简便可靠的方法，就是短接法。方法是，用一根良好绝缘的导线，将所怀疑的断路部位短接起来，如短接到某处，电路工作恢复正常，说明该处断路。

（1）检查方法　用短接法检查电气电路或电器的故障，有局部短接法和长短接法。

1）局部短接法。局部短接法如图 1-27 所示。当确定电路中的位置开关 SQ 和中间继电器常开触点 KA 闭合时，按下起动按钮 SB，接触器 KM1 不吸合，说明该电路有故障。检查时，可首先测量 A、B 两点间电压，若电压正常，可将

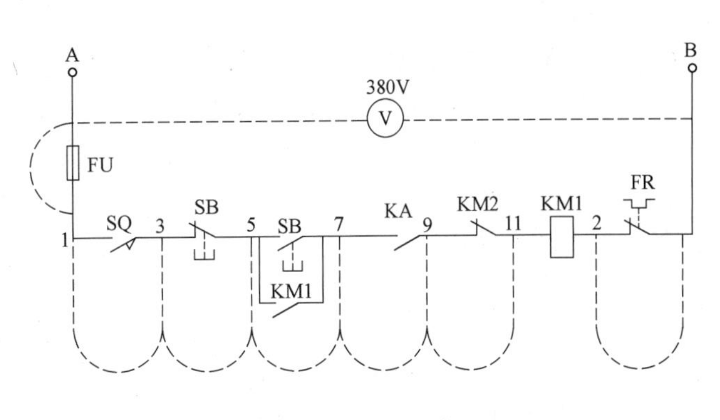

图 1-27　局部短接法

按钮SB按住不放，分别短接1—3、3—5、5—7、7—9、9—11和B—2。当短接到某点接触器吸合，说明故障就在这两点之间。具体短接部位及故障原因见表1-24。

表1-24　短接部位及故障原因

故障现象	短接标号	接触器KM1的动作情况	故障原因
按下起动按钮SB，接触器KM1不吸合	B—2	0	FR接触不良
	11—9	KM1吸合	KM2常闭触点接触不良
	9—7	KM1吸合	KA常开触点接触不良
	7—5	KM1吸合	SB触点接触不良
	5—3	KM1吸合	SB触点接触不良
	3—1	KM1吸合	SQ触点接触不良
	1—A	KM1吸合	熔断器FU熔断

2）长短接法。长短接法如图1-28所示。所谓长短接法，是指一次短接两个或多个触点或线段来检查故障的方法。这样做既节约时间，又可弥补局部短接法的某些缺陷。例如，两触点SQ和KA同时接触不良或导线断路，如图1-27所示，局部短接法检查的结果可能造成错误的判断。而用长短接法一次可将1—11短接，如KM1吸合，说明1—11这段电路上一定有断路的地方，然后用局部短接法来检查，就不会出现误判断现象。

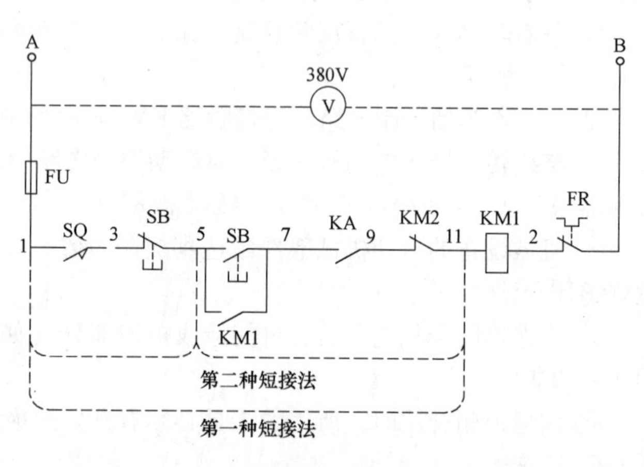

图1-28　长短接法

长短接法的另一个作用是可把故障点缩小到一个较小的范围。例如，第一次先短接1—5，接触器KM1不吸合，再短接5—11，KM1吸合，说明故障在5—11的范围之内。

（2）注意事项　应用短接法检查电路故障，应该注意以下几点：

1）应用短接法检查电路故障是用手拿着绝缘导线带电操作的，所以一定要注意安全，避免发生触电事故。

2）应确认所检查的电路电压正常时，才能进行检查。

3）短接法只适于压降极小的导线、电流不大的触点之类的断路故障。对于压降较大的电器，如电阻、线圈、绕组等断路故障，不得用短接法，否则会出现短路故障。

4）对于机械设备的某些重要结构，要慎重行事，必须保障电气设备或机械结构不出现事故的情况下才能使用短接法。

5）在怀疑熔断器熔体熔断或接触器的主触点断路时，先要估计一下电流，一般在5A以下时才能使用短接法，否则容易发生触电事故。

二、机械设备电气故障的检修步骤

机械设备电气控制电路发生故障后，一般要按如下检修步骤检修电气电路的故障。

1. 熟悉机械设备电气系统维修图

机械设备电气维修图包括机械设备电气原理图、电气箱（柜）内电器位置图、机械设备电气互连接线图及机械设备电器位置图。通过学习电气维修图，做到掌握机械设备电气系统原理的构成和特点，熟悉电路的动作要求和顺序，熟悉各个控制环节的电气控制原理，了解各种电器元件的技术性能。对于一些较复杂的机械设备，还应学习和掌握一些机械设备的机械结构、动作原理和操作方法。如果是液压控制设备，还应了解一些液压原理。这些都是有助于分析机械设备的故障原因的，而且更有助于迅速、灵活、准确地判断、分析和排除故障。

2. 详细了解电气故障产生的经过

机械设备发生故障后，首先必须向操作者详细了解故障发生前设备的工作情况和故障现象（如响声、冒烟、火花等），询问故障前有哪些征兆，这对处理故障极为有益。

3. 分析故障情况，确定故障的可能范围

知道了故障产生的经过以后，对照原理图进行故障情况分析，对比较复杂的机械设备电路，可把它分解成若干控制环节来分析，缩小故障范围，就能迅速地找出故障的确切部位。另外还应查询机械设备的维修保养、电路更改等记录，这对分析故障和确定故障部位有帮助。

4. 进行故障部位的外表检查

故障的可能范围确定后，应对有关电器元件进行外观检查，检查方法如下：

（1）闻　当某些严重的过电流、过电压情况发生时，由于保护电器的失灵，造成电动机、电器元件长时间过载运行，使电动机绕组或电磁线圈发热严重，绝缘破坏，发出臭味、焦味。所以闻到焦味、臭味就能随之查到故障的部位。

（2）看　有些故障发生后，故障元件有明显的外观变化，如各种信号的故障显示，带指示装置的熔断器、空气断路器或热继电器脱扣，接线处或焊点松动脱落，触点烧毛或熔焊、线圈烧毁等。看到故障元件的外观情况，就能着手排除故障。

（3）听　电器元件正常运行时和故障运行时发出的声音有明显差异，听听它们的工作声音情况有无异常，就能查找到故障元件，如电动机、变压器、接触器等元件。

（4）摸　电动机、变压器、电磁线圈等发生故障和熔断器熔体熔断时，温度明显升高，用手摸一摸发热情况，也可查找到故障所在，但应注意必须在切断电源后进行。

5. 试验机械设备的动作顺序和完成情况

在外表检查中没有发现故障点时，或对故障还需进一步了解时，可采用试验方法对电气控制的动作顺序和完成情况进行检查。应先对故障可能部位的控制环节进行试验，以缩短维修时间。此时只可操作某一个按钮或开关，观察电路中各继电器、接触器、各位置开关的动作是否符合规定要求，是否能完成整个循环过程。例如，动作顺序不对或中断，则说明此电器与故障有关，再进一步检查，即可发现故障所在。但在采用试验方法检查时，必须特别注意设备和人身安全，尽可能断开主回路电源，只在控制回路进行，不能随意触动带电部位，以免故障扩大和造成设备损坏。另外也要预先估计到部分电路试验后可能发生的不良影响或后果。

6. 用仪表查找故障元件

用仪表测量电器元件是否通路，电路是否有开路情况，电压、电流是否正常、平衡，这也是检查故障的有效措施。常用的电工仪表有万用表、兆欧表、钳形电流表、电桥等。

1）测量电压。对电动机、各种电磁线圈、有关控制电路的并联分支电路两端电压进行测量，如果发现电压与规定要求不符时，则是故障的可能部位。

2）测量电阻。先将电源切断，用万用表的电阻挡测量电路是否通路、触点的接触情况、元件的电阻值等。

3）测量电流。测量电动机三相电流、有关电路中的工作电流。

4）测量绝缘电阻。测量电动机绕组、电器元件、电路的对地绝缘电阻及相间绝缘电阻。

7. 总结经验、摸清故障规律

每次排除故障后，应将机械设备的故障修复过程记录下来，总结经验，摸清并掌握机械设备电气电路故障规律。记录主要内容，包括设备名称、型号、编号、设备使用部门及操作者姓名、故障发生日期、故障现象、故障原因、故障元件、修复情况等。

三、机械设备电气故障的检修经验

任何事物都有它一定的规律，机械设备电器及电路的故障也有它的规律性，如果掌握了这个规律，就能够比较快速准确地排除故障。

1. 区分易坏部位和不易坏部位

要注意总结哪些部位，哪些电器元件、线段、用电设备及网路容易出现故障和容易损坏，遇到故障时，一般要先检查易坏的部位，然后再检查不易坏的部位，这样会少走弯路。易坏的部位和不易坏的部位见表1-25。

表1-25　易坏的部位和不易坏的部位

易坏的部位	不易坏的部位
常动部位	不常动部位
温度高的地方	温度低的地方
电流大的部位	电流小的部位
潮湿、油垢、粉尘多的地方	干燥、清洁的部位
穿管导线管口处	管内导线
振动撞击大的部位	振动撞击小的部位
腐蚀性有害气体浓度高的部位	通风良好、空气清新的部位
导线的接头部位	导线的中间部位
铜铝接触的部位	铜与铜、铝与铝接触部位
电器外部①	电器内部
电器上部②	电器下部
构造复杂(零部件较多)的电器	构造简单(零部件较少)的电器
起动频繁的电气设备	起动次数较少,负载较轻的电气设备

① 电器外部易损坏是因经常受碰撞，拆卸比较频繁，易受腐蚀性气体腐蚀等。

② 电器上部易损坏是因铁屑、灰尘、油垢容易落在上面造成短路。

由表1-25中可以看出，不但排除电气故障时要先外后内，先检查易坏的部位，后检查不易坏的部位，平时维护保养，也要注意重点检查这些易坏的部位，变易坏的部位为不易坏的部位。例如，易氧化的接点、触点等处要经常擦拭，潮湿的部位要采取防潮措施等，可把故障消灭在萌芽状态。

检查故障要先做外部检查，再做内部检查。很多故障都有其外部表现，主要特征之一是电器颜色和光泽的改变。例如，接触器、继电器线圈，正常时最外一层绝缘材料有的呈白色，有的呈橘黄色，烧毁后变成黑色或深褐色。包扎的绝缘材料如果本来是黑色或深褐色，烧毁时就不易从颜色辨别，可以从外部光泽上来辨别，正常时有一定的光泽（浸漆所致），烧毁时呈乌黑色，失去光泽，用手轻轻一抠，会有粉末脱落，说明烧毁了。转换开关、接触器等电器外壳，是用塑料或胶木材料制成的，正常时平滑光亮，烧毁或局部短路时光泽消失，起泡，如用力刮一刮，有粉末落下，说明烧焦了。

弹簧变形、弹性减退，这是经常出现的故障。用弹簧秤调整触点压力或调整弹簧不太方便，只有在在特殊情况下才采用。平时的维修工作中，对于弹簧的弹力，气压、液压等继电器的压力，都应锻炼用手的感觉来调整或测定。锻炼用手测定压力范围的方法如下：

1）比较法。如怀疑某电器的弹簧弹力减退或修理后弹性过大，可拿一个同型号的新电器或用同一电盘中正常工作的电器，对比按压试验，如有明显差别，说明有故障或修理过的电器弹力不正常。

2）用仪表对照试验法。用仪表测量后，再用手试验。例如测试直流电动机的电刷压力，先用弹簧秤称一下弹簧压力，再用手来试测几次，感觉一下弹簧压力的大小。或者先用手估测一个大致数值，然后再用弹簧秤称一下，看自己感觉的误差。

2. 牢记基本电路

基本电路是复杂控制电路的基础，不但要知道这些电路的工作原理、故障分析方法，而且要熟记，这是排除机械设备电路故障的基本功之一。

3. 充分理解机械传动部分与电器的联锁关系

从机械设备发展的趋势来看，机械部分与电器部分的联系越来越密切，在操纵机械的过程中，同时也操纵了电器。机械部分的故障有时反映为电器故障，电器故障也要影响到机械。有些故障很难分辨是机械原因还是电器原因，如果对它们之间的联锁关系没有充分的认识，是很难排除故障的。

4. 造成疑难故障的原因

由于维修电工技术理论水平、实践经验与分析、检查方法的差异，在电气维修工作中会遇到难以排除的故障（称为疑难故障）。出现这种情况的原因有以下三种：

1）当遇到故障时，不知如何分析及检查。主要原因是对该机械设备电气控制电路认识不足，因为机械设备控制电路中使用的电动机、电器种类较多，控制形式也是多种多样的，若不能充分掌握机械设备电气控制电路的知识，遇到故障时就不能顺利排除。

2）对一些不难排除的故障，总是找不到故障点。其原因是虽有理论知识，但实践经验太少，思路窄，检查方法单一或对电气设备不够熟悉。

3）一些故障的外部现象很奇怪，无法用电气原理和程序进行推测。主要原因是系统接地或电路接错。对于刚检修过的设备，应先检查电路是否接错。对于未经修理过的设备，应先检查接地。

思考与练习

1-1　在机械电气设备的安装、维护和检修过程中，电工常用的工具有哪些？

1-2　导线的塑料层可用哪些电工工具进行剖剥？试用电工刀剖剥导线的塑料层。

1-3　常用的电工仪表有哪些？试用万用表测量直流电流、直流电压、交流电流、交流电压和电阻。

1-4 常用的电气图有哪些？电气控制电路原理图一般由哪几部分组成？试述绘制电气控制电路原理图应遵循的原则。

1-5 从结构特征上怎样区分交流电磁机构和直流电磁机构？怎样区分电压线圈和电流线圈？电压线圈和电流线圈各应如何接入电源回路？

1-6 三相交流电磁铁有无短路环？为什么？

1-7 交流接触器的线圈已通电而衔铁尚未闭合的瞬间，为什么会出现很大的冲击电流？直流接触器会不会出现这种现象，为什么？

1-8 线圈电压为220V的交流接触器误接入220V直流电源上，会发生什么问题？为什么？

1-9 线圈电压为220V的直流接触器误接入220V交流电源上，会出现什么问题？为什么？

1-10 接触器断电不能释放或延时释放常见的故障是什么？

1-11 热继电器能否用来进行短路保护？

1-12 是否可用过电流继电器来作电动机的过载保护，为什么？

1-13 什么是继电器的返回系数？过量与欠量继电器的返回系数有何不同？

1-14 如何调整过电压继电器的吸合值与欠电压继电器的释放值？

1-15 交流过电流继电器与直流过电流继电器吸合电流调整范围是多少？直流欠电流继电器吸合电流与释放电流调整范围是多少？

1-16 简述双金属片式热继电器的结构与工作原理。

1-17 指出下列型号电器的名称、规格和主要技术数据。

CJ20—63　　CJ20—400/06　　CZ18—40/20

CZ18—160/10　　JT18—22/5　　JL18—2. 5/22

1-18 简述断路器各脱扣机构的工作原理。

1-19 简述电动机多功能保护器的工作原理。

1-20 机械设备电气故障的基本检修方法有哪些？

第二章　继电器、接触器控制基本环节电路

第一节　生产机械的机械特性

生产机械工作机构的负载转矩与转速之间的关系称为负载的转矩特性。需要调速的生产机械是很多的，生产机械对调速范围的要求也各不相同，负载性质也多种多样。负载的转矩特性依其性质基本上可归纳为三大类。

一、恒转矩负载的转矩特性

在一切转速下，工作机构的实际负载转矩 T_f = 恒定，实际负载功率 $P_f = KT_fn$，与转速成正比。根据负载转矩是否随运动方向改变而改变又分为两类。

1. 反抗性恒转矩负载

反抗性恒转矩负载的特点是，无论运动方向如何，工作机构转矩大小的绝对值是恒定不变的，转矩的性质是阻碍运动的制动性转矩，即 $n_f > 0$ 时，$T_f > 0$（常数）；$n_f < 0$ 时，$T_f < 0$（也是常数），且 T_f 的绝对值相等。其转矩特性如图 2-1a 所示，位于第Ⅰ、Ⅲ象限内。如皮带运输机、轧钢机、机床的刀架平移和起重机中的行走机构等由摩擦力产生转矩的机械，都是反抗性恒转矩负载。

考虑传动机构损耗的转矩 ΔT，工作机构负载转矩 T_f 折算到电动机轴上的负载转矩 T_F 的特性如图 2-1b 所示（图中 $j = n/n_f$，为传动机构总的速比）。

2. 位能性恒转矩负载

位能性恒转矩负载的特点是，工作机构的转矩绝对值大小是恒定的，而且方向不变，当 $n_f > 0$ 时，$T_f > 0$，是阻碍运动的制动性转矩；当 $n_f < 0$ 时，$T_f > 0$，是帮助运动的拖动性转矩，其转矩特性如图 2-2a 所示，位于第Ⅰ、Ⅳ象限内。起重机提升、下放重物就属于这个类型。考虑传动机构转矩损耗，折算到电动机轴上的负载转矩特性如图 2-2b 所示。

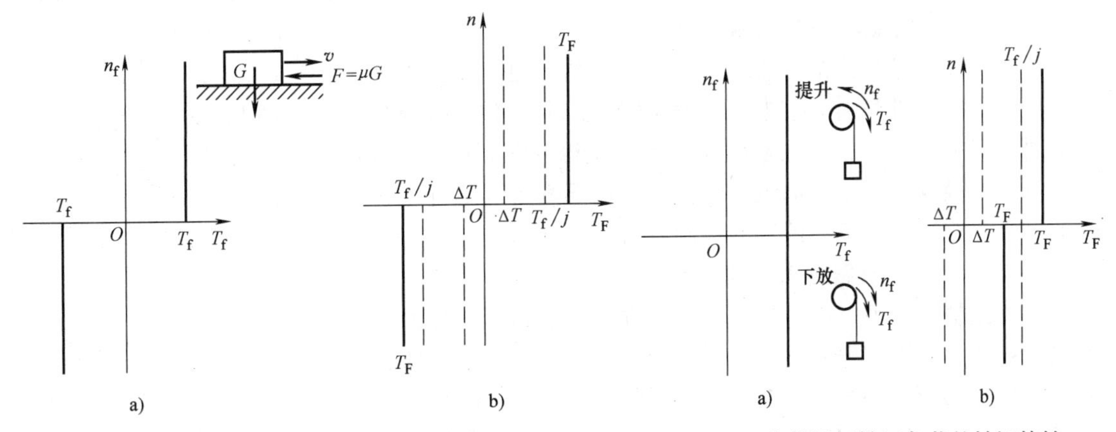

图 2-1　反抗性恒转矩负载的转矩特性

a）实际特性　b）折算后特性

图 2-2　位能性恒转矩负载的转矩特性

a）实际特性　b）折算后特性

二、恒功率负载的转矩特性

在调速范围内的各种速度下，负载功率 P_f 值恒定，而负载转矩 T_f 与转速成反比。如车床进行的切削加工，每次切削的切削转矩都属于恒转矩负载。但当我们考虑精加工时，需要较小的背吃刀量和较高的切削速度；粗加工时，需要较大的背吃刀量和较低的切削速度。这种加工工艺要求，体现为负载的转速与转矩之积为常数，即机械功率 $P = T_f\omega_f = T_f \cdot 2\pi n_f/60$ = 常数，我们称之为恒功率负载。恒功率负载的转矩特性，如图 2-3 所示。轧钢机轧制钢板时，小工件需要高速度、低转矩，大工件需要低速度、高转矩，这种工艺要求的负载也是恒功率负载。

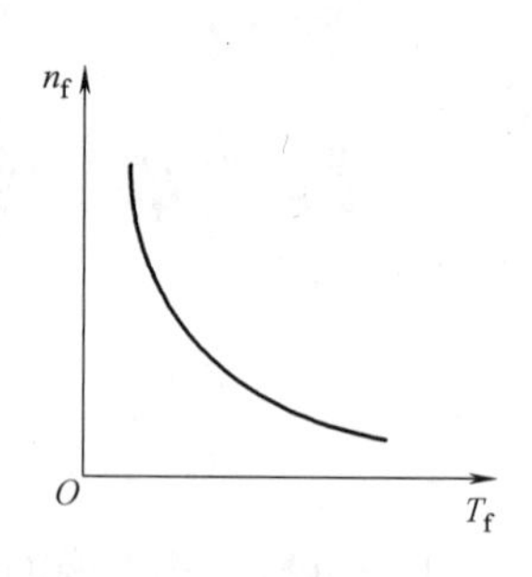

图 2-3　恒功率负载的转矩特性

显然，从生产加工工艺要求总体看，这种负载是恒功率负载，具体到每次加工，仍是恒转矩负载。

三、泵类负载的转矩特性

泵类负载也属于反抗性负载，负载转矩与转速有关，如风扇、水泵、液压泵、通风机和螺旋桨等。空气、水、油对机器叶片产生阻力，其转矩的大小基本上与转速的平方成正比，即 $T_f \propto n^2$，转矩特性如图 2-4 所示。

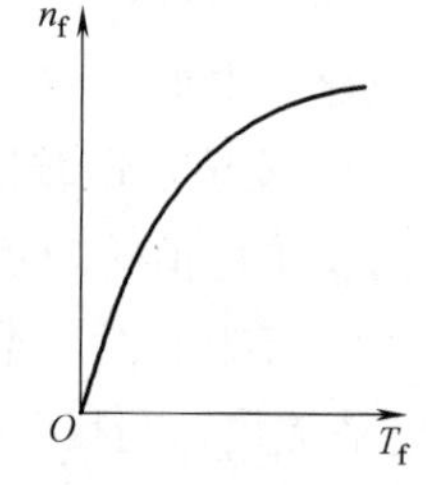

图 2-4　泵类负载的转矩特性

以上所述恒转矩负载、恒功率负载及泵类负载都是从各种实际负载中概括出来的典型的负载型式，实际负载可能是以某种典型负载为主或某几种典型负载的结合。例如，通风机主要是泵类负载，但是轴承摩擦又是反抗性的恒转矩负载，只是运行时反抗性恒转矩负载的数值较小而已；起重机在提升和下放重物时，一般主要是位能性恒转矩负载。

第二节　三相异步电动机点动控制和自动往复循环控制电路

一、点动控制电路的工作情况

1. 点动控制电路的工作情况

点动控制电路用来控制电动机的短时运行，例如控制生产机械的步进、快进和调整等。图 2-5 是最基本的点动控制电路。

当电源开关 Q 合上后，因接触器 KM 线圈未通电，主触点是断开的，电动机 M 停转。按下按钮 SB，控制电路接通，KM 线圈通电，主触点闭合，电动机运转。按钮松开时，KM 线圈又断电，主触点断开，电动机停转。这种按下按钮电动机才会转动，松开按钮电动机便停转的控制方法称为点动控制。

2. 电气控制原理符号表示法

电气控制原理可以用符号表示，其方法规定如下：各种电器在没有外力作用或未通电的状态记作“－”，电器受到外力作用或通电状态记作“＋”，并将它们的相互关系用线段“—”连接，线段的左面符号表示原因，线段的右面符号表示结果，则点动控制原理可表示如下：

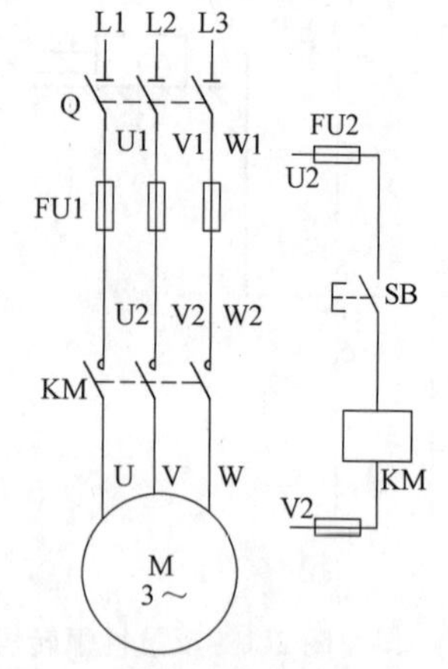

图 2-5　最基本的点动控制电路

SB^+—KM^+—M^+表示按下按钮 SB，接触器 KM 通电吸合，电动机 M 通电旋转。

SB^-—KM^-—M^-表示按钮 SB 复位，接触器 KM 断电释放，电动机 M 断电停转。

必须注意，这里所表示的仅是电器的动作（或复位），不表示触点的动作情况。其实，线圈通电或断电，电器动作或复位，相应的触点也就跟着动作或复位了。

3. 短路保护

在接触器控制电路里，一般设有两组熔断器，如图2-5 所示，其中 FU1 对主电路起短路保护作用，FU2 对控制电路起短路保护作用。由于控制电路的工作电流较小，所以 FU2 一般为 2A 就可以了，一旦控制电路发生短路，FU2 首先熔断。熔断器分成两组，既可防止事故的进一步扩大，又有利于故障分析。

二、点动控制的几种控制电路

1. 连续运行控制电路

（1）连续运行控制电路　如图 2-6 所示，连续运行控制电路和点动控制电路有两个不同之处，一是在控制电路的起动按钮 SB2 两端并联了一个接触器的辅助常开触点 KM，二是控制电路中串联了一个停止（常闭）按钮 SB1。

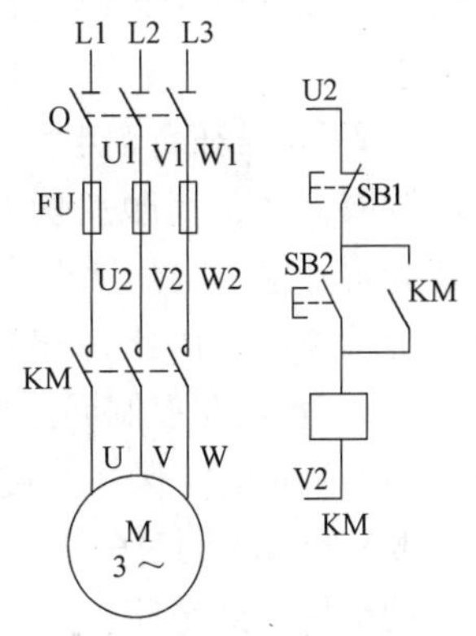

图 2-6　连续运行控制电路

合上开关 Q、按下起动按钮 SB2 时，接触器 KM 线圈通电，接触器主触点 KM 闭合，主电路接通，电动机起动运行。与此同时，并联在起动按钮 SB2 两端的接触器辅助常开触点也闭合，因此即使松开按钮 SB2，控制电路也不会断电，电动机仍能继续运行。按下停止按钮 SB1 时，KM 线圈失电，接触器所有触点都打开，切断主电路，电动机停转，即使停止按钮 SB1 复位，线圈也不可能通电了。这种当起动信号消失后仍能自行保持触点接通的控制电路，叫做具有自锁（或自保）的控制电路。与起动按钮 SB2 并联的这一个常开触点 KM 叫做自锁触点。连续运行控制电路的工作原理用符号法表示为：$SB2^{\pm}$—$KM^{+}_{自}$—M^+连续运行，$SB1^{\pm}$—KM^-—M^-停转。

其中，$SB2^{\pm}$及$SB1^{\pm}$表示按一下按钮（即按下又立即放松按钮），$KM^{+}_{自}$表示接触器辅助常开触点通电并自锁。

连续运行控制电路的一个重要特点是它具有欠电压与零电压保护作用。

（2）欠电压保护　当电源电压由于某种原因下降时，电动机的转矩将显著降低，影响电动机的正常运行，严重时会引起电动机堵转而烧毁，采用连续运行控制电路就可避免上述事故的发生。因为当电源电压低于接触器线圈额定电压 85% 左右时，接触器自动释放，主触点打开，切断主电路，达到欠电压保护目的。

（3）零电压（失电压）保护　当机械设备运行时，由于事故停电使机械设备短时停车，一旦故障排除，恢复供电，如果电动机能自行起动，很可能引起机械设备或人身事故。采用连续运行控制电路后，即使电源恢复供电，由于自锁触点仍然断开，电动机不会自行起动，从而避免了可能出现的事故。

2. 点动控制的几种控制电路

如图 2-7 所示，是既能点动又能连续运行的几种控制电路。

图 2-7a 是在自锁电路中串联一个开关 SA，当 SA 打开时，按 SB2 为点动操作；当 SA

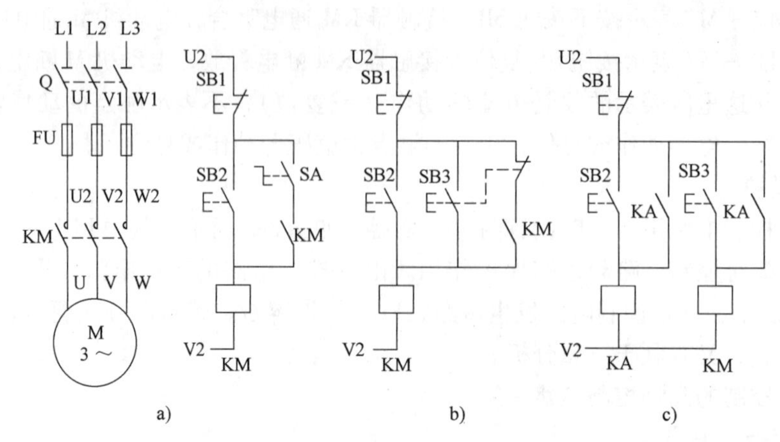

图 2-7　几种点动控制电路

闭合时，按 SB2 为连续运行操作。由于此电路起动都是用同一按钮 SB2 控制的，因此如果疏忽了开关 SA 的操作，就会混淆连续运行控制电路与点动控制电路的作用。

图 2-7b 是在自锁电路的基础上增加一只点动复合按钮 SB3。按下 SB3，常开触点接通接触器线圈，而常闭触点切断自锁回路，使其失去自锁功能而只有点动功能。放开 SB3 时，先断开常开触点，后闭合常闭触点，在这过程中，接触器失电已使自保触点断开，接触器不可能继续通电，因此，SB3 是点动按钮。

图 2-7c 是在控制回路中增加一个点动按钮 SB3 和一个中间继电器 KA。按下 SB2，中间继电器 KA 通电自保并使接触器 KM 通电，主触点 KM 闭合使电动机进入连续运行。按 SB1 可使 KA 和 KM 同时失电，电动机停转；按下 SB3，只能使 KM 得电，因其没有自保，所以是点动操作。此电路多用了一个按钮和中间继电器，从经济性来说差了点，然而其可靠性却大大提高，是值得推广的电路，其工作原理用符号表示为

$SB2^{\pm}—KA^{+}_{自}—KM^{+}—M^{+}$ 连续运动

$SB3^{\pm}—KM^{\pm}—M^{\pm}$ 点动

$SB1^{\pm}—KA^{-}$
　└$KM^{-}—M^{-}$ 断电停转

3. 长期过载保护控制电路

有热继电器保护的电路简称为长期过载保护电路。在连续运行电路中增加了一个热继电器 FR，热元件串接在主电路中，常闭触点串接在控制电路中，如图 2-8 所示。

当电动机中通过正常工作电流时，双金属片弯曲不足以使触点动作，接触器线圈保持通电状态；当电动机中流过不允许的过载电流时，双金属片因电热增加而逐渐改变弯曲半径引起触点动作，接触器线圈断电，断开主电路，使电动机避免长期电流过载而烧毁。

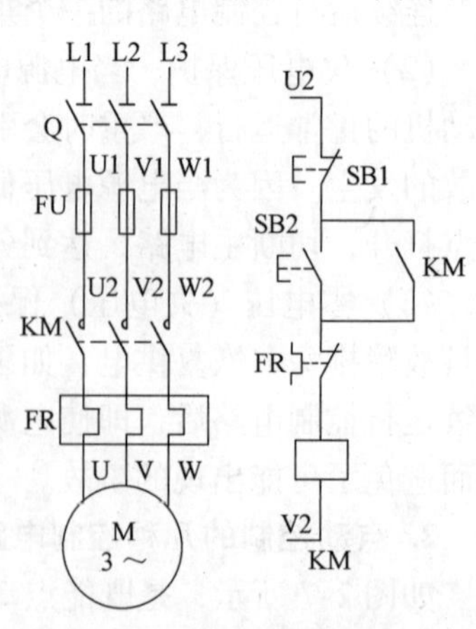

图 2-8　热继电器保护电路

三、自动往复循环控制电路

机床工作台、高炉加料装置等机械设备需要在一定距离内实现自动往复循环运动，这时需要电动机在正转和反转两种状态间交替运行。根据电机学原理，任意对调电动

机三相电源进线中的两相，电动机的转向就会改变。通常利用位置开关来检测往复运动的相对位置，对电动机适时进行正反转自动转换控制，实现生产机械自动往复循环运动，如图 2-9 所示。

图 2-9a 是工作台自动往复循环控制电路。该电路设有四个位置开关 SQ1、SQ2、SQ3 和 SQ4。图 2-9b 中 SQ1 安装在床身右端需后退转前进的位置，SQ2 安装在床身左端需前进转后退的位置，SQ3 和 SQ4 安装在床身工作台运动的极限位置上，而机械撞块 A、B 固定在工作台上。

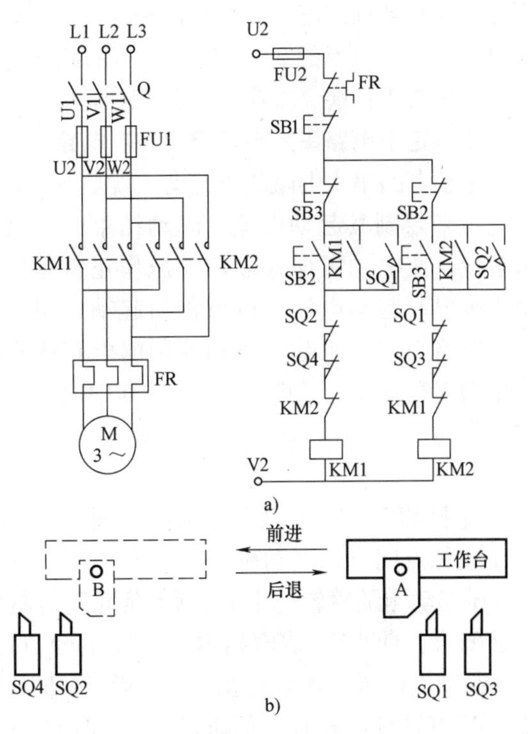

图 2-9　自动往复循环控制电路

a）控制电路　b）工作台运动示意图

合上电源开关 Q，按下正转起动按钮 SB2，正转接触器 KM1 通电并自锁，电动机正向旋转，通过机械传动装置使工作台向左运动。当左向到位时，撞块 B 压下位置开关 SQ2，其常闭触点先断开，切断了正向接触器 KM1 线圈的控制电路，从而切断电动机正向旋转的电源，使电动机断电停转；同时 SQ2 的常开触点闭合，接通反转接触器 KM2 线圈的控制电路，使电动机反向旋转，工作台向右运动。当右向到位时，撞块 A 压下位置开关 SQ1，电动机将由反转变正转，工作台又将向左运动，实现工作台自动往复的循环运动，直至按下停止按钮 SB1 才能使往返运动停止。若换向用的位置开关 SQ1、SQ2 失灵，则由极限保护位置开关 SQ3、SQ4 实现终端保护，及时切断电动机的控制电路，停止工作台的运动，避免运动部件因超出极限位置而发生事故。

在该控制电路中，由于电动机自动转换旋转方向时要经历反接制动过程，将出现较大的反接制动电流和机械冲击，所以此电路仅适用于运动部件循环周期较长，电动机转轴具有足够刚性的电力拖动系统。

第三节　三相笼型异步电动机减压起动控制电路

一、三相笼型异步电动机的起动方式

三相笼型异步电动机的应用非常广泛，其起动控制有全压起动和减压起动两种方式。

通过开关或接触器将额定电压直接加到电动机的定子绕组，使电动机旋转的方法称为全压起动，又称直接起动。这种方法所需的电器元件少，电路简单，工作可靠，维修方便。在变压器容量允许的条件下，电动机应尽可能采用全压起动。电动机全压起动的缺点是起动电流大，笼型异步电动机起动电流一般为额定电流的 4～7 倍。如果电动机的功率过大，则很大的起动电流就会在供电电路上产生很大的电压降，致使该供电电路上的其他电气设备不能正常工作，所以，全压起动电动机的功率要受到一定限制。

减压起动即起动时降低加在电动机定子绕组上的电压，以减小起动电流，起动后再将电

压逐步恢复到额定值，使电动机转入正常运行的起动过程。一般减压起动时的起动电流控制在电动机额定电流的 2 ~ 3 倍。常用的减压起动有在定子电路中串入电阻或电抗器、采用丫—△联结或自耦变压器及将定子绕组接成延边三角形等方法。

二、定子电路串入电阻起动控制电路

定子电路串入电阻减压起动，就是在起动时将电阻串接在定子绕组中，以降低电动机的端电压来限制其起动电流。起动结束时，该电阻被短接，使电动机加入额定电压作正常运行。这个用来限制起动电流的电阻称为起动电阻。实现定子电路串入电阻起动自动控制的电路很多，有简单的也有复杂的，图 2-10 就是其中之一。该电路依靠时间继电器 KT 来实现起动电阻 *R* 的自动切换。

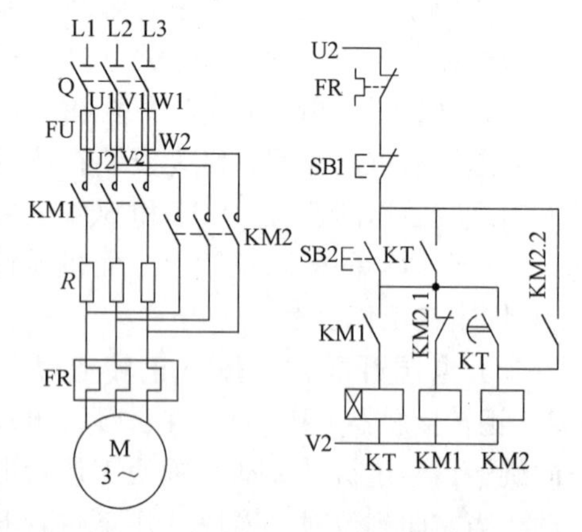

图 2-10　定子电路串入电阻起动控制电路

按下 SB2，KM1 线圈、KT 线圈先后通电，KM1 主触点闭合，电动机三相定子绕组串入电阻 *R* 减压起动。随着转速上升，KT 延时闭合的常开触点闭合，使 KM2 线圈通电，KM2 主触点闭合，短接起动电阻 *R*，电动机进入全压运行；同时，由于 KM2 互锁触点 KM2. 1 的断开，使 KM1 线圈、KT 线圈先后断电，延长了这两个电器的寿命。

如果将时间继电器的延时时间记为 Δt，该电路工作原理可表示为

$$\mathrm{SB2}^{\pm}—\mathrm{KM1}^{+}\begin{cases}\mathrm{KT}^{+}_{自}\xrightarrow{\Delta t}\mathrm{KM2}^{+}_{自}(短接R)\begin{cases}\mathrm{KM1}^{-}—\mathrm{KT}^{-}\\ \mathrm{M}全压运行\end{cases}\\ \mathrm{M}^{+}减压起动\end{cases}$$

$$\mathrm{SB1}^{\pm}—\mathrm{KM2}^{-}—\mathrm{M}^{-}断电停转$$

三、采用丫—△减压起动控制电路

丫—△减压起动是在起动过程中，先将电动机定子绕组 Y 联结，当电动机转速接近额定转速时再换成△联结，以达到限制起动电流的目的。

1. 两个接触器的 丫—△减压起动控制电路

图 2-11 所示为电动机功率在 4 ~ 13kW 时常用的两个接触器的 丫—△ 减压起动控制电路。KM1 为电源接触器，KM2 为 丫—△ 换接接触器，KT 为时间继电器。

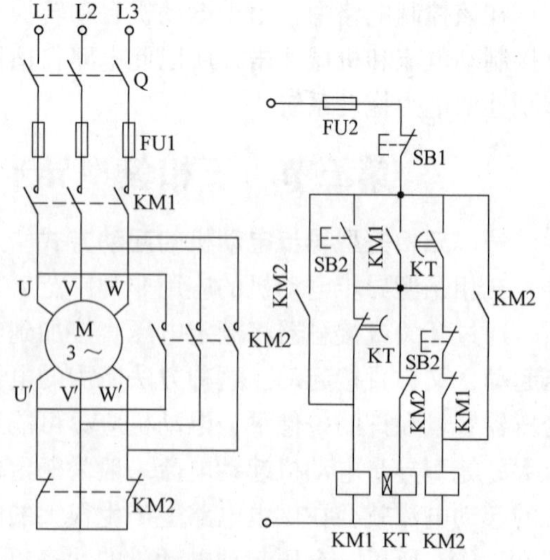

图 2-11　两个接触器的 丫—△减压起动控制电路

起动时，按下 SB2，其常闭触点先断开，断开互锁接触器 KM2 线圈电路，利用 KM2 常闭触点将电动机定子绕组 丫联结；而 SB2 后闭合的常开触点随即接通接触器 KM1 的线圈电路，KM1 主触点动作，接通电动机的定子电路，电动机 丫联结减压起动。在 KM1 通电

的同时 KT 也通电工作，KT 延时断开的常闭触点先动作，使 KM1 线圈断电，解除电动机定子绕组 Y联结，而 KT 延时闭合的常开触点后动作，待 KM1 触点释放后，KM2 线圈才能通电并自锁。由于 KM2 主触点动作，将电动机定子绕组由 Y联结切换成△联结，并通过 KM2 辅助常开触点再次接通 KM1 线圈电路，使 KM1 主触点闭合并接通定子电路，此时电动机进入△联结，在全电压下运行。至此，电动机 Y—△减压起动结束。停止时，按下停止按钮 SB1 即可。工作原理用符号表示为

SB2$^{\pm}$ ─┬─ KM1$^{+}_{自}$、KM2$^{-}_{互}$(Y联结)—M^{+}减压起动
　　　　└─ KT$^{+}_{互}$ $\xrightarrow{\Delta t}$ KM1^{-} ─┬─ M^{-}(瞬间失电)
　　　　　　　　　　　　　　└─ KM2$^{+}_{自}$(解除Y联结) ─┬─ KM1^{+}—M^{+}△联结全压运行
　　　　　　　　　　　　　　　　　　　　　　　　└─ KT^{-}

其中，KM2$^{-}_{互}$表示 KM2 线圈由于 KM1 的通电而处于互锁断电状态。

该电路在起动过程中，由于电动机 Y—△的换接使 KM1 有短时断电，为此会出现二次起动电流，但这时电动机已具有一定转速，因此该电流不会对电网造成多大影响。同时，电路中还利用接触器 KM2 的两对常闭辅助触点参加 Y—△换接，由于电动机三相定子绕组对称，因而星点电流很小，该触点的容量是允许的。

2. 三个接触器的 Y—△减压起动控制电路

图 2-12 所示为三个接触器的 Y—△减压起动控制电路。图中 KM1 为电源接触器，KM2 为△联结接触器，KM3 为 Y联结接触器，KT 为通电延时型时间继电器。

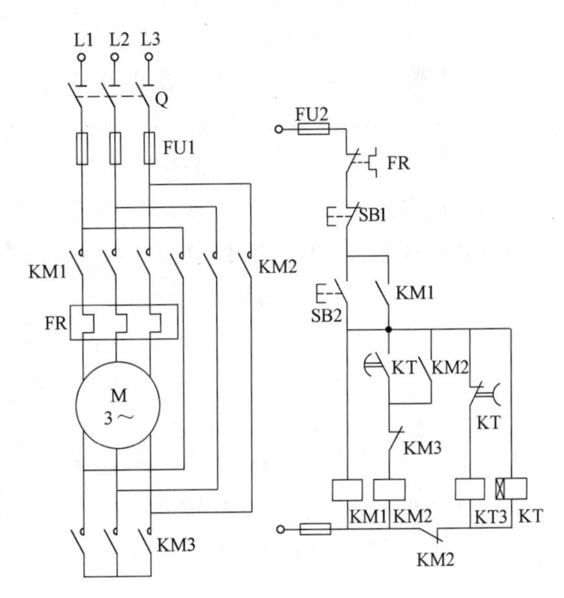

图 2-12　三个接触器的 Y—△减压起动控制电路

按下按钮 SB2，KM1、KM3、KT 线圈均通电，KM1 主触点接通电源，KM3 主触点将电动机三相绕组接成 Y联结减压起动。到达延时时间，KT 延时断开的常闭触点断开，KM3 断电，解除 Y联结，KT 延时闭合的常开触点闭合，使 KM2 通电将电动机接成△联结，转入全压运行。起动过程用符号表示为

SB2$^{\pm}$ ─┬─ KM1$^{+}_{自}$、KM3^{+}(Y联结)—KM2^{-}— M^{+}减压起动
　　　　└─ KT^{+} $\xrightarrow{\Delta t}$ KM3^{-}(解除Y联结) — KM2$^{+}_{自}$(△联结) ─┬─ M^{+}全压运行
　　　　　　　　　　　　　　　　　　　　　　　　└─ KM3$^{-}_{互}$、KT$^{-}_{互}$

该电路采用三个接触器的主触点来对电动机进行 Y—△换接，故可靠性高。

Y—△起动是一种常用的减压起动方法，但是电动机 Y联结状态下的起动电流和起动转矩只有△联结全压起动时的 1/3，因此，这种方法只适用于空载和轻载状态下起动。为提

高起动转矩，可采用电动机自耦变压器或延边三角形减压起动等方法。

四、自耦变压器（起动补偿器）减压起动控制电路

自耦变压器减压起动，是指在起动时定子绕组得到的是自耦变压器的二次电压，依靠自耦变压器的减压作用，以减少其起动电流；起动结束时，自耦变压器被断开，额定电压直接加到电动机，使其正常运行。

1. 自耦变压器减压起动控制电路

图 2-13 所示为自耦变压器减压起动控制电路。图中 KM1、KM2 为减压接触器，KM3 为运行接触器，KT 为时间继电器，T 为自耦变压器。

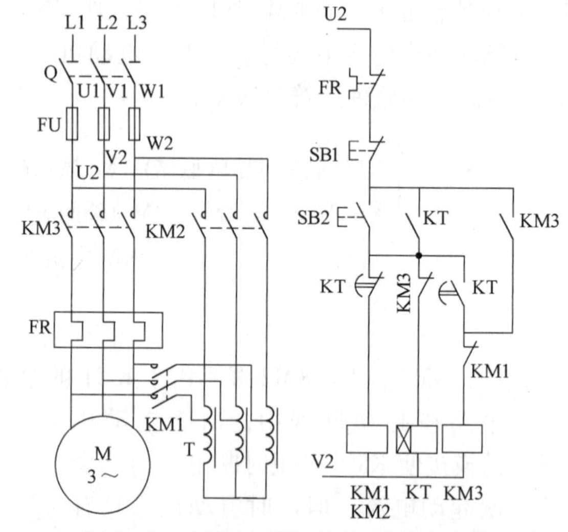

图 2-13　自耦变压器减压起动控制电路

按下 SB2，KM1、KM2、KT 线圈均通电，KM1 常闭互锁触点断开，KM1、KM2 主触点闭合，确保接入电动机三相定子绕组的是经自耦变压器减压了的二次电压，电动机实现减压起动。随着转速上升，KT 延时时间到位，其延时断开的常闭触点断开，使 KM1、KM2 断电，切除变压器对电动机的供电；同时 KT 延时闭合的常开触点及 KM1 互锁触点闭合，使 KM3 通电，其主触点闭合，三相交流电源直接向电动机供电，电动机进入全压运行。这一过程用符号表示为

$$\mathrm{SB2^{\pm}} \text{ — } \mathrm{KM1^{+}、KM2^{+}} \text{ — } \mathrm{T^{+}} \text{ — } \mathrm{M^{+}}\text{减压起动}$$

$$\text{└ } \mathrm{KT^{+}_{自}} \xrightarrow{\Delta t} \mathrm{KM1^{-}、KM2^{-}} \text{ — } \mathrm{KM3^{+}_{自}} \text{ — } \mathrm{M^{+}}\text{全压运行}$$

$$\text{└ } \mathrm{T^{-}} \text{ — } \mathrm{M^{-}} \qquad \text{└ } \mathrm{KT^{-}}$$

$$\mathrm{SB1^{\pm}} \text{ — } \mathrm{KM3^{-}} \text{ — } \mathrm{M^{-}}\text{ 断电停转}$$

2. XJ01 型补偿器减压起动控制电路

图 2-14 所示是 XJ01 型系列自耦减压起动器中用于 75kW 以下电动机的控制电路。整个

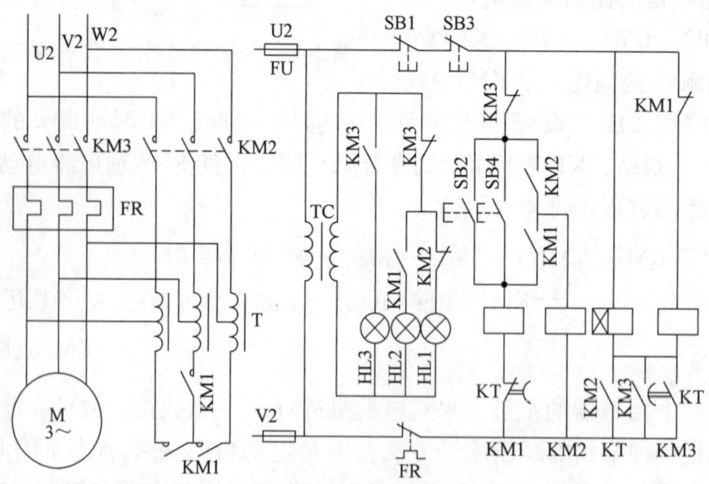

图 2-14　XJ01 型补偿器减压起动控制电路

电路分成三部分，即主电路、控制电路和指示电路，指示电路由减压变压器 TC 获得。

合上电源开关，红色指示灯 HL1 亮。按下起动按钮 SB2，接触器 KM1 通电，同时使 KM2 通电并一起自锁，自耦变压器 T 接入并使电动机减压起动，时间继电器 KT 通电，经延时后，KM1 断电，KM3 通电并自锁，KM2 断电，KM3 通电使电动机进入全压运行。

红灯 HL1 为电源指示灯，白灯 HL2 为起动指示灯，绿灯 HL3 为运行指示灯。

该电路工作原理用符号表示为

$SB2^{\pm}$ —$KM1^{+}$ ┬ $KM2^{+}$ —$(KM1、KM2)_{自}$ ┬ KT^{+} —Δt— $KT_{自}$
(或$SB4^{\pm}$)　　　└ $HL1^{-}$、$HL2^{+}$　　　└ T^{+} — M^{+}减压起动 —$KM1^{-}$ ┬ $KM3^{+}_{自}$
　　　　　　　　　　　　　　　　　　　　　　　　　　　　　　　└ M^{-}
┬ $HL2^{-}$、$HL3^{+}$、$KM2^{-}$ — T^{-}
└ M^{+} 全压运行

$SB1^{\pm}$(或$SB3^{\pm}$) — KT^{-}、$KT3^{-}$ — M^{-}、$HL3^{-}$、$HL1^{+}$ 电动机断电停转

自耦变压器减压起动方法具有适用范围广、起动转矩大并可调整等优点，是一种实用的三相笼型异步电动机减压起动方法。但自耦变压器价格较贵，而且这种减压起动方法不允许频繁起动。

五、定子绕组接成延边三角形减压起动控制电路

定子绕组接成延边三角形减压起动是一种既不增加专用起动设备，又可适当提高起动转矩的减压起动方法。

1. 延边三角形减压起动电动机抽头联结方式

延边三角形减压起动，是在电动机起动过程中将定子绕组的一部分△联结，而另一部分Y联结，即整个绕组联结成延边三角形；待起动结束后，再将其绕组接成△进入全电压正常运行为止，电动机每相绕组至少有三个抽头，其原始、起动、运行状态的联结情况如图2-15所示。

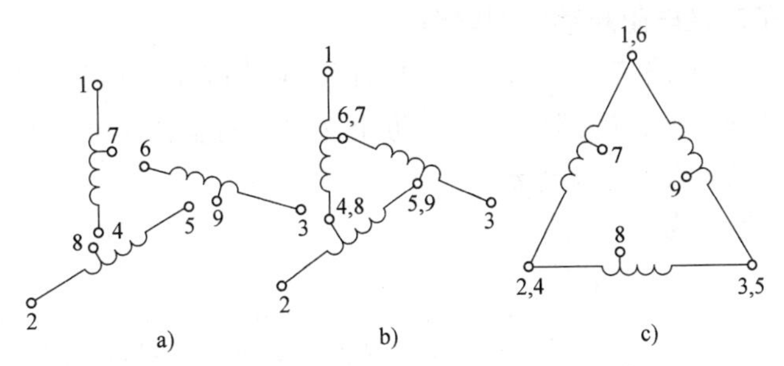

图 2-15　延边三角形起动电动机绕组接线图

a）原始状态　b）起动状态　c）运行状态

当电动机定子绕组为延边三角形联结时，每相绕组承受的相电压在其绕组为Y联结与△联结时的相电压 220～380V 之间，因此，延边三角形联结起动时电动机的起动转矩可大于Y—△起动时的起动转矩。电动机延边三角形联结时定子绕组相电压与电源线电压的数

量关系，由定子绕组三条延边中任何一条边的匝数 N_1 与三角形内任何一边的匝数 N_2 之比来决定。当改变延边三角形联结中间抽头时，将改变 N_1 与 N_2 之比，即可改变定子绕组相电压的大小，从而改变电动机延边三角形起动时起动转矩的大小。在实际应用中，可根据对电动机起动转矩的要求，选用不同的抽头比，实现需要的减压起动。

2. 延边三角形减压起动控制电路

延边三角形减压起动控制电路如图 2-16 所示，KM2 为电源接触器，KM3 为△联结接触器，KM1 为延边三角形联结接触器，KT 为时间继电器。

起动时，KM2、KM1 和 KT 线圈首先通电，将电动机接成延边三角形减压起动。当 KT 的延时整定时间一到，则 KT 延时断开的常闭触点断开，KM1 断电使其触点释放，同时 KT 延时闭合的常开触点闭合使 KM3 通电吸合，此时，电动机由延边三角形联结换接成△联结，进入全压运行，延边三角形减压起动过程结束。

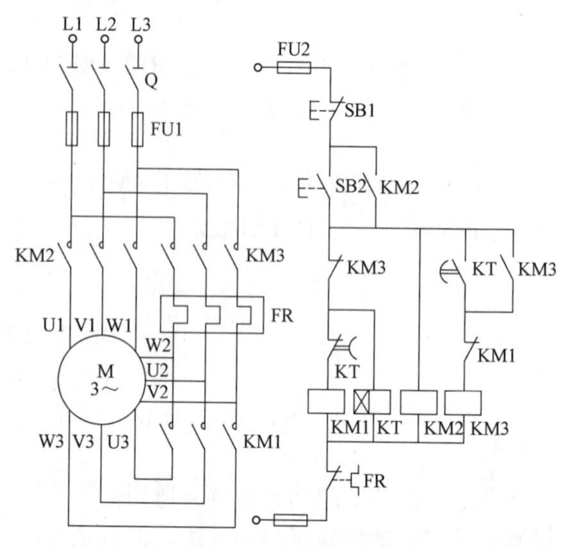

图 2-16　延边三角形减压起动控制电路

延边三角形减压起动方法具有起动转矩大，允许频繁起动以及起动转矩可在一定范围内选择等优点。但是，使用这种起动方法的电动机不但应备有 9 个出线端，而且还应备有一定数量的抽头，这给电动机制造增加了困难。一般电动机只有 6 个出线端，因此不能使用延边三角形减压起动方法。

第四节　绕线转子三相异步电动机起动控制电路

一、转子绕组串联电阻起动控制电路

转子绕组串联电阻起动，常用时间控制原则或电流控制原则。

1. 时间原则转子串联电阻起动控制电路

图 2-17 所示是转子电路串联三级电阻用时间原则的起动控制电路。将 KM2、KM3 和 KM4 常闭触点串联在起动按钮电路中，可以防止这些接触器因触点熔焊而使转子电阻部分短接或全部短接而造成较大的起动电流。

起动过程用符号表示为

SB2$^{\pm}$ — KM1$^{+}_{自}$ ┬ KT1^{+} $\xrightarrow{\Delta t_1}$ KM2^{+} ┬ KT2^{+} $\xrightarrow{\Delta t_2}$ KM3^{+} ┬ KT3^{+} $\xrightarrow{\Delta t_3}$ KM4$^{+}_{自}$ →
　　　　　　　　└ M^{+}　　　　　　　└ 短接 $R1$ 使M升速　　　└ 短接 $R2$ 使M升速

→ ┬ KT1^{-} — KM2^{-} — KT2^{-} — KM3^{-} — KT3^{-}
　└ 短接 $R3$ 使M升速

2. 电流原则转子串联电阻起动控制电路

图 2-18 所示为电流原则的绕线转子异步电动机转子串联电阻起动控制电路。KA1 ~ KA3 为电流继电器，KA4 为中间继电器，KM1 ~ KM3 为短接电阻接触器，KM4 为电源接触器，

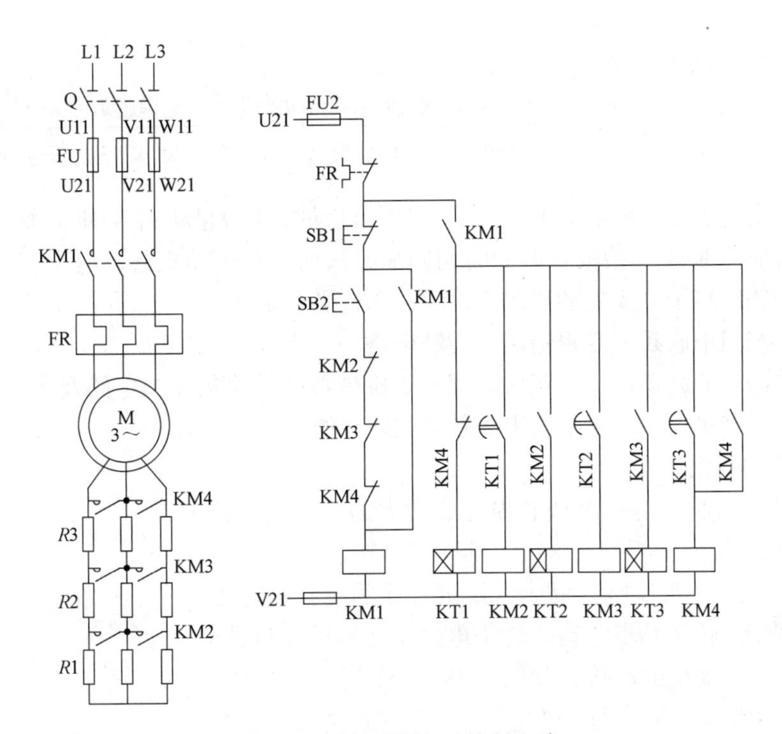

图 2-17　时间原则起动控制电路

$R1 \sim R3$ 为起动电阻。

该电路是利用转子电路电流的变化，通过 KA1 ~ KA3 来控制 KM1 ~ KM3 通电吸合及 $R1 \sim R3$ 的逐段切除，实现绕线转子异步电动机的起动。KA1 ~ KA3 的吸合电流均一样，但释放电流不一样。其中 KA1 的释放电流最大，KA2 次之，KA3 最小。将它们的线圈分别串接在电动机转子各段起动电阻的电路中，并用其常闭触点控制对应的短接起动电阻接触器的通电吸合。起动时，因转子电路电流很大，使 KA1 ~ KA3 均吸合，其常闭触点动作并切断KM1 ~ KM3 的线圈电路，这时绕线转子异步电动机转子串入全部电阻起动。当电动机转速升高后，转子电流将减小，首先导致 KA1 释放，使 KM1 通电吸合，短接 $R1$。这时转子电流又会重新升高，随转速上升，转子电流又会下降，使 KA2 释放及 KM2 通电吸合，短接 $R2$。如此继续下去，最后将全部电阻短接，到此，电动机起动过程结束，进入全压运行。起动过程用符号表示为

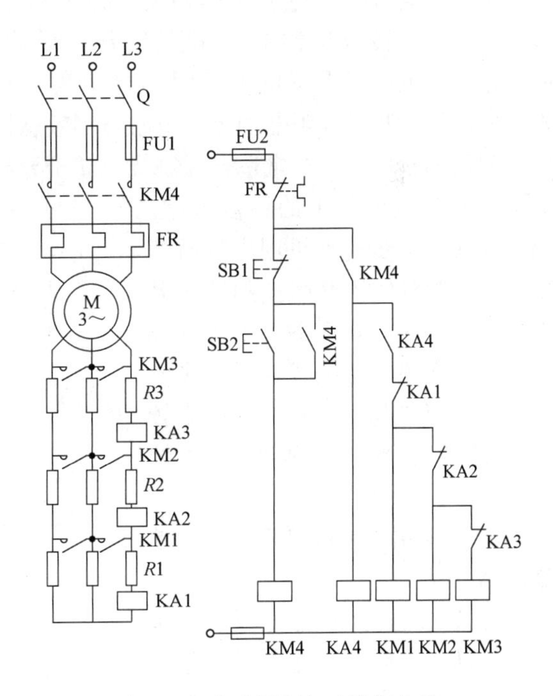

图 2-18　电流原则起动控制电路

$SB2^{\pm}$—$KM4^{+}_{自}$ ┬ M^{+} 转子串入三级电阻起动
└ $KA4^{+}$ $\xrightarrow{\Delta t_1}$ KA1释放—$KM1^{+}$—短接 $R1$ $\xrightarrow{\Delta t_2}$ KA2释放—$KM2^{+}$ →
→ 短接 $R2$ $\xrightarrow{\Delta t_3}$ KA3释放— $KM3^{+}$—短接 $R3$ 全压运行

在电路中设置了中间继电器 KA4，可保证从电动机开始起动到 KM1 开始通电工作的时间间隔大于对应的 KA1 开始吸合时的时间间隔，从而确保电动机起动时全部起动电阻串入转子电路，为绕线转子异步电动机的正常起动创造必要条件。

二、转子绕组串联频敏变阻器起动控制电路

为改善电动机的起动性能，获取较理想的机械特性，简化控制电路及提高工作可靠性，绕线转子异步电动机可用转子绕组串联频敏变阻器的方法来起动。

1. 频敏变阻器简介

频敏变阻器实质上是一个铁心损耗非常大的三相电抗器。它由铁心和线圈两个主要部件构成，制成开启式。三相线圈丫联结，安装在由几块 E 形钢板或铸铁板叠成的三柱铁心上，并将其串接在绕线转子异步电动机转子电路中。频敏变阻器的等效电路及其与电动机的联接，如图 2-19 所示。图中 R_b 为绕组直流电阻，R 为涡流损耗的等效电阻，L 为等效电感。

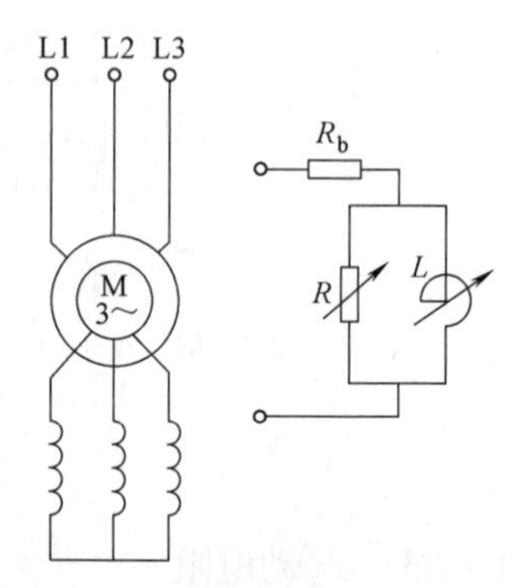

图 2-19　频敏变阻器等效电路

等效电阻 R、等效电感 L 都是因为转子电路流过交变电流而产生的，其大小和电流频率相关，随频率变化而显著变化。起动过程中，转子电路的频率随转速升高而下降，转速低时电流频率高，电阻 R 和感抗 X_L 值大；转速高时电流频率低，电阻 R 和感抗 X_L 值小。理论分析和实践证明频敏变阻器的等效电阻与等效感抗的数值均与转差率的平方根成正比。因此频敏变阻器的频率特性非常适合控制绕线转子异步电动机的起动过程，完全可取代定子绕组串电阻起动控制电路中的各段电阻。当绕线转子异步电动机用串频敏变阻器方法起动时，其阻抗随转速升高自动减小，可实现平滑无级的起动。频敏变阻器是绕线转子异步电动机较理想的起动装置，常用于较大容量的此类电动机的起动控制中。

2. 转子串联频敏变阻器起动控制电路

图 2-20 所示为绕线转子异步电动机转子串联频敏变阻器的起动控制电路。该电路能实现自动和手动控制，图中 KM1 为电源接触器，KM2 为短接频敏变阻器接触器，KA 为中间继电器，KT 为时间继电

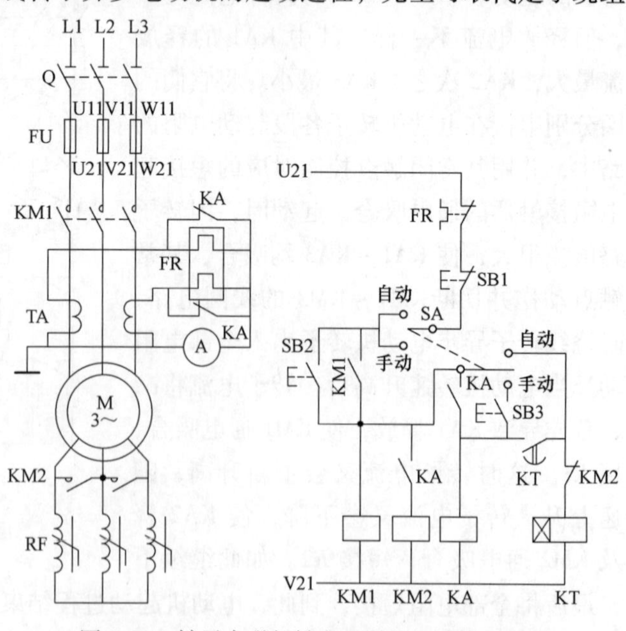

图 2-20　转子串联频敏变阻器的起动控制电路

器，TA 为电流互感器。

（1）自动控制　将选择开关 SA 扳向自动，合上 Q 并按下 SB2，KM1 通电吸合，电动机定子电路接通电源，转子绕组接入频敏变阻器，电动机开始起动，与此同时 KT 通电工作。随电动机转速上升，频敏变阻器阻抗逐渐自动减小，当转速上升到接近额定转速时，KT 延时整定时间到，其延时闭合的常开触点动作，使 KA 通电并自锁，KM2 随之通电吸合，利用其常开主触点动作将频敏变阻器短接，电动机进入正常运行。

（2）手动控制　将选择开关 SA 扳向手动，合上 Q，按下 SB2，KM1 通电吸合，此时定子电路接通电源，转子绕组接入频敏变阻器，电动机开始起动。当转速接近额定转速时，按下手控按钮 SB3，KM2 和 KA 相继通电工作，KM2 主触点短接频敏变阻器，电动机进入正常运行。手动控制电动机起动时，时间继电器 KT 不起作用。

电路中设置电流互感器 TA，目的是使用小容量的热继电器实现电路的过载保护。在电动机起动过程中，继电器 KA 是不通电工作的，用其常闭触点将热继电器的发热元件 FR 短接，可避免因起动时间过长而使热继电器误动作。

3. 频敏变阻器的调整

频敏变阻器每相绕组备有 4 个接线端头，其中 3 个接线端头与公共接线端头之间分别对应 100%、85%、71% 的匝数，出厂时线接在 85% 的匝数上。频敏变阻器上、下铁心由两面 4 个拉紧螺柱固定，上、下铁心的气隙大小可调，出厂时该气隙被调为零。在使用过程中如遇到下列情况，可调整频敏变阻器的匝数或气隙。

1）如起动电流、起动转矩过小，完成起动的时间过长，可减小频敏变阻器的线圈匝数。

2）如刚起动时，起动转矩过大，有机械冲击现象，而起动完毕后，稳定转速又偏低，这时应将上、下铁心的气隙调大。具体方法是拧开铁心的拉紧螺柱，往上、下铁心之间增加非磁性垫片。气隙的增大虽使起动电流有所增加，起动转矩稍有减少，但是起动完毕后电动机的转矩会增加，而且稳定运行时的转速也会得到相应提高。

第五节　三相异步电动机的电气制动及其自动控制电路

一、反接制动及其自动控制电路

反接制动就是利用改变异步电动机定子电路的电源相序，产生与原来旋转方向相反的旋转磁场及制动电磁转矩，迫使电动机迅速停止旋转的方法。

反接制动时，转子电流很大，定子绕组中的反接制动电流也很大，相当于全电压起动时电流的两倍。因此，反接制动虽有制动快、制动转矩大等优点，但也有制动电流冲击过大、适用范围小等缺点，仅适用于 10kW 以下的小容量电动机。为减小制动冲击和防止电动机过热，应在电动机定子电路中串接一定阻值的反接制动电阻。同时，在采用反接制动方法时，还应在电动机转速接近零时，及时切断反向电源，以避免电动机反向再起动。通常用速度继电器来检测电动机转速变化，并自动控制及时切断电源。

1. 单向反接制动及其自动控制电路

图 2-21 所示为单向旋转反接制动控制电路。KM1 为单向旋转接触器，KM2 为反接制动接触器，KV 为速度继电器，R 为反接制动电阻。

工作原理：起动时，合上开关 Q，按下 SB2，KM1 通电吸合，它的互锁触点断开并对 KM2 线圈电路进行互锁，同时 KM1 主触点闭合使电动机接通电源直接起动旋转。当电动机转速上升到 120r/min 以上时，KV 的常开触点闭合，为制动控制电路的接通做好准备。

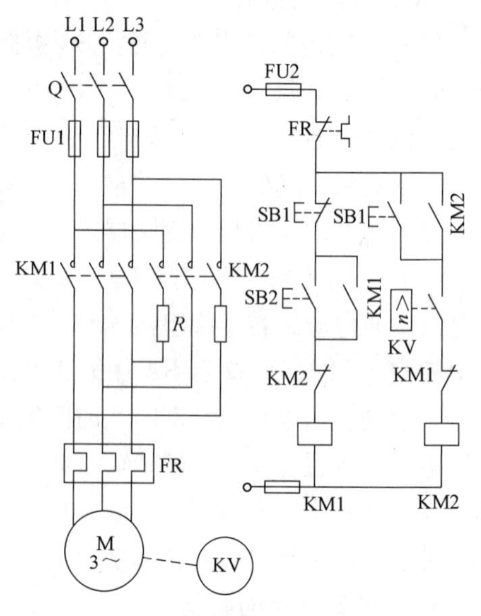

图 2-21　单向旋转反接制动控制电路

制动时，按下 SB1，其常闭触点断开，使 KM1 断电释放，电动机定子电路脱离三相电源并依靠惯性继续旋转。由于 SB1 常开触点的闭合和 KM1 互锁触点的复位，使 KM2 通电吸合。因为 KM2 互锁触点断开，所以对 KM1 线圈电路进行互锁；同时因 KM2 主触点闭合，使电动机定子电路串接两相制动电阻并接通反向电源进行反接制动。电动机转速迅速下降，当转速接近 40r/min 时，KV 常开触点将释放复位，KM2 线圈电路被切断，制动过程结束，同时电动机脱离电源，以后自然停车。此过程用符号可表示为

$SB2^{\pm}$ — $KM1^{+}_{自}$ ┬ M^{+}
　　　　　　　└ $KM2^{-}_{互}$

$n\uparrow$，KV^{+}(为反接制动控制作准备)

$SB1^{\pm}$ — $KM1^{-}$ ┬ $KM2^{+}_{自}$ — M^{+}(反接制动)
　　　　　　└ M^{-}

$n\downarrow$，KV^{-} — $KM2^{-}$ — M^{-}制动过程结束

该控制电路在进行制动时，仅在两相定子绕组中串接了制动电阻，因而只能限制制动转矩，而对未加制动电阻的那一相，仍具有较大的电流。如果在三相定子绕组中均串接制动电阻，那么可同时对制动电流和制动转矩进行限制。

2. 可逆运行反接制动及其自动控制电路

图 2-22 所示为可逆运行反接制动控制电路。KM1、KM2 为正、反转接触器，KM3 为短接电阻接触器，KA1～KA3 为中间继电器，KV 为速度继电器，其中 KV1 为正转闭合的常开触点，KV2 为反转闭合的常开触点。

起动时，合上开关 Q，按下正转起动按钮 SB2，KM1 通电并自锁，常闭触点 KM1（12-13）断开，互锁 KM2 线圈电路，KM1 主触点闭合使定子绕组经两相电阻 R 接通正向电源，电动机开始减压起动。当转子转速大于 120r/min 时，由于 KV 正转常开触点 KV1 闭合，使 KM3 经 KV1、KM1（14-15）通电工作，于是电阻 R 被 KM3 主触点短接，电动机在全压下继续起动进入正常运行。

制动时，按下停止按钮 SB1，其常闭触点断开使 KM1、KM3 相继断电释放，定子电路串接电阻 R。而 SB1 常开触点闭合使 KA3 通电吸合，常闭触点 KA3（15-16）断开，互锁

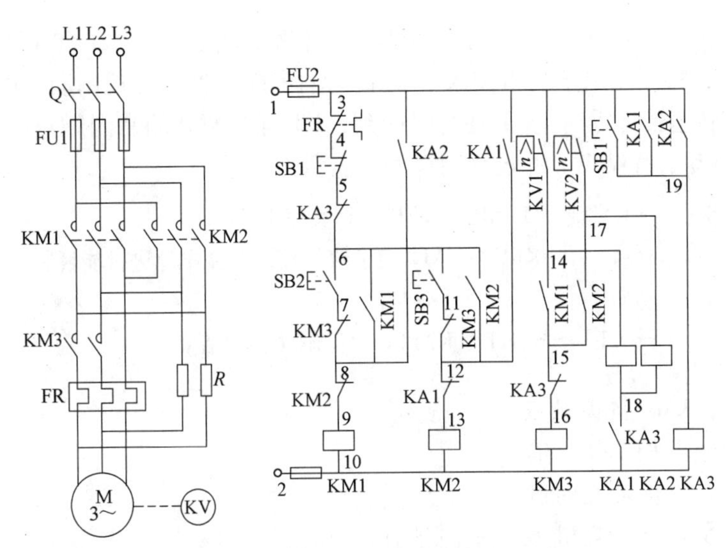

图 2-22　可逆运行反接制动控制电路

KM3 线圈电路。这时因电动机转子惯性转速仍然很高，KV 的正转常开触点 KV1 继续闭合，使 KA1 通电吸合，常开触点 KA1（3-19）闭合使 KA3 保持通电状态，以保持对 KM3 线圈电路的互锁，确保在制动过程中 R 始终串入定子电路。同时因常开触点 KA1（3-12）闭合，使 KM2 通电吸合。由于常闭触点 KA3（5-6）断开，KM2 不能进行电路自锁，其工作状态受常开触点 KA1（3-12）控制。当 KM2 主触点闭合后，定子电路串接 R 后获得反向电源，进行反接制动。当转子转速小于 40r/min 时，KV 正转常开触点恢复断开状态，使 KA1、KA3 和 KM2 相继断电释放，反接制动过程结束。电动机反向起动和停车反接制动过程与上述工作过程相同。

在该反接制动控制电路中，电阻 R 是制动电阻，同时也具有限制起动电流的作用；热继电器 FR 接于图 2-22 中所示位置，确保热继电器不会受到起动电流或制动电流的影响而误动作。其制动效果可通过调整速度继电器动触点反力弹簧的松紧来解决，若制动时间过长，可将反力弹簧适当调松；若电动机制动停止后又出现短时反转现象时，则可将反力弹簧适当调紧。

二、能耗制动及其自动控制电路

能耗制动是依靠定子绕组中加入直流电产生恒定磁场，利用转子感应电流和静止磁场相互作用所产生的并和转子惯性转动方向相反的电磁转矩，使电动机迅速停转的一种制动方法。

1. 按时间原则控制的单向能耗制动电路

图 2-23 所示为按时间原则控制的单向运行能耗制动控制电路。图 2-23 中 KM1 为运行接触器，KM2 为能耗制动接触器，KT 为时间继电器，T 为整流变压器，V 为桥式整流器。

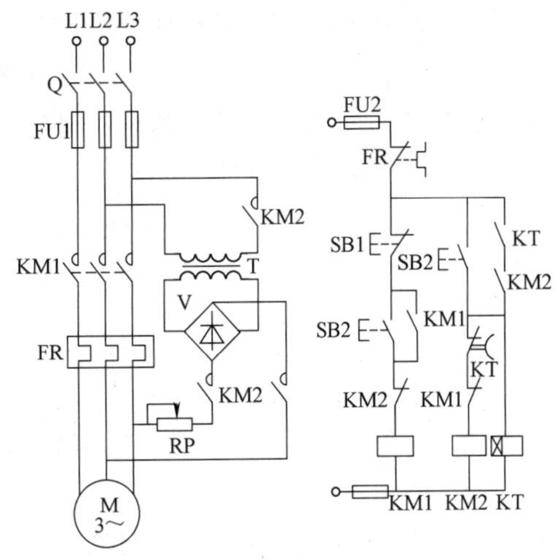

图 2-23　时间原则单向能耗制动控制电路

电动机正常运行时，若按下停止按钮 SB1，其常闭触点断开，切断 KM1 线圈电路，电动机脱离三相电源并作惯性旋转。与此同时，SB1 常开触点闭合，使 KT 和 KM2 通电并自锁，KM2 主触点闭合，将两相定子绕组接入 V 的直流输出端，进行能耗制动。电动机转子转速迅速下降，当其转速接近零时，KT 延时时间到，KT 延时断开的常闭触点断开，使 KM2 和 KT 断电释放，制动过程结束。此过程用符号可表示为

$SB1^{\pm}$ ┬ $KM1^{-}$ ┬ M^{-} 切断电动机三相交流电源
　　　　　　　　└ $KM2^{+}$ ┬ $M^{+}_{直}$ 定子绕组接入直流电源进行能耗制动
　　　　　　　　　　　　　└ $KM1^{-}_{互}$
　　└ $KT^{+}_{自}$ $\xrightarrow{\Delta t}$ KT^{-}、$KM2^{-}$ — M^{-} 制动过程结束

在该电路中，KM2 自锁触点和 KT 常开瞬时触点相串接，有两个作用：其一，可保证在时间继电器 KT 发生线圈断线或机械卡住故障时，不致使 KM2 线圈和定子绕组长期通电；其二，当时间继电器有故障时该电路还具有手动控制能耗制动的能力，只要压住停止按钮 SB1，电动机就能实现能耗制动。

2. 按速度原则控制的可逆运行能耗制动控制电路

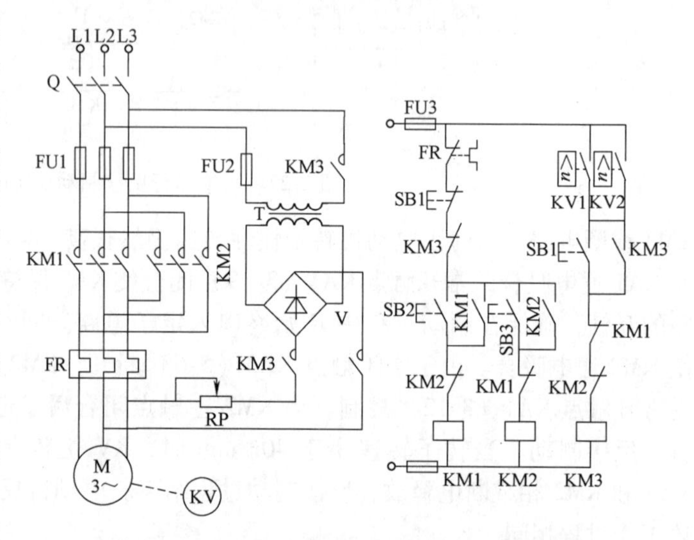

图 2-24　速度原则可逆运行能耗制动控制电路

图 2-24 所示为按速度原则控制的可逆运行能耗制动控制电路。KM1、KM2 为正、反转接触器，KM3 为制动接触器，KV 为速度继电器。

电动机作正向运行时，若按下停止按钮 SB1，其常闭触点断开，使 KM1 断电释放，电动机定子绕组脱离三相电源，同时 SB1 常开触点闭合，使 KM3 线圈经仍处于闭合状态的 KV 正转闭合的常开触点 KV1 通电吸合，KM3 主触点闭合，使直流电源加至定子绕组，电动机进行正向能耗制动，转子正向转速迅速下降，当降至 40r/min 时，KV 正转闭合的常开触点 KV1 恢复断开，能耗制动过程结束，以后自然停车。反向起动与反向能耗制动过程和上述正向情况相同。此过程用符号表示为

$SB1^{\pm}$ — $KM1^{-}$ ┬ M^{-} 切断电动机正向三相交流电源
　　　　　　　　└ $KM3^{+}_{自}$ ┬ $KM1^{-}_{互}$(或 $KM2^{-}_{互}$)
　　　　　　　　　　　　　└ $M^{+}_{直}$ 定子绕组接入直流电源进行能耗制动 →
$\xrightarrow{\Delta t}$ $n<40$r/min 时 $KV1^{-}$ — $KM3^{-}$ — M^{-} 制动过程结束

在该电路中，利用接触器 KM1、KM2 和 KM3 的常闭触点，为电动机起动和制动设置了互锁控制，避免在制动过程中由于误操作而造成电动机失控。

3. 单相半波整流能耗制动控制电路

为简化整流电路，对于制动要求不太高、功率在 10kW 以下的电动机，常采用图 2-25

所示的单相半波整流能耗制动控制电路。图 2-25 中 KM1 为运行接触器，KM2 为制动接触器，KT 为时间继电器，VD 为整流二极管，R 为限流电阻。

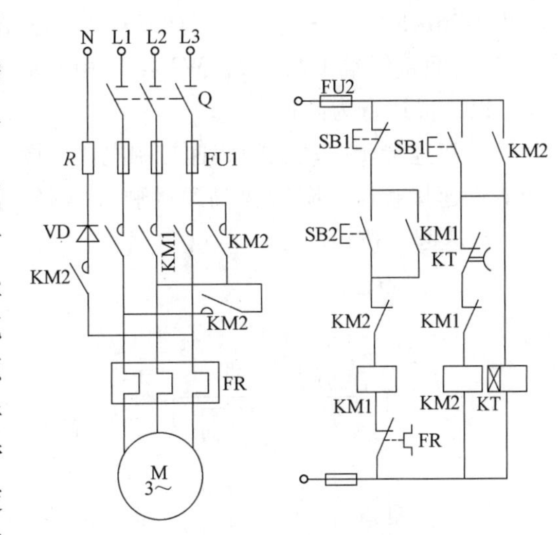

图 2-25 单相半波整流能耗制动控制电路

电动机正常运行时，若按下 SB1，则 KM1 断电释放，KM2 和 KT 通电工作。这时电动机定子绕组脱离三相电源后，随即又经 KM2 主触点接入单管半波整流电路。该整流电路的整流电源电压为 220V，两相交流电源经 KM2 主触点接至电动机两相定子绕组，并由另一相绕组经 KM2 主触点、整流二极管 VD 和 R 接到零线，构成整流回路。由于定子绕组上有直流电流通过，所以电动机能进行能耗制动，当其转速接近零时，KT 延时整定时间到，KM2 和 KT 先后断电释放，制动过程结束。此过程用符号表示为

$SB1^{\pm}$ ┬ $KM1^{-}$ ┬ M^{-} 切断电动机三相交流电源
　│　　　└ $KM2^{+}_{自}$ ┬ $M^{+}_{直}$ 电动机定子绕组接入直流电源进行能耗制动
　│　　　　　　　└ $KM1^{-}_{互}$
　└ $KT^{+} \xrightarrow{\Delta t} KM2^{-}$ ┬ M^{-} 制动过程结束
　　　　　　　　└ KT^{-}

能耗制动的两种控制原则，可根据被控生产机械的具体情况来选择。对于负载转速比较稳定的生产机械，常采用时间原则控制的能耗制动；对于负载转速需经常变动的生产机械，则采用速度原则控制的能耗制动。

第六节 其他典型环节的控制电路

一、三相笼型异步电动机的调速控制电路

1. 双速异步电动机的调速控制电路

笼型双速异步电动机是通过改变定子绕组的联结，得到两种不同的定子绕组磁极对数，使电动机具有两种不同的运行速度。

（1）定子绕组的联结　如图 2-26 所示，为 4/2 极的双速异步电动机定子绕组接线示意图。

图 2-26a 是将三相定子绕组接成三角形联结，此时三相定子绕组分成的两部分线圈①和②相串联，其接线端 U1、V1、W1 接三相交流电源，电流方向如图 2-26 中虚线箭头所示，电动机以 4 极运行，为低速。

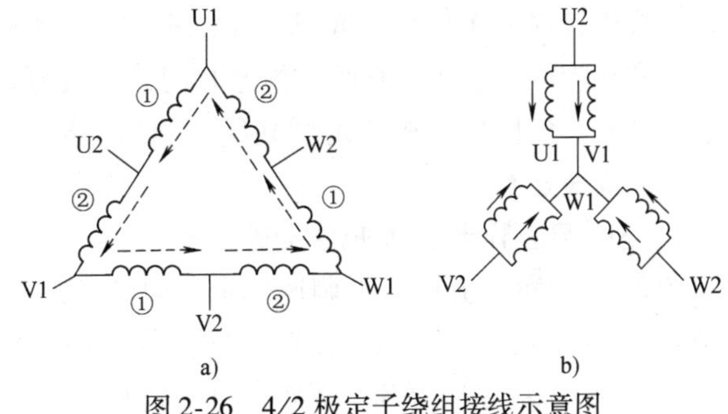

图 2-26 4/2 极定子绕组接线示意图
a）△联结 b）Y联结

图 2-26b 是将三相定子绕组接成双星形联结，此时线圈①和②相并联，接线端 U1、V1、W1 短接，而接线端 U2、V2、W2 接三相交流电源，电流方向如图 2-26 中实线箭头所示，电动机以 2 极运行为高速。

（2）双速异步电动机的调速控制电路　图 2-27 所示为双速电动机控制电路。图 2-27 中 KM1 为低速接触器，KM2 为高速接触器，KA 为中间继电器，KT 为时间继电器，SB2、SB3 为低、高速起动按钮。

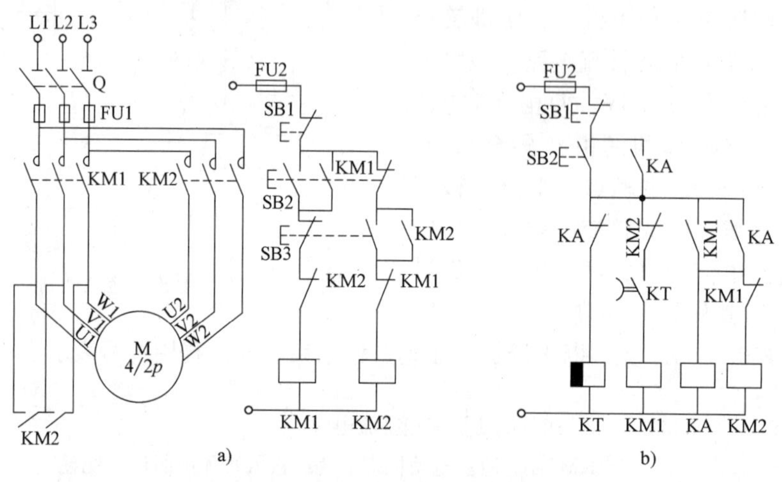

图 2-27　双速电动机控制电路

a）双速运行　b）低速起动、高速运行

1）双速运行。在图 2-27a 电路中，如需要电动机低速运行，则按下 SB2，KM1 通电并自锁，其常闭触点断开互锁 KM2 线圈电路。同时因 KM1 主触点闭合使电动机三相定子绕组接成三角形联结，接线端 U1、V1、W1 接通三相交流电源，电动机起动后即低速运行。如需要电动机高速运行，则按下 SB3，使 KM2 通电并自锁，其常闭触点断开互锁 KM1 线圈电路，KM2 两对常开触点闭合短接接线端 U1、V1、W1，使三相定子绕组接成双星形联结，而 KM2 三对主触点闭合使接线端 U2、V2、W2 接入三相交流电源，电动机起动后即高速运行。

2）低速起动、高速运行。图 2-27b 电路能通过 KT 的控制作用，实现对电动机三角形起动与双星形运行的自动转换。其控制过程是：按下 SB2，KT、KM1、KA 先后通电，电动机定子绕组接成三角形低速起动。KA 通电后，其常闭触点对 KT 进行互锁，断电延时型时间继电器线圈断电，当 KT 延时整定时间到，其延时断开的常开触点断开，KM1 线圈失电，主触点断开，解除电动机三角形联结。同时，KM2 通电，将电动机绕组接成双星形，使电动机转入高速运行。

2. 电磁调速异步电动机的控制电路

图 2-28 所示为应用电磁调速异步电动机来对负载转速进行调节的控制电路。图中 VT 为晶闸管调压控制器，DC 为电磁转差离合器，KM 为电源接触器，TG 为测速发电机。

合上开关 Q，按下 SB2，KM 通电并自锁，其主触点闭合使笼型异步电动机的定子电路和 VT 的交流输入端接通电源，则电动机起动运行，而 VT 的直流输出端输出直流电流并流过 DC 的励磁绕组，此时 DC 的从动部分带动负载跟随电枢和笼型异步电动机作同方向旋转。

若调节电阻 R 的大小，DC 的励磁电流会发生变化，从动部分的转速也会发生相应变化，从而实现对负载转速的调节。同时，电路通过速度反馈环节即测速发电机 TG 的速度负反馈作用，使电磁调速异步电动机速度调节平滑、转速稳定。停车时，只要按下停止按钮 SB1 即可。

二、两地控制环节电路

对于大型机床、起重运输机等生产设备，为了操作方便，常需要在多个地点对电动机进行控制。

图 2-29 所示就是电动机的两地控制电路。该电路把起动按钮 SB3 和 SB4 并接，把停止按钮 SB1 和 SB2 串接，并在需要对同一台电动机进行控制的两处地点分别安装相应的起动、停止操作按钮，就可以实现电动机的两地控制。多地控制原理和两地控制原理相同。

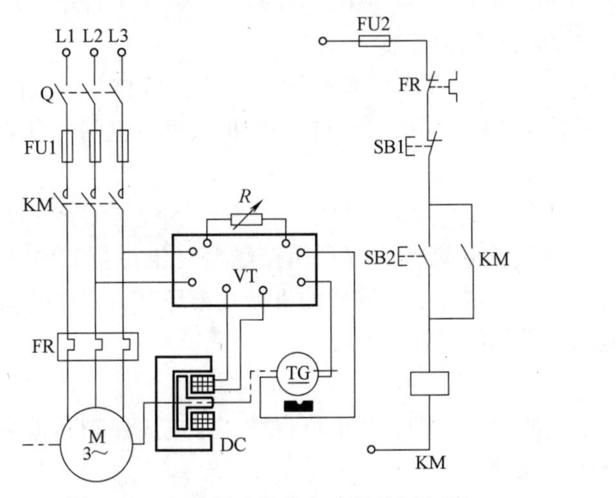

图 2-28 电磁调速异步电动机控制电路

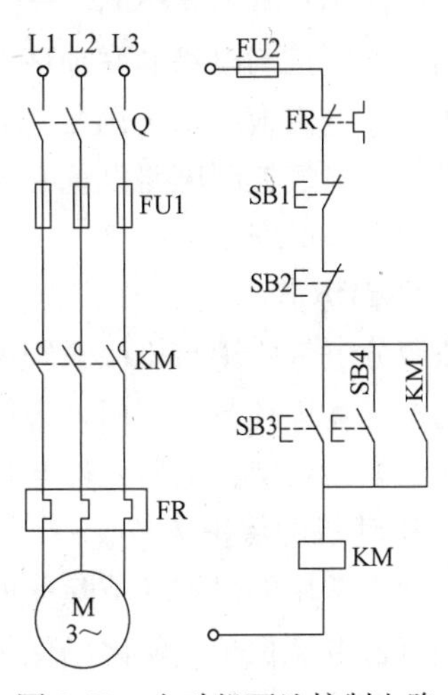

图 2-29 电动机两地控制电路

三、电动机联锁控制电路

实现多台电动机按顺序起动或按顺序停车的控制方式称为电动机联锁控制。两台笼型异步电动机的联锁控制电路，如图 2-30 所示。

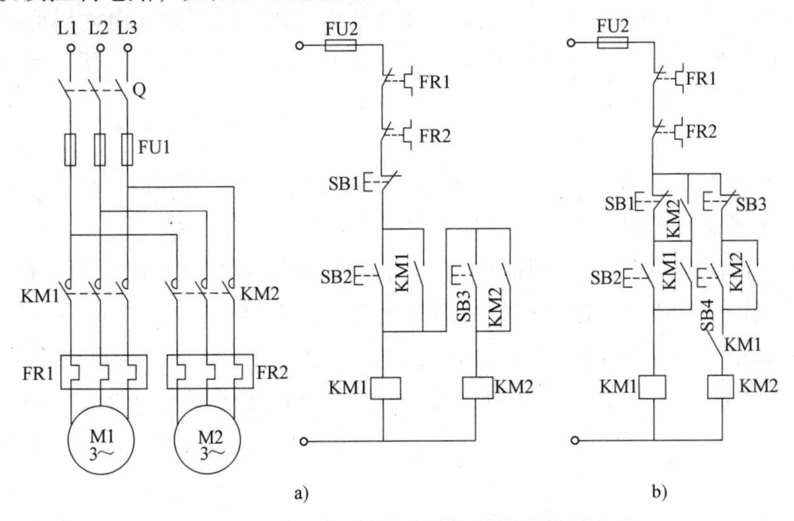

图 2-30 两台笼型异步电动机的联锁控制电路

a）顺序起动、同时停车 b）顺序起动、顺序停车

（1）顺序起动、同时停车　图 2-30a 电路实现能两台电动机按顺序起动、同时停车的联锁控制，其工作过程如下：

顺序起动：$SB2^{\pm}$—$KM1^{+}_{\text{自}}$—$M1^{+}$（先起动）$\xrightarrow{\Delta t}$ $SB3^{\pm}$—$KM2^{+}_{\text{自}}$—$M2^{+}$（后起动）

同时停车：$SB1^{\pm}$ ┬ $KM1^{-}$—$M1^{-}$
└ $KM2^{-}$—$M2^{-}$

（2）顺序起动、顺序停车　图 2-30b 电路能实现两台电动机按顺序起动、顺序停车的联锁控制，其工作过程如下：

顺序起动：$SB2^{\pm}$—$KM1^{+}_{\text{自}}$—$M1^{+}$（先起动）$\xrightarrow{\Delta t}$ $SB4^{\pm}$—$KM2^{+}_{\text{自}}$—$M2^{+}$（后起动）

顺序停车：$SB3^{\pm}$—$KM2^{-}$—$M2^{-}$（先停车）$\xrightarrow{\Delta t}$ $SB1^{\pm}$—$KM1^{-}$—$M1^{-}$（后停车）

四、电气控制电路的联锁环节和电动机的保护环节

为保证电力拖动系统满足生产机械加工工艺要求以及长期、安全、可靠、无故障地运行，必须为电气控制电路设置必要的联锁和保护环节，利用它来保护人身、电网、电动机和电气控制设备的安全。

1. 联锁环节

联锁分电气联锁与机械联锁两类。常用的联锁方式有利用接触器（继电器）常闭触点构成的电气互锁环节，利用复合按钮的常闭、常开触点构成的机械互锁环节，实现电动机动作顺序的联锁环节，电器元件与机械操作手柄的联锁环节等。

2. 电动机的保护环节

电动机常用的保护环节除前面介绍过的短路保护、欠电压保护、零电压保护和过载保护外，还有过电流保护、弱磁场保护与超速保护等。

（1）过电流保护　过电流主要是由于不正确的起动方法、过大的负载、频繁起动与正反转运行和反接制动等引起的，它远比短路电流小，但也可能是额定电流的好几倍。在电动机运行中产生的过电流比发生短路的可能性更大，会造成电动机和机械传动系统的机械性损坏，这就要求在过电流情况下，其保护装置能可靠、准确、有选择性与适时地切除电源。常用的过电流保护装置是过电流继电器。过电流继电器广泛应用于直流电动机或绕线转子异步电动机的控制电路中，此时过电流继电器还可以起到短路保护的作用，其整定值一般为电动机起动电流的 1.2 倍。对于笼型异步电动机，由于其短时过电流不会产生严重后果，故可不设置过电流保护。

（2）弱磁场保护　直流电动机在起动时，需要磁场具有一定强度才能够起动，如发生弱磁场，将会出现很大的起动电流。而直流电动机在运行时，若磁场减弱，则电枢转速会迅速上升。因此，当磁场减弱到一定强度时，应通过保护装置及时切断电源，使电动机停转，这就是弱磁场保护。常用的弱磁场保护装置是欠电流继电器。

（3）超速保护　当电源电压过高或弱磁场时，会引起电动机转速升高，若超过允许规定的速度时，将造成电动机及所带动的生产机械设备损坏和不安全。为此，必须设置超速保护装置来控制转速或及时切断电源。常用的超速保护装置有过电压继电器、离心开关和测速发电机等。

在电力拖动系统中，根据电动机不同的工作情况，可对各台电动机设置相应的一种或几种保护措施，以提高电动机运行的安全性和可靠性。

思考与练习

2-1　负载的转矩特性依其性质基本上可归纳为哪三大类?

2-2　点动控制电路有何特点?

2-3　什么是自锁、互锁控制? 什么是过载、零电压和欠电压的保护?

2-4　在某一组合机床传动系统中，左右动力头各用一个电动机，用限位开关控制反转，借此控制动力头的前进和后退。所要求的工作循环是：①按动起动按钮后，右动力头由原位进给到终端；②接着左动力头由原位进给到终端；③接着左右动力头同时退回，到原位后分别停止。试设计机床进给的自动控制电路(要附行程开关布置图)。

2-5　观察图2-31控制电路，说明其动作顺序。

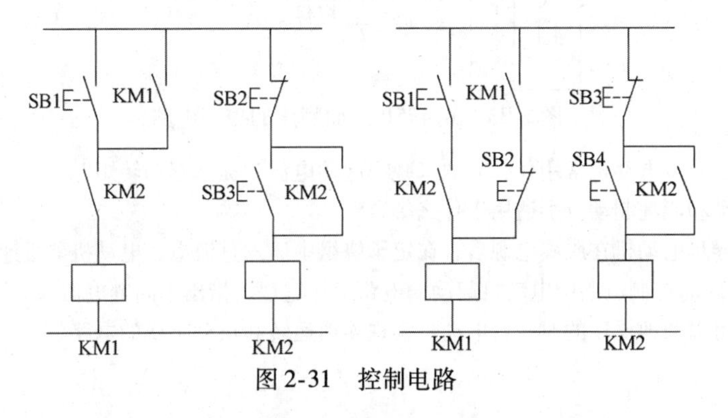

图2-31　控制电路

2-6　分析图2-32中电动机具有几种工作状态? 各按钮、开关、触点的作用是什么?

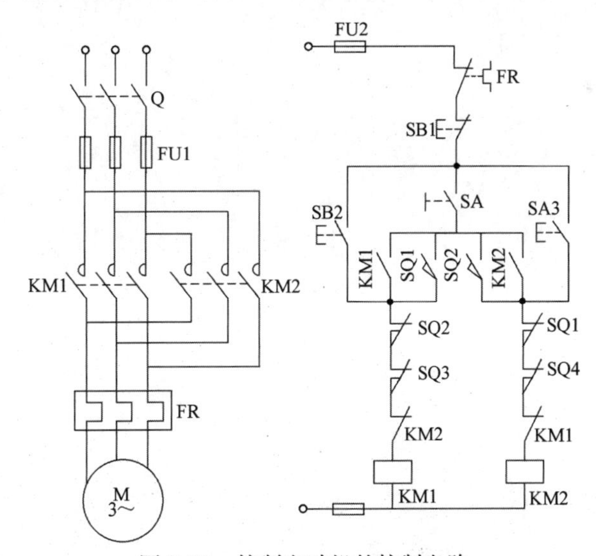

图2-32　控制电动机的控制电路

2-7　有一台三级皮带运输机，分别由M1、M2、M3三台电动机拖动。用按钮分别操作，动作顺序：起动顺序为M1→M2→M3，停车顺序为M3→M2→M1，请设计控制电路。

2-8　有两台电动机M1和M2，其要求有两点：①M1先起动，经过5s后，才能用按钮使M2起动；②M2起动后，M1立即停转，试绘出其电路图。

2-9　图2-33是M7475B平面磨床的控制电路，分析其动作原理。

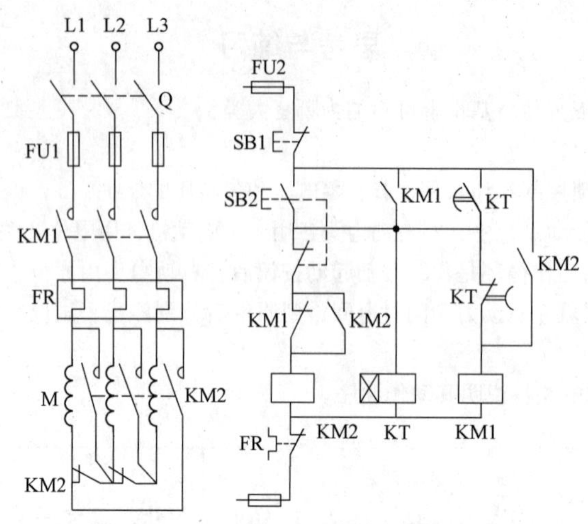

图 2-33　M7475B 平面磨床的控制电路

2-10　绕线转子异步电动机常用什么方法来减小起动电流和提高起动转矩？

2-11　反接制动和能耗制动分别适用于什么场合？

2-12　为什么异步电动机在脱离电源后，在定子绕组中通入直流电，电动机能迅速停止？

2-13　分析图 2-20 控制电路中电动机起动的电路工作过程，指出中间继电器 KA 的作用。

2-14　试设计可以两地操作的对一台电动机实现连续运转和点动工作的电路。

第三章　常用机床的电气控制系统

第一节　M7130 型卧轴矩台平面磨床的电气控制系统

一、主要结构及运动情况

图 3-1 所示为卧轴矩台平面磨床外形图。在箱形床身 11 中装有液压传动装置，工作台 10 通过活塞杆 2 由油压推动作往复运动，床身导轨有自动润滑装置进行润滑。工作台表面有 T 形槽，用以固定电磁吸盘，再由电磁吸盘来吸持工件。工作台的行程长度可通过调节装在工作台正面槽中换向撞块 4 的位置来改变。换向撞块 4 是通过碰撞工作台往复运动换向手柄以改变油路来实现工作台往复运动的。

在床身上固定有立柱 5，沿立柱的导轨上装有滑座 6，砂轮箱能沿其水平导轨移动。砂轮轴由装入式电动机直接拖动。在滑座内部往往也装有液压传动机构。

滑座可在立柱导轨上作上下移动，可通过垂直进给手轮 1 操作。砂轮箱 8 的水平轴向移动可通过横向移动手轮 7 操作，也可通过液压传动作连续或间断移动，横向移动手轮用于调节运动或修整砂轮，液压传动用于进给。

矩形工作台平面磨床工作图，如图 3-2 所示。砂轮的旋转运动是主运动。进给运动有垂直进给，即滑座沿立柱的上下运动；横向进给，即砂轮箱在滑座上的水平移动；纵向进给，即工作台沿床身的往复运动。工作台每完成一往复运动，砂轮箱作一次间断性的横向进给；当加工完整个平面后，砂轮箱作一次间断性的垂直进给。

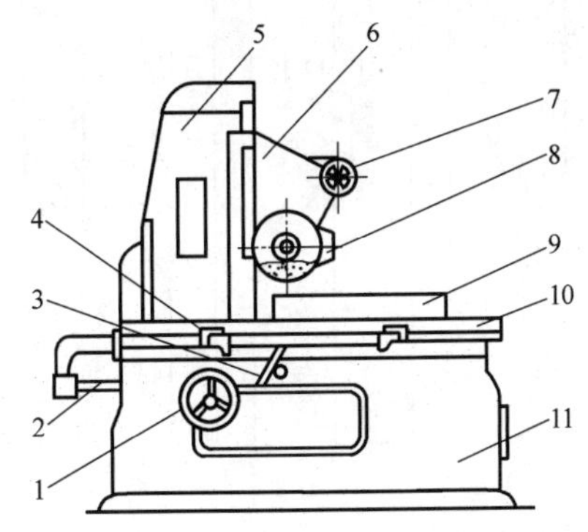

图 3-1　卧轴矩台平面磨床外形图

1—垂直进给手轮　2—活塞杆　3—工作台往复运动换向手柄　4—换向撞块　5—立柱　6—滑座　7—横向移动手轮　8—砂轮箱　9—电磁吸盘　10—工作台　11—床身

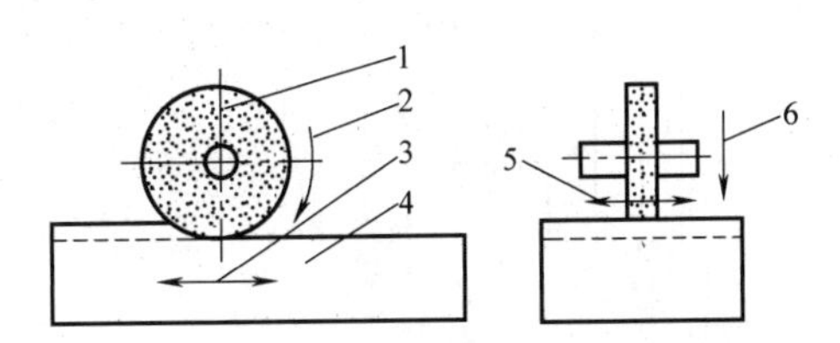

图 3-2　矩形工作台平面磨床工作图

1—砂轮　2—主运动　3—纵向进给运动　4—工作台　5—横向进给运动　6—垂直进给运动

二、电力拖动特点及控制要求

M7130 平面磨床采用多电动机拖动，其中砂轮电动机拖动砂轮旋转；液压电动机驱动液压泵，经液压传动机构来完成工作台往复纵向运动并实现砂轮的横向自动进给，同时承担工作台导轨的润滑；冷却泵电动机拖动冷却泵，供给磨削加工时需要的冷却液。多电动机拖动使磨床具有最简单的机械传动。

平面磨床是一种精密机床，为保证加工精度，使其运行平稳，确保工作台往复运动换向时惯性小、无冲击，采用液压传动实现工作台往复运动及砂轮箱横向进给。

磨削加工无调速要求，但要求高速，通常采用两极笼型异步电动机拖动。为提高砂轮主轴刚度，以提高加工精度，采用装入式笼型电动机直接拖动。

为减小工件在磨削加工中的热变形，并冲走磨屑，以保证加工精度，需使用切削液。为满足磨削小工件的需要以及在磨削过程中受热后工件能自由伸缩，采用电磁吸盘来吸持工件。

M7130 平面磨床由砂轮电动机、液压泵电动机、冷却泵电动机分别拖动，且只需单方向旋转。冷却泵电动机与砂轮电动机具有顺序连锁关系：在砂轮电动机起动后才可开动冷却泵电动机；无论电磁吸盘工作与否，均可开动各电动机，以便进行磨床的调整运动；具有完善的保护环节、工件退磁环节和照明电路。

三、M7130 型平面磨床的电气控制

图 3-3 所示为 M7130 型平面磨床电气控制原理图。其电气设备安装在床身后部的壁龛盒内，控制按钮安装在床身前部的电气操纵盒上。电气控制原理图可分为主电路、控制电路、电磁吸盘控制电路及机床照明电路等部分。

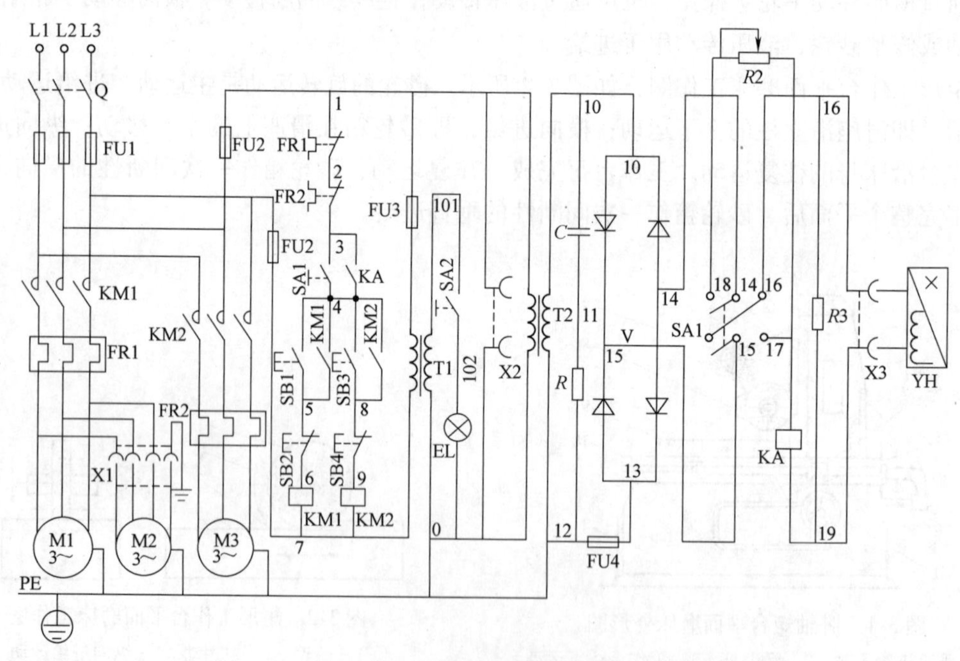

图 3-3　M7130 型平面磨床电气控制原理图

1. 主电路

M7130 型平面磨床共有三台电动机，它们分别是砂轮电动机 M1、冷却泵电动机 M2 与液压泵电动机 M3。其中 M1 由接触器 KM1 控制，再经插销 X1 供电给 M2，电动机 M3 由接触器 KM2 控制。

三台电动机共用熔断器 FU1 作短路保护，M1、M2、M3 分别由热继电器 FR1、FR2 作长期过载保护。

2. 控制电路

由控制按钮 SB1、SB2 与接触器 KM1 构成砂轮电动机 M1 单方向旋转起动—停止控制电路。由 SB3、SB4 与 KM2 构成液压泵电动机单方向旋转起动—停止控制电路。但电动机的起动必须在电磁吸盘 YH 工作，且欠电流继电器 KA 通电吸合，触点 KA（3-4）闭合，或 YH 不工作，但转换开关 SA1 置于“去磁”位置，触点 SA1（3-4）闭合后方可进行。

3. 电磁吸盘控制电路

（1）电磁吸盘构造及原理　电磁吸盘外形有长方形和圆形两种。矩台平面磨床采用长方形电磁吸盘，圆台平面磨床采用圆形电磁吸盘。电磁吸盘工作原理，如图 3-4 所示。图中 5 为钢制吸盘体，在它的中部凸起的心体 A 上绕有线圈 4；钢制盖板 3 被隔磁层 2 隔开，在线圈 4 中通入直流电流，心体将被磁化，磁力线经由钢制盖板、工件、钢制盖板、钢制吸盘体、心体闭合，将工件 1 牢牢吸住。钢制盖板中的隔磁层由铅、铜、黄铜及巴氏合金等非磁性材料制成，其作用是使磁力线都通过工件再回到钢制吸盘体，不致直接通过钢制盖板闭合，以增强对工件的吸持力。

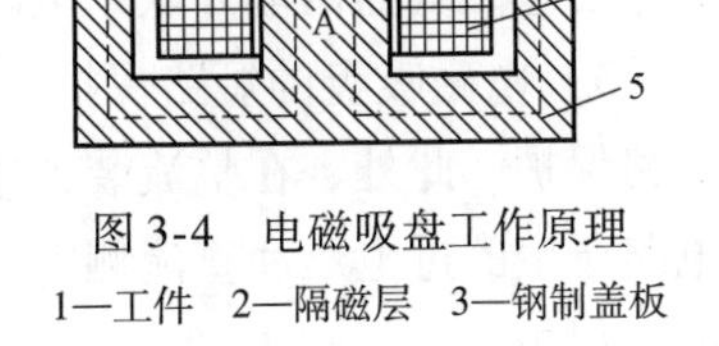

图 3-4　电磁吸盘工作原理
1—工件　2—隔磁层　3—钢制盖板
4—线圈　5—钢制吸盘体

电磁吸盘与机械夹紧装置相比，具有夹紧迅速，不损伤工件，工作效率高，能同时吸持多个小工件；在加工过程中工件发热后可自由延伸及加工精度高等优点。但也有夹紧力不及机械夹紧、调节不便、需用直流电源供电及不能吸持非磁性材料工件等缺点。

（2）电磁吸盘控制电路　它由整流装置、控制装置及保护装置等部分组成。

电磁吸盘整流装置由整流变压器 T2 与桥式全波整流器 V 组成，输出 110V 直流电压对电磁吸盘供电。

电磁吸盘集中由转换开关 SA1 控制。SA1 有三个位置，即充磁、断电与退磁。当开关置于“充磁”位置时，触点 SA1（14-16）与触点 SA1（15-17）接通；当开关置于“退磁”位置时，触点 SA1（14-18）、SA1（16-15）及 SA1（4-3）接通；当开关置于“断电”位置时，SA1 所有触点都断开。对应开关 SA1 各位置，电路工作情况如下：

当 SA1 置于“充磁”位置，电磁吸盘 YH 获得 110V 直流电压，其极性是 19 号线为正，16 号线为负，同时欠电流继电器 KA 与 YH 串联，若吸盘电流足够大，则 KA 动作，触点 KA（3-4）闭合，反映电磁吸盘吸力足以将工件吸牢，这时可分别操作按钮 SB1 与 SB3，起动 M1 与 M2 进行磨削加工。当加工完成，按下停止按钮 SB2 与 SB4，M1 与 M2 停止旋转。为便于从吸盘上取下工件，需对工件进行退磁，其方法是将开关 SA1 扳至“退磁”位置。

当 SA1 扳至“退磁”位置时，电磁吸盘中通入反方向电流，并在电路中串入可变电阻 *R*2，用以限制并调节反向退磁电流大小，达到既退磁又不致反向磁化的目的。退磁结束将 SA1 扳到“断电”位置，便可取下工件。若工件对退磁要求严格，在取下工件后，还要用交流退磁器进行处理。交流退磁器是平面磨床的一个附件，使用时，将交流退磁器插在床身的插座 X2 上，再将工件放在退磁器上即可退磁。

交流退磁器的构造和工作原理，如图 3-5 所示。由硅钢片制成铁心 5，在其上套有线圈

4 并通以交流电，在铁心柱上装有极靴 3，在由软钢制成的两个极靴间隔有隔磁层 2。退磁时线圈通入交流电，将工件在极靴平面上来回移动若干次，即可退磁。

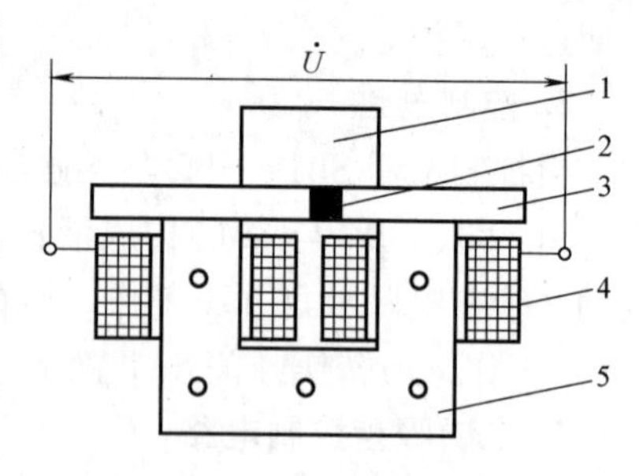

图 3-5　退磁器结构原理
1—工件　2—隔磁层
3—极靴　4—线圈　5—铁心

（3）电磁吸盘保护环节　电磁吸盘具有欠电流保护、过电压保护及短路保护等。

1）电磁吸盘的欠电流保护。为了防止平面磨床在磨削过程中出现断电事故或吸盘电流减小，致使电磁吸盘失去吸力或吸力减小，造成工件飞出，引起工件损坏或人身事故，故在电磁吸盘线圈电路中串入欠电流继电器 KA。只有当直流电压符合设计要求且吸盘具有足够吸力时，KA 才吸合，触点 KA（3-4）闭合，为起动 M1、M2 进行磨削加工作准备，否则不能开动磨床进行加工；若已在磨削加工中，KA 因电流过小而释放，KA（3-4）断开，KM1、KM2 线圈断电，M1、M2 立即停止旋转，从而避免事故发生。

2）电磁吸盘线圈的过电压保护。电磁吸盘匝数多、电感大，通电工作时储有大量磁场能量，当线圈断电时，在线圈两端将产生高电压，若无放电回路，将使线圈绝缘及其他电器设备损坏。为此，在吸盘线圈两端应设置放电装置，以吸收断开电源后放出的磁场能量。该机床在电磁吸盘两端并联了电阻 $R3$，作为放电电阻。

3）电磁吸盘的短路保护。在整流变压器 T2 的二次侧或整流装置输出端装有熔断器作短路保护。此外，在整流装置中还设有 R、C 串联支路并联在 T2 的二次侧，用以吸收交流电路产生的过电压和直流侧电路通断时在 T2 的二次侧产生的浪涌电压，实现整流装置的过电压保护。

4. 照明电路

由照明变压器 T1 将 380V 降为 36V，并由开关 SA2 控制照明灯 EL，在 T1 的一次侧装有熔断器 FU3 作短路保护。

5. M7130 平面磨床电器位置示意图

M7130 平面磨床电器位置示意图如图 3-6 所示，供检修、调试时参考。表 3-1 列出了 M7130 平面磨床的主要电气设备及作用。

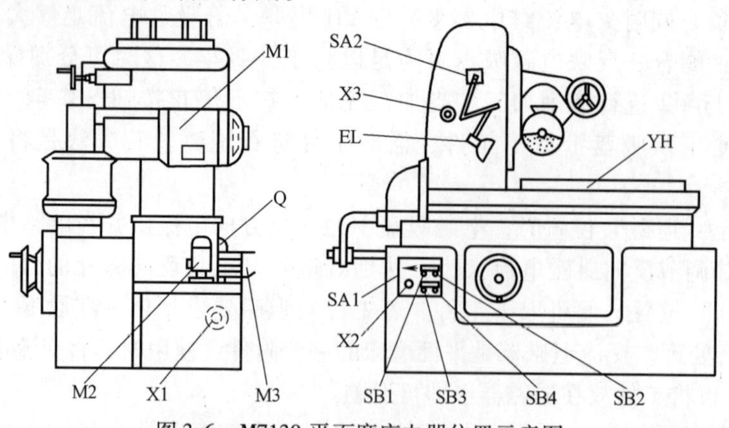

图 3-6　M7130 平面磨床电器位置示意图

表 3-1　M7130 型卧轴矩台平面磨床主要电气设备

符号	名称及用途	符号	名称及用途
EL	照明灯	SB2	砂轮停止按钮
M1	砂轮电动机	SB3	液压泵起动按钮
M2	冷却泵电动机	SB4	液压泵停止按钮
M3	液压泵电动机	X1	冷却泵用插头插座
Q	电源开关	X2	退磁器用插头插座
SA1	电磁吸盘用转换开关	X3	电磁吸盘用插头插座
SA2	照明灯开关	YH	电磁吸盘
SB1	砂轮起动按钮		

四、平面磨床电气设备常见故障分析

1. 电磁吸盘没有吸力

1）没有交流电源或者整流器 V、转换开关 SA1 坏。

2）欠电流继电器线圈断开或者插接器 X3 接触不好。

2. 电磁吸盘吸力不足

1）交流电源电压过低导致直流电压相应下降。

2）整流器故障导致直流电压降低，如整流器发生开路等。

3. 电磁吸盘退磁效果差导致工件难以取下

1）SA1 转换开关在退磁位置时，SA1（16-15）或 SA1（14-18）不能接通。

2）可变电阻 *R*2 调节不当导致退磁电压过高。

4. 砂轮电动机 M1 和液压泵电动机 M3 均不能起动

1）流过电磁吸盘的电流太小导致欠电流继电器触点 KA（3-4）不能闭合。

2）热继电器 FR1、FR2 动作后，没有复位。

第二节　Z3040 型摇臂钻床的电气控制系统

一、摇臂钻床的主要结构及运动情况

Z3040 型摇臂钻床具有性能完善、使用方便、操作灵活及工作可靠等特点，与其他钻床相比，其突出特点是采用了液压系统。

摇臂钻床主要由底座、内立柱、外立柱、摇臂、主轴箱及工作台等部分组成，如图 3-7 所示。内立柱固定在底座的一端，在它外面套有外立柱，外立柱可绕内立柱回转 360°，摇臂的一端为套筒，它套装在外立柱上，并借助丝杠的正反转可沿外立柱作上下移动。由于该丝杠与外立柱连成一体，而升降螺母固定在摇臂上，所以摇臂不能绕外立柱转动，只能与外立柱一起绕内立柱回转。

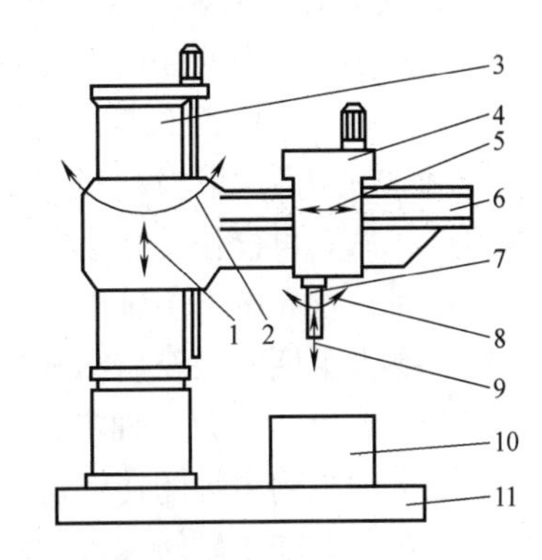

图 3-7　摇臂钻床结构及运动情况示意图
1—摇臂垂直移动　2—摇臂回转运动　3—内外立柱
4—主轴箱　5—主轴箱沿摇臂径向运动
6—摇臂　7—主轴　8—主轴旋转主运动
9—主轴纵向进给　10—工作台　11—底座

主轴箱是一个复合部件，它由主传动电动

机、主轴和主轴传动机构、进给和变速机构以及机床的操作机构等部分组成，主轴箱安装在摇臂的水平导轨上，可以通过手轮操作使其在水平导轨上沿摇臂移动。

进行加工时，由特殊的夹紧装置将主轴箱紧固在摇臂导轨上，外立柱紧固在内立柱上，摇臂紧固在外立柱上，然后进行钻削加工。钻削加工时，钻头旋转进行切削，同时进行纵向进给。摇臂钻床的主运动为主轴的旋转运动；进给运动为主轴的垂直进给；辅助运动有摇臂沿外立柱的垂直移动，主轴箱沿摇臂导轨移动，摇臂与外立柱一起绕内立柱的回转运动。

二、摇臂钻床的电力拖动特点及控制要求

根据摇臂钻床结构及运动情况，对其电力拖动和控制情况提出如下要求：

1）摇臂钻床运动部件较多，为简化传动装置，采用多电动机拖动。通常设有主轴电动机、摇臂升降电动机、立柱夹紧放松电动机及冷却泵电动机。

2）摇臂钻床为适应多种形式的加工，要求主轴及进给有较大的调速范围。主轴一般速度下的钻削加工常为恒功率负载；而低速时主要用于扩孔、铰孔、攻螺纹等加工，这时则为恒转矩负载。

3）摇臂钻床的主运动与进给运动都为主轴的运动，为此这两个运动由一台主轴电动机拖动，分别经主轴与进给传动机构实现主轴旋转和进给。所以，主轴变速机构与进给变速机构均装在主轴箱内。

4）为加工螺纹，主轴要求正反转。摇臂钻床主轴正反转一般由机械方法获得，这样主轴电动机只需单方向旋转。

5）具有必要的联锁与保护。

三、Z3040型摇臂钻床的电气控制

沈阳中捷友谊厂生产的Z3040型摇臂钻床，具有两套液压控制系统，一套是操纵机构液压系统，一套是夹紧机构液压系统。操纵机构液压系统安装在主轴箱内，用以实现主轴正反转、停车制动、空挡、预选及变速；夹紧机构液压系统安装在摇臂背后的电气盒下部，用以夹紧松开主轴箱、摇臂及立柱。

1. 液压系统简介

（1）操纵机构液压系统　该系统压力油由主轴电动机拖动的齿轮泵送出。由主轴变速、正反转及空挡操作手柄来改变两个操纵阀的相互位置，使压力油作不同的分配，获得不同的动作。操作手柄有五个空间位置：上、下、里、外和中间位置。其中上为“空挡”，下为“变速”，外为“正转”，里为“反转”，中间位置为“停车”。主轴转速及主轴进给量各由一个旋钮预选，然后再操作手柄。

起动主轴时，首先按下主轴电动机起动按钮，主轴电动机起动旋转，拖动齿轮泵，送出压力油，然后操纵手柄，扳至所需转向位置，于是两个操纵阀相互位置改变，使一股压力油将制动摩擦离合器松开，为主轴旋转创造条件；另一股压力油压紧正转（反转）摩擦离合器，接通主轴电动机到主轴的传动链，驱动主轴正转或反转。在主轴正转或反转过程中，也可旋转变速旋钮，改变主轴转速或主轴进给量。

主轴停车时，将操作手柄扳回中间位置，这时主轴电动机仍拖动齿轮泵旋转，但此时整个液压系统为低压油，无法松开制动摩擦离合器，而在制动弹簧作用下将制动摩擦离合器压紧，使制动轴上的齿轮不能转动，主轴实现停车。所以，主轴停车时主轴电动机仍然旋转，只是不能将动力传到主轴。

主轴变速与进给变速：将操作手柄扳至“变速”位置，改变两个操纵阀的相互位置，使齿轮泵送出的压力油进入主轴转速预选阀和主轴进给量预选阀，然后进入各变速液压缸。各变速液压缸为差动液压缸，具体哪个液压缸上腔进压力油或回油，取决于所选定的主轴转速和进给量大小。与此同时，另一条油路系统推动拨叉缓慢移动，逐渐压紧主轴正转摩擦离合器，接通主轴电动机到主轴的传动链，使主轴缓慢转动，称为缓速。缓速的目的在于使滑移齿轮能比较顺利地进入啮合位置，避免出现齿顶齿现象。当变速完成，松开操作手柄，此时操作手柄将在弹簧作用下由“变速”位置自动复位到主轴“停车”位置，这时便可操纵主轴正转或反转，主轴将在新的转速或进给量下工作。

主轴空挡：将操作手柄扳向“空挡”位置，这时由于两个操纵阀相互位置改变，压力油使主轴传动系统中滑移齿轮处于中间脱开位置。这时，可用手轻便地转动主轴。

（2）夹紧机构液压系统　主轴箱、立柱和摇臂的夹紧与松开是由液压泵电动机拖动液压泵送出压力油，推动活塞和菱形块来实现的。其中主轴箱和立柱的夹紧放松由一个油路控制，而摇臂的夹紧松开因与摇臂升降构成自动循环，所以由另一个油路单独控制。这两个油路均由电磁阀操纵。欲夹紧或松开主轴箱及立柱时，应首先起动液压泵电动机，拖动液压泵，送出压力油，在电磁阀操纵下，使压力油经二位六通阀流入夹紧或松开油腔，推动活塞和菱形块实现夹紧或松开。由于液压泵电动机是点动控制，所以主轴箱和立柱的夹紧与松开是点动的。

2. 电气控制电路分析

图 3-8 所示为 Z3040 摇臂钻床电气控制原理图。图中 M1 为主轴电动机，M2 为摇臂升降电动机，M3 为液压泵电动机，M4 为冷却泵电动机。

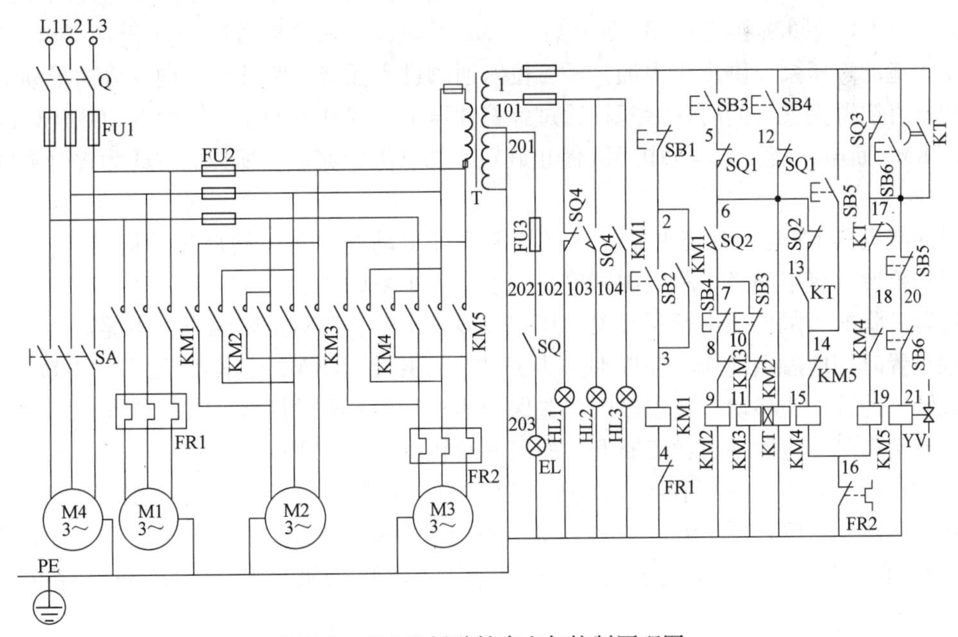

图 3-8　Z3040 摇臂钻床电气控制原理图

（1）主电路分析　M1 为单方向旋转，由接触器 KM1 控制，主轴的正反转则由机床液压系统操纵机构配合正反转摩擦离合器实现，并由热继电器 FR1 作电动机长期过载保护。

M2 由正、反转接触器 KM2、KM3 控制实现正反转。控制电路保证在操纵摇臂升降时，首先使液压泵电动机起动旋转，供出压力油，经液压系统将摇臂松开，然后才使电动机 M2 起动，拖动摇臂上升或下降。当移动到位后，控制电路又保证 M2 先停下，再自动通过液压系统将摇臂夹紧，最后液压泵电动机才停下。M2 为短时工作，不用设长期过载保护。

M3 由接触器 KM4、KM5 实现正反转控制，并由热继电器 FR2 作长期过载保护。

M4 电动机容量小，为 0.125kW，由开关 SA 控制。

（2）控制电路分析　由按钮 SB1、SB2 与 KM1 构成主轴电动机 M1 的单方向旋转起动—停止电路。M1 起动后，指示灯 HL3 亮，表示主轴电动机在旋转。

由摇臂上升按钮 SB3、下降按钮 SB4 及正反转接触器 KM2、KM3 组成具有双重互锁的电动机正反转点动控制电路。由于摇臂的升降控制须与夹紧机构液压系统紧密配合，所以与液压泵电动机的控制有密切关系。下面以摇臂的上升为例，分析摇臂升降的控制。

按下上升点动按钮 SB3，时间继电器 KT 线圈通电，触点 KT（1-17）、KT（13-14）立即闭合，使电磁阀 YV、KM4 线圈同时通电，液压泵电动机起动旋转，拖动液压泵送出压力油，并经二位六通阀进入松开油腔，推动活塞和菱形块，将摇臂松开。同时，活塞杆通过弹簧片压上行程开关 SQ2，发出摇臂松开信号，即触点 SQ2（6-7）闭合，SQ2（6-13）断开，使 KM2 通电，KM4 断电。于是电动机 M3 停止旋转，液压泵停止供油，摇臂维持松开状态；同时 M2 起动旋转，带动摇臂上升。所以，SQ2 是用来反映摇臂是否松开并发出松开信号的电器元件。

当摇臂上升到所需位置时，松开按钮 SB3，KM2 和 KT 断电，M2 电动机停止旋转，摇臂停止上升。但由于触点 KT（17-18）经 1 ~ 3s 延时闭合，触点 KT（1-17）经同样的延时断开，所以 KT 线圈断电经 1 ~ 3s 延时后，KM5 通电，此时 YV 通过 SQ3 仍然得电。M3 反向起动，拖动液压泵，供出压力油，经二位六通阀进入摇臂夹紧油腔，向反方向推动活塞和菱形块，将摇臂夹紧。同时，活塞杆通过弹簧片压下行程开关 SQ3，使触点 SQ3（1-17）断开，使 KM5 断电，液压泵电动机 M3 停止旋转，摇臂夹紧完成。所以，SQ3 为摇臂夹紧信号开关。

时间继电器 KT 是为保证夹紧动作在摇臂升降电动机停止运转后进行而设的，KT 延时长短根据摇臂升降电动机切断电源到停止的惯性大小来调整。

摇臂升降的极限保护由行程开关 SQ1 来实现。SQ1 有两对常闭触点，当摇臂上升或下降到极限位置时相应触点动作，切断对应上升或下降接触器 KM2 或 KM3 线圈的电源，使 M2 停止旋转，摇臂停止移动，实现极限位置保护。SQ1 开关两对触点平时应调整在同时接通位置；一旦动作时，应使一对触点断开，而另一对触点仍保持闭合。

摇臂自动夹紧程度由行程开关 SQ3 控制。如果夹紧机构液压系统出现故障不能夹紧，那么触点 SQ3（1-17）断不开，或者 SQ3 行程开关安装调整不当，摇臂夹紧后仍不能压下 SQ3，这时都会使电动机 M3 处于长期过载状态，易将电动机烧毁，为此 M3 采用热继电器 FR2 作过载保护。

主轴箱和立柱松开与夹紧的控制：主轴箱和立柱的夹紧与松开是同时进行的。当按下松开按钮 SB5，KM4 通电，M3 电动机正转，拖动液压泵送出压力油，这时 YV 处于断电状态，压力油经二位六通阀，进入主轴箱松开油腔与立柱松开油腔，推动活塞和菱形块，使主轴箱和立柱实现松开。在松开的同时通过行程开关 SQ4 控制指示灯发出信号，当主轴箱与立柱松开时，SQ4 不受压，触点 SQ4（101-102）闭合，指示灯 HL1 亮，表示确已松开，可操作主轴箱和立柱移动。当夹紧时，将压下 SQ4，触点（101-103）闭合，指示灯 HL2 亮，可以进行钻削加工。

机床安装后接通电源，可利用主轴箱和立柱的夹紧、松开来检查电源相序，当电源相序正确后，再调整电动机 M2 的接线。

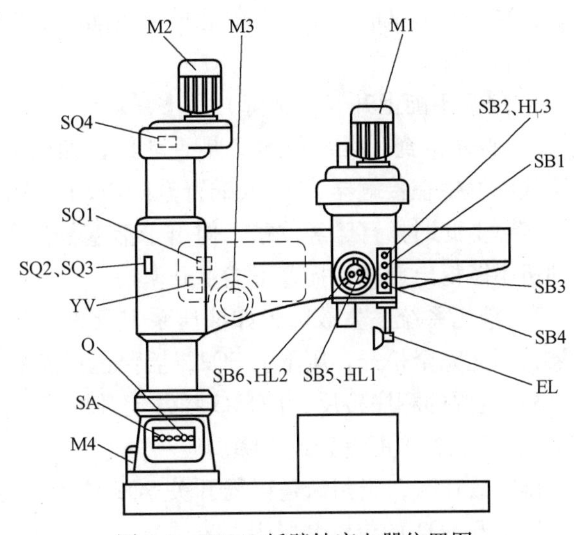

图 3-9 Z3040 摇臂钻床电器位置图

3. Z3040 摇臂钻床电器位置示意图

Z3040 摇臂钻床电器位置示意图如图 3-9 所示，供检修、调试时参考，表 3-2 列出了 Z3040 摇臂钻床的主要电气设备。

表 3-2 Z3040 摇臂钻床主要电气设备

符　　号	名称及用途
EL	照明灯
M1	主轴电动机
M2	摇臂升降电动机
M3	液压泵电动机
M4	冷却泵电动机
Q	电源开关
SA	液压泵电动机用转换开关
SB1	主轴停止按钮
SB3	摇臂上升按钮
SB4	摇臂下降按钮
SB2、HL3	主轴电动机起动按钮及指示灯
SB5、HL1	主轴箱和立柱松开按钮及指示灯
SB6、HL2	主轴箱和立柱夹紧按钮及指示灯
SQ1	摇臂升降限位用行程开关
SQ2、SQ3	摇臂松开、夹紧用行程开关
SQ4	主轴箱与立柱松开或夹紧用行程开关
YV	电磁阀

四、Z3040 摇臂钻床常见故障分析

Z3040 摇臂钻床电气电路比较简单，其电气控制的特殊环节是摇臂的运动。摇臂在上升或下降时，摇臂的夹紧机构先自动松开，在上升或下降到预定位置后，其夹紧机构又要将摇臂自动夹紧在立柱上。这个工作过程，是由电气、机械和液压系统的紧密配合而实现的。所

以，在维修和调试时，不仅要熟悉摇臂运动的电气过程，而且更要注重掌握机电液配合的调整方法和步骤。

1. 摇臂不能上升（或下降）

1）首先检查行程开关 SQ2 是否动作，如已动作，即 SQ2 的常开触点（6-7）已闭合，说明故障发生在接触器 KM2 或摇臂升降电动机 M2 上；如 SQ2 没有动作，而这种情况较常见，实际上此时摇臂已经放松，但由于活塞杆压不上 SQ2，使接触器 KM2 不能吸合，升降电动机不能得电旋转，摇臂不能上升。

2）液压系统发生故障，如液压泵卡死、不转，油路堵塞或气温太低时油的粘度增大，使摇臂不能完全松开，压不上 SQ2，摇臂也不能上升。

3）电源的相序接反，按 SB3 摇臂上升按钮，液压泵电动机反转，使摇臂夹紧，压不上 SQ2，摇臂也就不能上升或下降。

排除故障时，当判断是行程开关 SQ2 位置改变造成的，则应与机械、液压维修人员配合，调整好 SQ2 的位置并紧固。

2. 摇臂上升（或下降）**到预定位置后，摇臂不能夹紧**

1）行程开关 SQ3 安装位置不准确，或紧固螺钉松动造成 SQ3 行程开关过早动作，使液压泵电动机 M3 在摇臂还未充分夹紧时就停止旋转。

2）接触器 KM5 线圈回路出现故障。

3. 立柱、主轴箱不能夹紧（松开）

立柱、主轴箱各自的夹紧或松开是同时进行的，立柱、主轴箱不能夹紧或松开可能是油路堵塞、接触器 KM4 或 KM5 线圈回路出现故障造成的。

4. 按 SB6 按钮，立柱、主轴箱能夹紧，但放开按钮后，立柱、主轴箱却松开

立柱、主轴箱的夹紧和松开，都采用菱形块结构，故障多为机械原因造成，可能是菱形块和承压块的角度方向装错，或者距离不合适造成的。如果菱形块立不起来，这是因为夹紧力调得太大或夹紧液压系统压力不够所致。作为电气维修人员，掌握一些机械、液压知识，将对维修带来方便，可避免盲目检修并能缩短机床停机时间。

5. 摇臂上升或下降行程开关失灵

行程开关 SQ1 失灵分两种情况：

1）行程开关损坏，触点不能因开关动作而闭合、接触不良，使电路不能正常工作。电路断开后，信号不能传递，不能使摇臂上升或下降。

2）行程开关不能动作，触点熔焊，使电路始终呈接通状态。当摇臂上升或下降到极限位置后，摇臂升降电动机堵转，发热严重，由于电路中没设过载保护元件，会导致电动机绝缘损坏。

6. 主轴电动机刚起动运转，熔断器就熔断

按主轴起动按钮 SB2，主轴电动机刚旋转，就发生熔断器熔断故障。原因可能是机械机构发生卡住现象，或者是钻头被铁屑卡住，进给量太大，造成电动机堵转；负荷太大，主轴电动机电流剧增，热继电器来不及动作，使熔断器熔断。也可能因为电动机本身的故障造成熔断器熔断。

排除故障时，应先退出主轴，根据空载运行情况，区别故障现象，找出原因。

第三节　X6132 型万能卧式升降台铣床的电气控制系统

一、X6132 型万能卧式升降台铣床的主要结构和运动情况

1. 主要结构

X6132 型万能卧式升降台铣床主要由床身、悬梁及刀杆支架、工作台、滑板和升降台等部分组成，其外形图如图 3-10 所示。箱形的床身 4 固定在底座 14 上，在床身内装有主轴传动机构及主轴变速操纵机构。在床身的顶部装有水平导轨，其上装有带着一个或两个刀杆支架的悬梁。刀杆支架用来支承安装铣刀心轴的一端，而心轴的另一端则固定在主轴上。在床身的前方装有垂直导轨，一端悬持的升降台可沿之作上下移动。在升降台上面的水平导轨上，装有可平行于主轴轴线方向移动（横向移动）的滑板 10。工作台 8 可沿滑板上部转动部分 9 的导轨在垂直于主轴轴线的方向移动（纵向移动）。这样，安装在工作台上的工件可以在三个方向调整位置或完成进给运动。此外，由于转动部分对滑板 10 可绕垂直轴线转动一个角度（通常为 ±45°），这样工作台于水平面上除能平行或垂直于主轴轴线方向进给外，还能在倾斜方向进给，从而完成铣螺旋槽的加工。

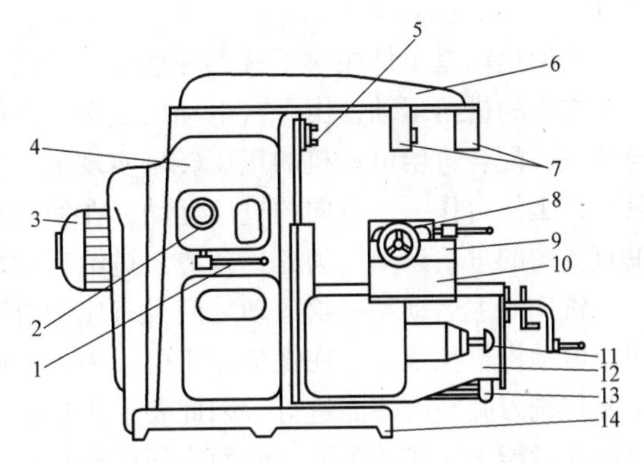

图 3-10　X6132 型万能卧式升降台铣床外形图
1—主轴变速手柄　2—主轴变速盘　3—主轴电动机　4—床身　5—主轴　6—悬梁　7—刀架支杆　8—工作台　9—转动部分　10—滑板　11—进给变速手柄及变速盘　12—升降台　13—进给电动机　14—底座

2. 运动情况

铣床的主运动是铣刀的旋转运动。进给运动是工件相对于铣刀的移动。进给运动有工作台的左右、上下和前后进给移动。装上附件圆工作台，还可作旋转进给移动。工作台用来安装夹具和工件。在横向滑板上的水平导轨上，工作台可沿导轨作左、右移动。在升降台的水平导轨上，工作台可沿导轨前、后移动。升降台依靠下面的丝杠，沿床身前面的导轨同工作台一起上、下移动。

为了使主轴变速、进给变速时变换后的齿轮能顺利地啮合，主轴变速时主轴电动机应能转动一下，进给变速时进给电动机也应能转动一下。这种变速时电动机稍微转动一下，称为变速冲动。

其他运动有：几个进给方向的快速移动运动；工作台上下、前后、左右的手摇移动；回转盘使工作台向左、右转动 ±45°；悬梁及刀杆支架的水平移动。除几个进给方向的快速移动运动由电动机拖动外，其余均为手动。

进给速度与快移速度的区别，只不过是进给速度低，快移速度高，在机械方面由改变传动链来实现。

二、X6132 型万能卧式升降台铣床的电力拖动特点及控制要求

铣床的主运动是铣刀的旋转运动。随着铣刀直径、工件材料和加工精度的不同，要求主轴的转速也不同，主轴的旋转由笼型异步电动机拖动，没有电气调速，而是通过机械变换齿轮来实现调速。为了适应顺铣和逆铣两种铣削方式的需要，主轴应能正反转，但旋转方

向不需经常变换，只需在加工前预选主轴转动方向，该铣床是由电动机的正反转来改变主轴的方向。为了缩短停车时间，主轴停车时采用电磁离合器机械制动。为使主轴变速时变速器内齿轮易于啮合，减小齿轮端面的冲击，要求主轴电动机在变速时具有变速冲动。

进给运动是工件相对于铣刀的移动。铣削时根据工件的加工要求，有纵向、横向和垂直三个方向的进给运动，由一台电动机拖动。进给运动的方向是通过操作选择运动方向的手柄与开关，配合进给电动机的正反转来实现的。为了保证机床、刀具的安全，在铣削加工时，只允许工作台作一个方向的进给运动。在使用圆工作台加工时，不允许工件作纵向、横向和垂直方向的进给运动。为此，各方向进给运动之间应具有联锁环节。

铣床的主运动和进给运动之间没有比例协调的要求，但从机械结构的合理性考虑，应由两台电动机单独拖动。在铣削加工中，为了不使工件和铣刀碰撞发生事故，要求进给拖动一定要在铣刀旋转时才能进行，因此要求主轴电动机和进给电动机之间要有可靠的联锁。为了使操作者能在铣床的正面、侧面方便操作，对主轴的起动、停止，工作台的进给运动及快速移动等的控制，设置了多地点控制方案。为了保证加工质量和机床设备的安全，要求控制系统中应具有较完善的联锁环节。

铣削加工中，根据不同的工件材料，也为了延长刀具的寿命和提高加工质量，需要切削液对工件和刀具进行冷却润滑，而有时又不采用，因此采用转换开关控制冷却泵电动机单向旋转。此外还应配有安全照明电路。

三、X6132 型万能卧式升降台铣床的电气控制

1. 电气控制电路分析

图 3-11 所示为 X6132 型万能卧式升降台铣床电气控制原理图。

（1）主电路分析　开关 Q1 为本机床的电源总开关。熔断器 FU1 为总电源的短路保护。本机床共有三台电动机，其中 M1 为主轴电动机，M2 为冷却泵电动机，M3 为进给电动机。主轴电动机 M1 的起动与停止由接触器 KM1 的常开主触点控制，其正转与反转在起动前用组合开关 SA1 预先选择。主轴换向开关 SA1 在换向时只调换两相相序，使电动机电源相序相反，电动机实现反向旋转。热继电器 FR1 为主轴电动机的过载保护。

进给电动机 M3 的正反转由接触 KM2 和 KM3 的常开主触点控制，用 FU2 作短路保护，热继电器 FR3 作过载保护。

主电路中，冷却泵电动机 M2 接在接触器 KM1 的常开主触点之后，所以只有主轴电动机 M1 工作时才能起动。由于容量很小，故用开关 Q2 直接控制它的起停，用热继电器 FR2 作它的过载保护。

（2）控制电路分析　控制电路包括主轴电动机控制电路和进给电动机控制电路，其显著特点是控制通过机械和电气密切配合而进行。因此必须详细了解各转换开关、位置开关的作用，各指令开关的状态及与相应控制手柄的动作关系。

1）主轴电动机的控制。主轴电动机的控制包括主轴的起动、停车制动、变速冲动和换刀时制动等内容。

① 为了操作方便，主轴电动机的起动、停止在两处中的任何一处都可进行操作，一处设在工作台的前面，另一处设在床身的侧面。起动前，先将主轴换向开关 SA1 旋转到所需要的旋转方向。主轴电动机的控制电路如图 3-12 所示，按下起动按钮 SB5 或 SB6，接触器

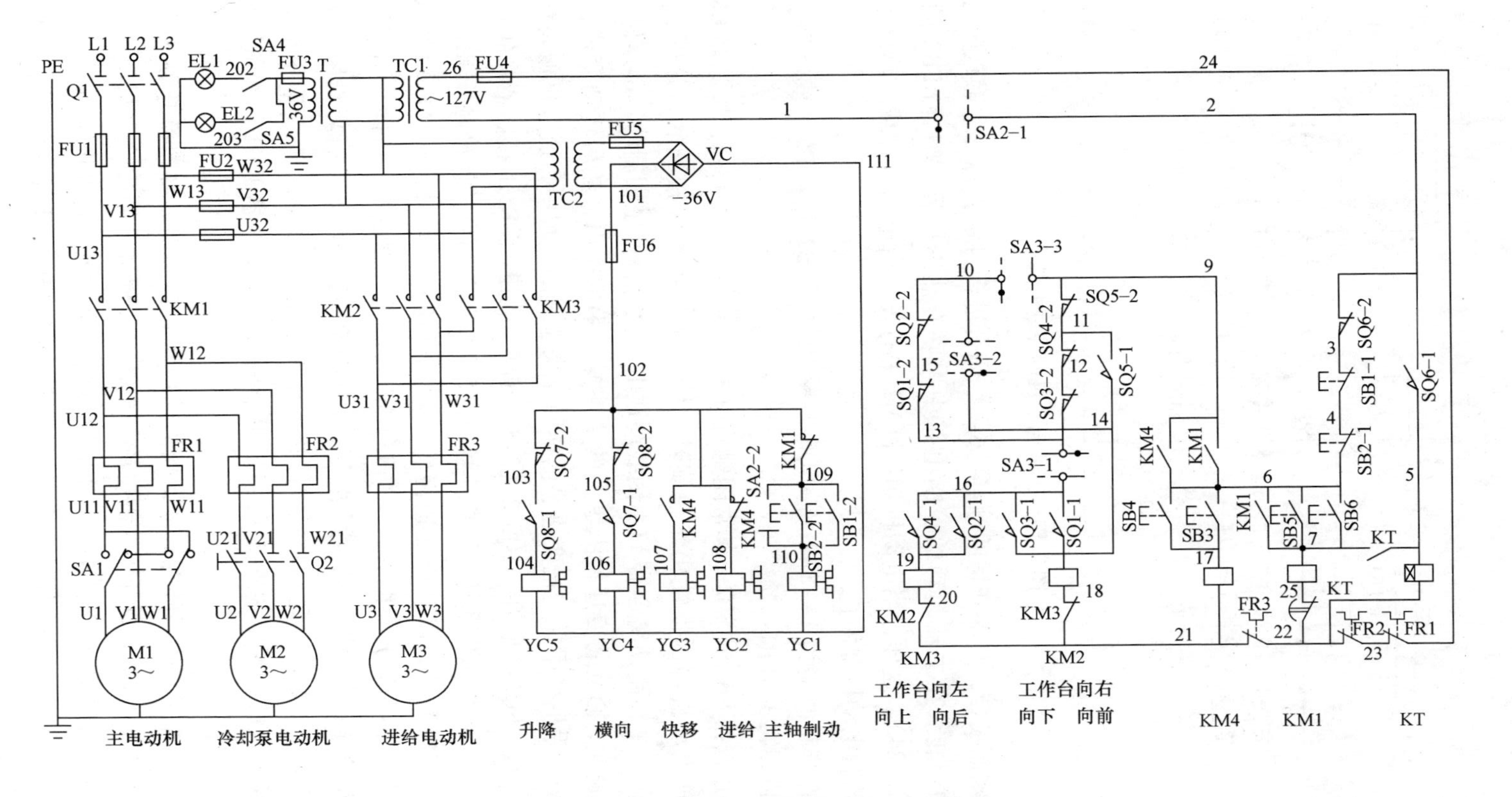

图 3-11　X6132 型万能卧式升降台铣床电气控制原理图

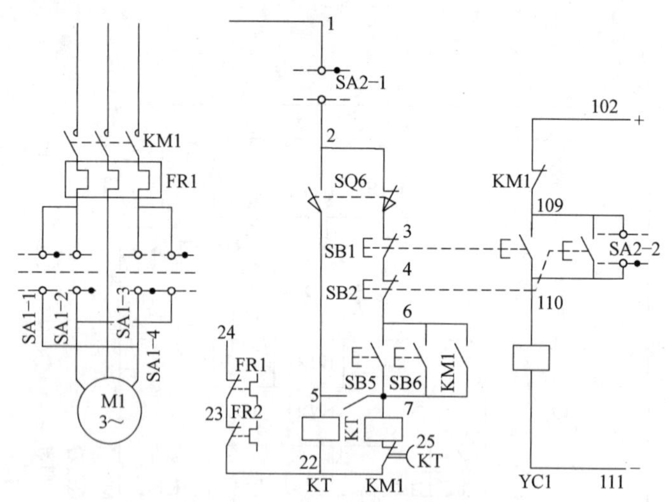

图 3-12　主轴电动机的控制电路

KM1 因线圈通电而吸合，其常开辅助触点（6-7）闭合进行自锁，常开主触点闭合，电动机 M1 便拖动主轴旋转。在主轴起动的控制电路中串联有热继电器 FR1 和 FR2 的常闭触点（22-23）和（23-24）。这样，当电动机 M1 和 M2 中有任一台电动机过载，热继电器常闭触点的动作将使两台电动机都停止。

主轴起动的控制回路为 1→SA2-1→SQ6-2→SB1-1→SB2-1→SB5（或 SB6）→KM1 线圈→KT→22→FR2→23→FR1→24。

② 按下停止按钮 SB1 或 SB2，其常闭触点（3-4）或（4-6）断开，接触器 KM1 因断电而释放，但主轴电动机等因惯性仍然在旋转。按停止按钮时应按到底，这时其常开触点（109-110）闭合，主轴制动离合器 YC1 因线圈通电而吸合，使主轴制动，迅速停止旋转。

③ 主轴变速时，首先将变速操纵盘上的变速操作手柄拉出，然后转动变速盘，选好速度后再将变速操作手柄推回。在把变速手柄推回原来位置的过程中，通过机械装置使冲动开关 SQ6-1 闭合一次，SQ6-2 断开。SQ6-2（2-3）断开，切断了 KM1 接触器自锁回路，SQ6-1 瞬时闭合，时间继电器 KT 通电，其常开触点（5-7）瞬时闭合，使接触器 KM1 瞬时通电，则主轴电动机作瞬时转动，以利于变速齿轮进入啮合位置。同时，延时继电器 KT 线圈通电，其常闭触点（25-22）延时断开，又断开 KM1 接触器线圈电路，以防止由于操作者延长推回手柄的时间而导致电动机冲动时间过长、变速齿轮转速高而发生打坏轮齿的现象。

主轴正在旋转，主轴变速时不必先按停止按钮再变速。这是因为在变速手柄推回原来位置的过程中，通过机械装置使 SQ6-2（2-3）触点断开，使接触器 KM1 因线圈断电而释放，电动机 M1 停止转动。

④ 为了使主轴在换刀时不随意转动，换刀前应将主轴制动。将转换开关 SA2 扳到换刀位置，它的一个触点（1-2）断开了控制电路的电源，以保证人身安全；另一个触点（109-110）接通了主轴制动电磁离合器 YC1，使主轴不能转动。换刀后再将转换开关 SA2 扳回工作位置，使触点 SA2-1（1-2）闭合，触点 SA2-2（109-110）断开，断开主轴制动离合器 YC1，接通控制电路电源。

2）进给电动机的控制。将电源开关 Q1 合上，起动主轴电动机 M1，接触器 KM1 吸合自锁。进给控制电路有电压，就可以起动进给电动机 M3。

① 工作台纵向（左、右）进给时，先将圆工作台的转换开关 SA3 扳在“断开”位置，这时，转换开关 SA3 各触点的通断情况见表 3-3。

表 3-3　圆工作台转换开关 SA3 触点通断情况

触　　点	圆工作台位置	
	接　　通	断　　开
SA3-1(13-16)	−	+
SA3-2(10-14)	+	−
SA3-3(9-10)	−	+

由于 SA3-1（13-16）闭合，SA3-2（10-14）断开，SA3-3（9-10）闭合，所以这时工作台的纵向、横向和垂直进给的控制电路如图 3-13 所示。

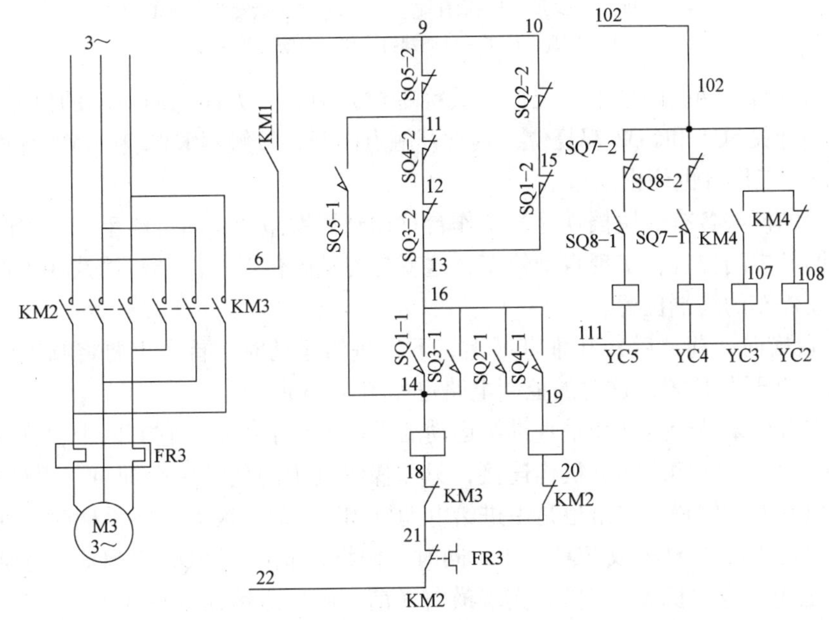

图 3-13　工作台的纵向、横向和垂直进给控制电路

如图 3-14 所示，当工作台纵向运动手柄扳到右边位置时，一方面机械机构将进给电动机的传动链和工作台纵向移动机构连接起来，另一方面压下向右进给的微动开关 SQ1，其常闭触点 SQ1-2（13-15）断开，常开触点 SQ1-1（14-16）闭合。触点 SQ1-1 的闭合使正转接触器 KM2 因线圈通电而吸合，进给电动机 M3 就正向旋转，拖动工作台向右移动。

向右进给的控制回路是 9→SQ5-2→SQ4-2→SQ3-2→SA3-1→SQ1-1→KM2 线圈→KM3→21。

当将纵向进给手柄向左扳动时，一方面机械机构将进给电动机的传动链和工作台纵向移动机构连接起来，另一方面压下向左进给的微动开关 SQ2，其常闭触点 SQ2-2（10-15）断开，常开触点 SQ2-1（16-19）闭合，触点 SQ2-1 的闭合使反转接触器 KM3 因线圈通电而吸合，进给电动机 M3 就反向转动，拖动工作台向左移动。

向左进给的控制回路是 9→SQ5-2→11→SQ4-2→12→SQ3-2→13→SA3-1→16→SQ2-1→19→KM3 线圈→20→KM2→21。

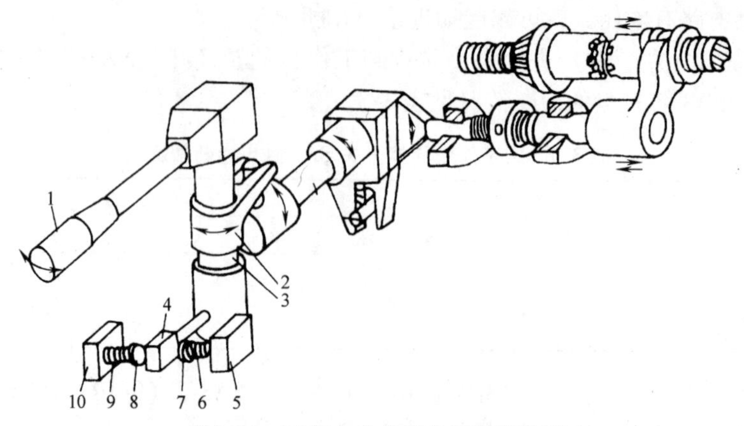

图 3-14 工作台纵向进给操纵机构图

1—手柄 2—叉子 3—垂直轴 4—压块 5—微动开关 SQ1
6、9—弹簧 7、8—可调螺钉 10—微动开关 SQ2

当将纵向进给手柄扳回到中间位置（或称零位）时，一方面纵向运动的机械机构脱开，另一方面微动开关 SQ1 和 SQ2 都复位，其常开触点断开，接触器 KM2 和 KM3 释放，进给电动机 M3 停止，工作台也停止。

在工作台的两端各有一块挡铁，当工作台移动到挡铁碰动纵向进给手柄位置时，会使纵向进给手柄回到中间位置，实现自动停车，这就是终端限位保护。调整挡铁在工作台上的位置，可以改变停车的终端位置。

② 工作台横向（前、后）和垂直（上、下）进给运动时，首先也要将圆工作台转换开关 SA3 扳到“断开”位置，这时的控制电路也如图 3-13 所示。

操纵工作台横向进给运动和垂直进给运动的手柄为十字手柄。它有两个，分别装在工作台右侧的前、后方。它们之间有机构连接，只需操纵其中的任意一个即可。手柄有上、下、前、后和零位共五个位置。进给也是由进给电动机 M3 拖动。扳动十字手柄时，通过联动机构压下相应的行程开关 SQ3 或 SQ4，与此同时，操纵鼓轮压下 SQ7 或 SQ8，使电磁离合器 YC4 或 YC5 通电，电动机 M3 旋转，实现横向（前、后）进给或垂直（上、下）进给运动。工作台的操纵机构示意图，如图 3-15 所示。

当将十字手柄扳到向下或向前位置时，一方面通过电磁离合器 YC4 或 YC5 将进给电动机 M3 的传动链和相应的机构连接起来。另一方面压下微动开关 SQ3，其常闭触点 SQ3-2（12-13）断开，常开触点 SQ3-1（14-16）闭合，正转接触器 KM2 因线圈通电而吸合，进给电动机 M3 正向转动。当十字手柄压 SQ3 时，若向前，则同时压 SQ7，使电磁离合器 YC4 通电，工作台向前移动。若向下，则同时压下 SQ8，使电磁离合器 YC5 通电，接通垂直传动链，工作台向下移动。

向下、向前控制回路是 6→KM1→9→SA3-3→10→SQ2-2→15→SQ1-2→13→SA3-1→16→SQ3-1→KM2 线圈→18→KM3→21。

向下、向前控制回路相同，只是电磁离合器通电不一样。向下时压 SQ8，电磁离合器 YC5 通电。向前时压下 SQ7，电磁离合器 YC4 通电，改变传动链。

当将十字手柄扳到向上或向后位置时，一方面压下微动开关 SQ4，其常闭触点 SQ4-2（11-12）断开，常开触点 SQ4-1（16-19）闭合，反转接触器 KM3 因线圈通电而吸合，进给

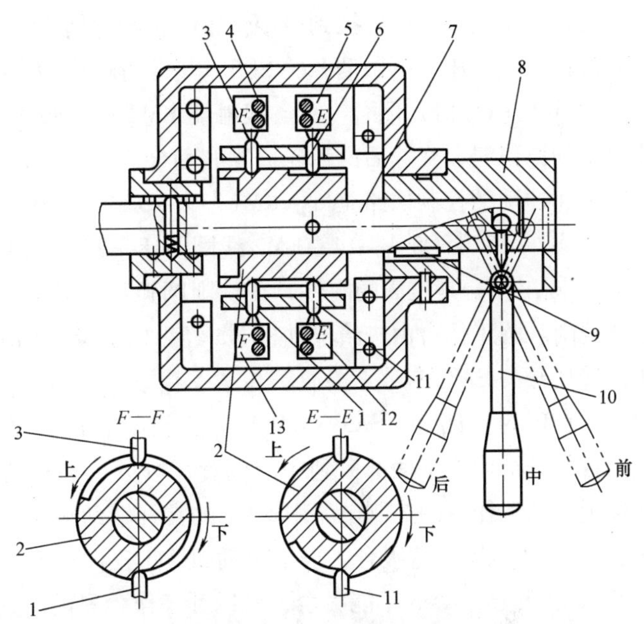

图 3-15　工作台的横向和垂直进给操纵机构示意图

1、3、6、11—顶销　2—鼓轮　4—SQ7　5—SQ8　7—轴

8—壳体　9—平键　10—手柄　12—SQ3　13—SQ4

电动机 M3 反向转动。另一方面操纵鼓轮压下微动开关 SQ7 或 SQ8，若向后，则压下 SQ7，使 YC4 通电，接通向后传动链，在进给电动机 M3 反向转动下，向后移动。若向上，则压下 SQ8，使电磁离合器 YC5 通电，接通向上传动链，在进给电动机 M3 反向转动下，向上移动。

向上、向后控制回路是 6→KM1→9→SA3→3→10→SQ2→2→15→SQ1→2→13→SA3→1→16→SQ4→1→19→KM3 线圈→20→KM2→21。

向上、向后控制回路相同，电动机 M3 反转，而电磁离合器通电不一样。向上时，在压 SQ4 的同时压下 SQ8，电磁离合器 YC5 通电。向后时，在压 SQ4 的同时压下 SQ7，电磁离合器 YC4 通电，改变传动链。

当手柄回到中间位置时，机械机构都已脱开，各开关也都已复位，接触器 KM2 和 KM3 都已释放，所以进给电动机 M3 停止，工作台也停止。

工作台前后移动和上下移动均有限位保护，其原理和前面介绍的纵向移动限位保护的原理相同。

③ 在进行对刀时，为了缩短对刀时间，应快速调整工作台的位置，也就是将工作台快速移动。快速移动的控制电路，如图 3-16 所示。

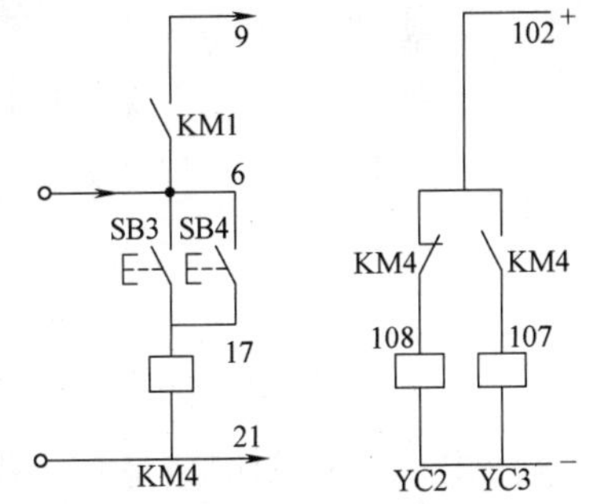

图 3-16　工作台快速移动的控制电路

主轴起动以后，将操纵工作台进给的手柄扳到所需的运动方向，工作台就按操纵手柄指定的方向作进给运动。这时如按下快速移动按钮 SB3 或 SB4，接触器 KM4 因线圈通电而吸合，KM4 在直流电路中的常闭触点（102-108）断开，进给电磁离合器 YC2 失电。KM4 在直流电路中的常开触点（102-107）闭合，快速移动电磁离合器 YC3 通电，接通快速移动传动链，工作台按原操作手柄指定的方向快速移动。当松开快速移动按钮 SB3 或 SB4 时，接触器 KM4 因线圈断电而释放。快速移动电磁离合器 YC3 因 KM4 的常开触点（102-107）断开而脱离，进给电磁离合器 YC2 因 KM4 的常闭触点（102-108）闭合而接通进给传动链，工作台就以原进给的速度和方向继续移动。

④ 为了使进给变速时齿轮容易啮合，进给也有变速冲动。进给变速冲动控制电路如图 3-17 所示。变速前也应先起动主轴电动机 M1，使接触器 KM1 吸合，它在进给变速冲动控制电路中的常开触点（6-9）闭合，为变速冲动作准备。

变速时将变速盘往外拉到极限位置，再把它转到所需的速度，最后将变速盘往里推。在推的过程中挡块压一下微动开关 SQ5，其常闭触点 SQ5-2（9-11）断开一下，同时，其常开触点 SQ5-1（11-14）闭合一下，接触器 KM2 短时吸合，进给电动机 M3 就转动一下。当变速盘推到原位时，变速后的齿轮已顺利啮合。

变速冲动的控制回路是 6→KM1→9→SA3-3→10→SQ2-2→15→SQ1-2→13→SQ3-2→12→SQ4-2→11→SQ5-1→14→KM2 线圈→18→KM3→21。

⑤ 圆工作台是铣床的附件，在铣削圆弧和凸轮等曲线时，可在工作台上安装圆工作台进行铣削。圆工作台由进给电动机 M3 经纵向传动机构拖动。在开动圆工作台前，先将圆工作台转换开关 SA3 转到“接通”位置，由表 3-3 可见，SA3 的触点 SA3-1（13-16）断开，SA3-2（10-14）闭合，SA3-3（9-10）断开。这时，圆工作台的控制电路如图 3-18 所示。工作台的进给操作手柄都扳到中间位置，按下主轴起动按钮 SB5 或 SB6，接触器 KM1 吸合并自锁，圆工作台的控制电路中 KM1 的常开辅助触点（6-9）也同时闭合，由图 3-17 可知，接触器 KM2 也紧接着吸合，进给电动机 M3 正向转动，拖动圆工作台转动。因为只有接触器 KM2 能吸合，KM3 不能吸合，所以圆工作台只能沿一个方向转动。

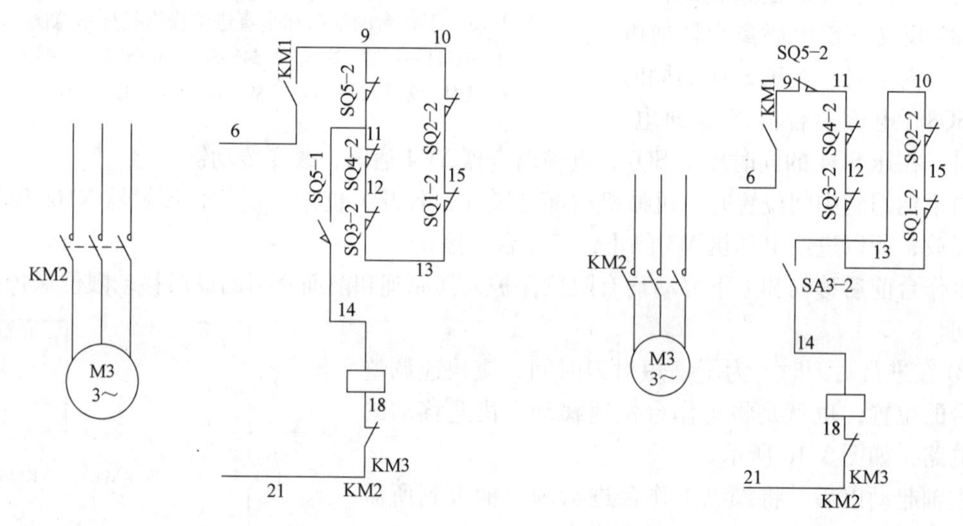

图 3-17　进给的变速冲动控制电路　　　　图 3-18　圆工作台的控制电路

圆工作台的控制回路是 6→KM1→9→SQ5-2→11→SQ4-2→12→SQ3-2→13→SQ1-2→15→SQ2-2→10→SA3-2→14→KM2 线圈→18→KM3→21。

⑥ 只有主轴电动机 M1 起动后才可能起动进给电动机 M3。主轴电动机起动时，接触器 KM1 吸合并自锁，KM1 常开辅助触点（6-9）闭合，进给控制电路有电压，这时才可能使接触器 KM2 或 KM3 吸合而起动进给电动机 M3。如果工作中的主轴电动机 M1 停止，进给电动机也立即跟着停止。这样，可以防止在主轴不转时，工件与铣刀相撞而损坏机床。

工作台不能几个方向同时移动。工作台两个以上方向同时进给容易造成事故。由于工作台的左右移动是由一个纵向进给手柄控制，同一时间内不会又向左又向右。工作台的上、下、前、后是由同一个十字手柄控制，同一时间内这四个方向也只能一个方向进给。所以只要保证两个操纵手柄都不在零位时，工作台不会沿两个方向同时进给即可。控制电路中的联锁解决了这一问题。在联锁电路中，将纵向进给手柄可能压下的微动开关 SQ1 和 SQ2 的常闭触点 SQ1-2（13-15）和 SQ2-2（10-15）串联在一起，再将垂直进给和横向进给的十字手柄可能压下的微动开关 SQ3 和 SQ4 的常闭触点 SQ3-2（12-13）和 SQ4-2（11-12）串联在一起，并将这两个串联电路再并联起来，以控制接触器 KM2 和 KM3 的线圈通路。如果两个操作手柄都不在零位，则有不同的支路的两个微动开关被压下，其常闭触点的断开使两条并联的支路都断开，进给电动机 M3 因接触器 KM2 和 KM3 的线圈都不能通电而不能转动。

进给变速时两个进给操纵手柄都必须在零位。为了安全起见，进给变速冲动时不能有进给移动，由图 3-17 可知，当进给变速冲动时，短时间压下微动开关 SQ5，其常闭触点 SQ5-2（9-11）断开，其常开触点 SQ5-1（11-14）闭合，两个进给手柄可能压下微动开关 SQ1 或 SQ2、SQ3 或 SQ4 的四个常闭触点 SQ1-2、SQ2-2、SQ3-2 和 SQ4-2 是串联在一起的。如果有一个进给操纵手柄不在零位，则因微动开关常闭触点的断开而接触器 KM2 不能吸合，进给电动机 M3 也就不能转动，防止了进给变速冲动时工作台的移动。

⑦ 由图 3-17 可知，圆工作台的转动与工作台的进给运动不能同时进行，当圆工作台的转换开关 SA3 转到“接通”位置时，两个进给手柄可能压下微动开关 SQ1 或 SQ2、SQ3 或 SQ4 的四个常闭触点 SQ1-2、SQ2-2、SQ3-2 或 SQ4-2 是串联在一起的。如果有一个进给操纵手柄不在零位，则因开关常闭触点的断开而接触器 KM2 不能吸合，进给电动机 M3 不能转动，圆工作台也就不能转动。只有两个操纵手柄恢复到零位，进给电动机 M3 方可旋转，圆工作台方可转动。

（3）照明电路　照明变压器 T 将 380V 的交流电压降到 36V 的安全电压，供照明用。照明电路由开关 SA4、SA5 分别控制灯泡 EL1、EL2。熔断器 FU3 用作照明电路的短路保护。

整流变压器 TC2 输出低压交流电，经桥式整流电路供给五个电磁离合器 36V 直流电源。控制变压器 TC1 输出 127V 交流控制电压。

2. X6132 型万能卧式升降台铣床电器位置示意图

X6132 型万能卧式升降台铣床电器位置示意图如图 3-19 所示，供检修、调试时参考。表 3-4 列出了 X6132 型万能卧式升降台铣床的主要电器设备。

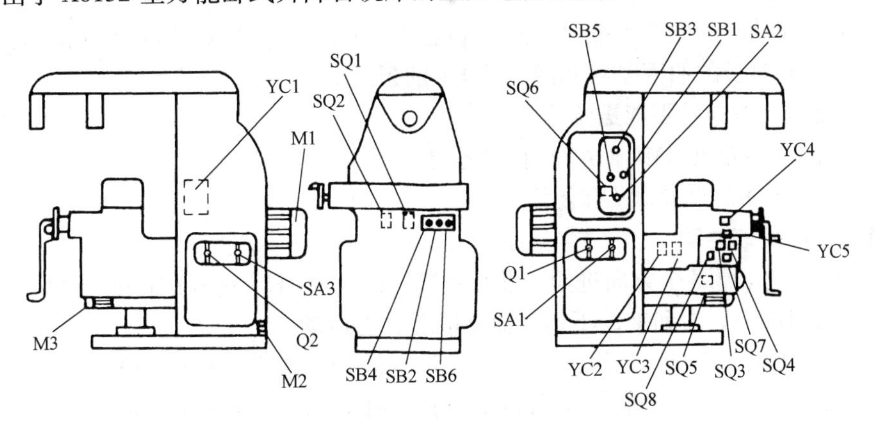

图 3-19　X6132 型万能卧式升降台铣床电器位置图

表 3-4　X6132 型万能卧式升降台铣床的主要电器设备

符　号	名 称 及 用 途
M1	主轴电动机
M2	冷却泵电动机
Q1	电源开关
Q2	冷却泵电动机起停用转换开关
SA1	主轴正反转用转换开关
SA2	主轴制动和松开用主令开关
SA3	圆工作台转换开关
SB1	主轴停止制动按钮
SB2	主轴停止制动按钮
SB3	快速移动按钮
SB4	快速移动按钮
SB5	主轴起动按钮
SB6	主轴起动按钮
SQ1	向右用微动开关
SQ2	向左用微动开关
SQ3	向下、向前用微动开关
SQ4	向上、向后用微动开关
SQ5	进给变速冲动微动开关
SQ6	主轴变速冲动微动开关
SQ7	横向微动开关
SQ8	升降微动开关
YC1	主轴制动离合器
YC2	进给电磁离合器
YC3	快速移动电磁离合器
YC4	横向进给电磁离合器
YC5	升降电磁离合器

四、X6132 型万能卧式升降台铣床常见故障

1. 主轴电动机 M1 不能起动

1）转换开关 SA2 在断开位置。

2）SQ6、SB1、SB2、SB5 或者 SB6、KT 延时触点中任一个接触不良。

3）热继电器 FR1、FR2 动作后没有复位，导致它们的常闭触点不能导通。

2. 主轴电动机不能变速冲动或冲动时间过长

1）不能变速冲动的原因可能是 SQ6-1 触点或者时间继电器 KT 的触点接触不良。

2）冲动时间过长的原因是时间继电器 KT 的延时太长。

3. 工作台各个方向都不能进给

1）KM1 的辅助触点 KM1（6-9）接触不良。

2）热继电器 FR3 动作后没有复位。

4. 进给不能变速冲动

如果工作台能正常各个方向进给，那么故障可能的原因是 SQ5-1 常开触点坏。

5. 工作台能够左、右和前、下运动而不能后、上运动

由于工作台能左右运动，所以 SQ1、SQ2 没有故障。由于工作台能够向前、向下运动，所以 SQ7、SQ8、SQ3 没有故障。因而故障的可能原因是 SQ4 行程开关的常开触点 SQ4-1 接触不良。

6. 工作台能够左、右和前、后运动而不能上、下运动

由于工作台能左右运动，所以 SQ1、SQ2 没有故障。由于工作台能前后运动，所以 SQ3、SQ4、SQ7、YC4 没有故障。因此，故障可能的原因是 SQ8 常开触点接触不良或 YC5 线圈坏。

7. 工作台不能快速移动

如果工作台能够正常进给，那么故障可能的原因是 SB3 或 SB4、KM4 常开触点，YC3 线圈坏。

思考与练习

3-1 在 M7130 平面磨床中为什么采用电磁吸盘来夹持工件？电磁吸盘线圈为何要用直流供电而不能用交流供电？

3-2 在 M7130 平面磨床电气原理图中，若将热继电器 FR1、FR2 保护触点分别串接在 KM1、KM2 线圈电路中，有何缺点？

3-3 M7130 平面磨床电路中有哪些保护环节？

3-4 试叙述将工件从吸盘上取下时的操作步骤及电路工作情况。

3-5 在 Z3040 摇臂钻床电路中，时间继电器 KT 与电磁阀 YV 在什么时候动作，YV 动作时间比 KT 长还是短？YV 什么时候不动作？

3-6 试叙述 Z3040 摇臂钻床操作摇臂下降时电路工作情况。

3-7 Z3040 摇臂钻床电路中，有哪些联锁与保护？为什么要有这几种保护环节？

3-8 X6132 型万能卧式升降台铣床电气控制电路是由哪些基本控制环节所组成的？

3-9 X6132 型万能卧式升降台铣床电气控制电路中有哪些联锁与保护？为什么要有这些联锁与保护？它们是如何实现的？

3-10 试述 X6132 型万能卧式升降台铣床主轴变速的操作过程，在主轴转与主轴不转时，进行主轴变速，电路工作情况有何不同？

3-11 X6132 型万能卧式升降台铣床进给变速冲动是如何实现的？在进给与不进给时，进行进给变速，电路工作情况有何不同？

3-12 X6132 型万能卧式升降台铣床主轴停车时不能迅速停车，故障何在？如何检查？

3-13 若 X6132 型万能卧式升降台铣床工作台只能左、右和前、下运动，不能进行后、上运动，故障原因是什么？若工作台能左、右、前、后运动，不能进行上、下运动，故障原因又是什么？

3-14 X6132 型万能卧式升降台铣床主轴可正反转，但无进给及快速移动，试分析故障原因何在？

第四章　可编程序控制器

第一节　可编程序控制器的组成及工作过程

一、继电器控制系统与PC控制系统

任何一种继电器控制系统都由三个基本部分组成，即输入部分、控制部分和输出部分，如图4-1所示。其中输入部分是指各类按钮、位置开关、转换开关、传感器等，用以产生控制信号；控制部分是指由各种继电器及其触点组成的实现一定固定逻辑功能的控制电路；输出部分是指各种电磁阀、接触器、继电器及信号指示灯等各种执行电器，用以控制被控对象及指示状态。

与继电器控制系统类似，PC也是由输入部分、控制部分和输出部分组成的，如图4-2所示。但PC采用由大规模集成电路构成的微处理器和存储器组成的控制部分，其控制作用是通过编好并存入存储器的程序来实现的。PC按照程序规定的逻辑关系，对输入信号和输出信号的状态进行运算、处理、判断，然后得到相应的输出。它不但可以实现继电器控制功能，而且还具有数值运算、过程控制等复杂功能。

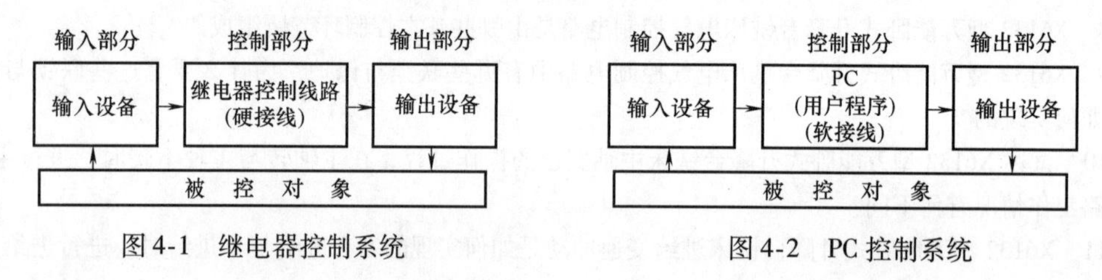

图4-1　继电器控制系统　　图4-2　PC控制系统

由此可见，PC将输入信息采入PC内部之后，执行程序规定的逻辑功能，最后输出满足控制要求的输出，这就是PC基本控制原理。

二、可编程序控制器的组成及各部分作用

图4-3所示是PC组成的原理框图。可以看出，PC应用了计算机技术，实质上它是一种专用计算机。

1. PC的基本组成

PC由基本单元、I/O扩展单元及外部设备三个基本部分组成。基本单元是以CPU为核心，配上存储器、输入单元、输出单元及接口电路等构成，基本单元各部分均通过总线连接；扩展单元仅仅是输入输出点数的扩大，它与基本单元PC相连接使用；外部设备一般包括编程器及盒式磁带机、打印机、EPROM写入器等设备。

2. PC主要部件功能

（1）CPU　与通用微机一样，CPU是PC的核心部分，是PC的运算和控制中心。它的主要功能有：

1）按PC中系统程序赋予的功能，接收并存储从编程器输入的用户程序和数据。

2）用扫描方式接收现场输入装置的状态或数据，并存入输入映像寄存器或数据寄存

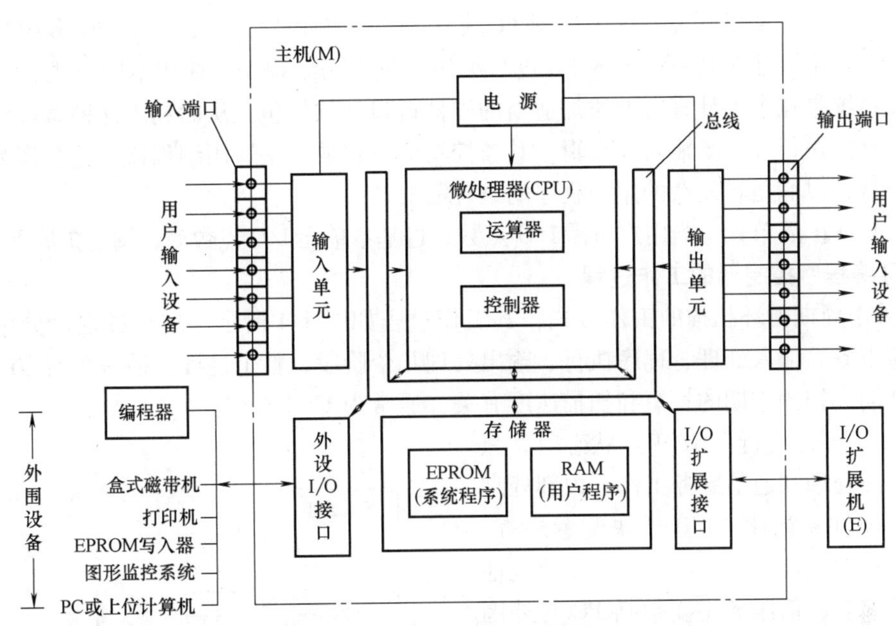

图 4-3　PC 组成的原理框图

器中。

3）诊断电源、PC 内部电路工作状态及编程过程中的语法错误。

4）在 PC 进入运行状态后，从存储器中逐条读取用户程序，经过命令解释后，按指令规定的任务，产生相应控制信号，去启闭有关控制门电路；分时分渠道地去执行数据的存取、传送、组合、比较和变换等动作，完成用户程序中规定的逻辑或算术运算等任务；根据运算结果，更新有关标志位的状态和输出映像寄存器的内容，再由输出映像寄存器的位状态或数据寄存器的有关内容，实现输出控制、制表、打印或数据通信等。

（2）存储器　存储器分为系统存储器和用户存储器。系统存储器用于存放系统程序（监控程序）、编译程序及诊断程序等，这些程序是由制造厂家提供的，并固化在存储器中，它和机器的硬件组成包括一些专用芯片的特性有关，用户不能访问、修改这部分存储器的内容。用户存储器一般用以存放用户程序及 PC 运行过程中有关变量及数据。PC 的用户存储器通常以字（16 位/字）为单位来表示存储容量，一般采用低功耗 CMOS-RAM，并配以锂电池以实现掉电保护。

（3）输入输出（I/O）单元　I/O 单元起着 PC 与用户输入、输出设备及其他外围设备的连接，实现输入/输出电平转换、电气隔离、串/并行转换、数据传送、误码校验、A/D 或 D/A 变换、高速计数等功能。I/O 单元将外部输入信号变成 CPU 能接受的信号，或将 CPU 的输出信号变成需要的控制信号去驱动控制对象（包括开关量和模拟量），以确保整个系统正常工作。

（4）电源　PC 的工作电源一般使用单相交流电源，也有使用直流 24V 供电电源的。PC 采用开关式稳压电源对 CPU 及 I/O 单元供电。有些 PC，电源部分还提供 24V 直流电源输出，对外部输入设备供电。

（5）编程器　编程器是 PC 很重要的外部设备，其作用是编制用户程序，将程序送入存储器，并利用编程器检查、修改用户程序和在线监视 PC 的工作状况。编程器分简易型和智能型，以及个人计算机开发系统。小型 PC 常用简易型编程器，大、中型 PC 多用智能型编程器，但二者都只能对某一厂家的 PC 进行编辑，是专用编程器，使用范围有限；而个人计算机开发系统是在个人计算机上添加适当的硬件接口和软件包，从而利用这种微机作为编程器，可以直接进行梯形图输入、编辑，其监控功能也较强，是通用编程器，适合作为大型系统的编程器，以满足较复杂的用户程序的编程需要。

（6）I/O 扩展单元　当用户所需 I/O 点数超过基本单元 I/O 点数时，用它扩展 I/O 点数。

3. 可编程序控制器的工作过程

PC 采用周期循环扫描的工作方式，其工作过程如图 4-4 所示。这个过程可分为内部处理、通信服务、输入处理、程序执行、输出处理几个阶段，整个过程扫描一次所需的时间称为扫描周期。扫描周期的长短和扫描速度有关，通常为 1 ~ 100ms。

PC 处于停止运行（STOP）状态时，只需完成内部处理和通信服务工作。内部处理主要包括硬件初始化，I/O 模块配置检查，断电保持范围设定，复位监控定时器及其他初始化处理。通信服务主要包括 PC 与外围设备通信，响应编程器输入的命令，更新编程器的内容。

当 PC 处于运行（RUN）状态时，除完成上述操作外，还需完成以下操作，如图 4-5 所示。

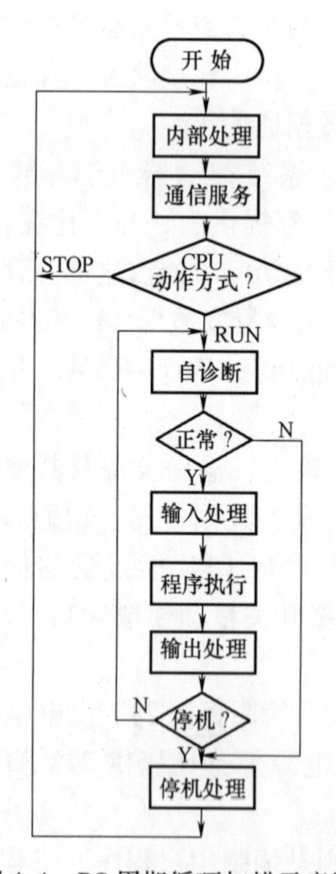

图 4-4　PC 周期循环扫描示意图

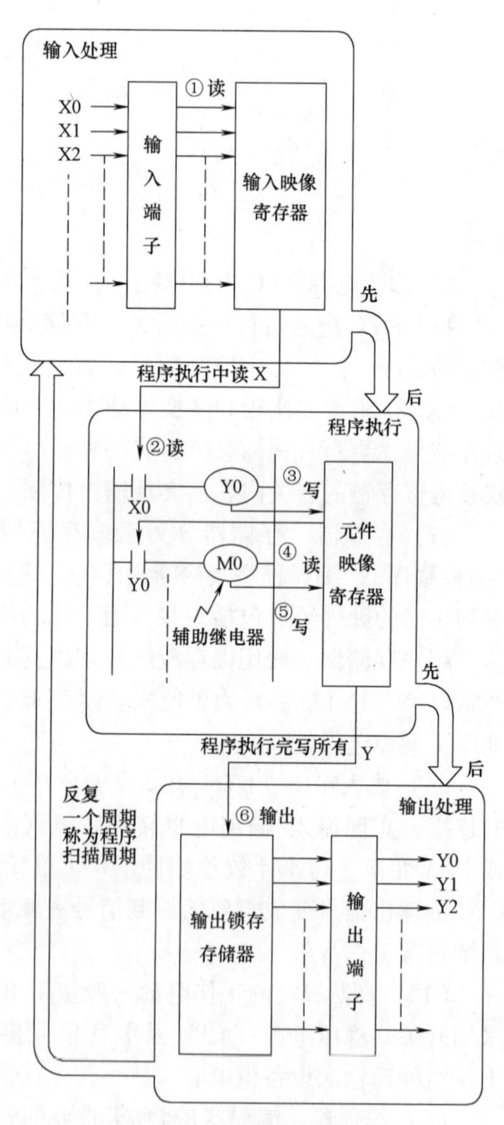

图 4-5　PC 程序执行过程

（1）输入处理阶段　PC 在输入处理阶段，首先扫描所有输入端，并将所有输入端状态存入内存中各对应的输入映像寄存器，并保存其状态。在进入程序执行阶段及输出处理阶段后，即使输入端状态发生变化，输入映像寄存器的内容也保持不变，直到下个扫描周期的输入采样阶段，才重写输入端的新内容。

（2）程序执行阶段　在程序执行阶段，PC 扫描用户程序，对采用梯形图编程的程序，则按先左后右、先上后下的步序，逐条执行程序指令，程序执行所需要的输入端状态及其他元件状态分别从输入映像寄存器和元件映像寄存器读出，程序执行结果再存入元件映像寄存器中。由此可见，程序执行过程中元件映像寄存器内容不断被刷新。

（3）输出处理阶段　当所有指令执行完后，将元件映像寄存器所有输出元件的状态集中转存至输出锁存存储器，经隔离、驱动功率放大电路送到输出端子，并通过 PC 外部接线驱动实际负载。

以上这种集中采样、集中输出的工作方式，使 PC 在运行中的绝大部分时间，实质上和外部设备是隔离的，这就从根本上提高了 PC 的抗干扰能力，提高了可靠性。但也从一定程度上降低了系统的响应速度，存在一定的响应滞后问题，对于 I/O 点数少，用户程序短的一般工业设备的 PC 控制而言，完全是允许的。而对于 I/O 点数多，控制功能复杂、用户程序较长的 PC 控制，或某些要求 I/O 快速响应的控制，则应采取相应措施，以提高响应速度，如采用定周期输入采样，输出处理；直接输入采样，直接输出处理；快速响应模块、高速计数模块及中断处理等。

第二节　可编程序控制器的分类和特点

一、可编程序控制器的分类

PC 的产品种类繁多，型号规格也不统一，PC 的分类见表 4-1。

表 4-1　可编程序控制器的分类

分　类		特　点	
按处理 I/O 点规模分	超小型	I/O 点 <30，一般无特殊功能模块	这两类应用量目前占整个 PC 应用台数的 70% 以上
	小型	I/O 点 <128，可扩充各类特殊功能模块	
	中型	I/O 点在 256 ~ 512 点之间	可扩充各类特殊功能模块 可联网通信，构成远程 I/O 站、就地控制站 独立使用的大型 PC 将被联网通信的中小型 PC 所取代
	大型	I/O 点在 1024 ~ 2048 点之间	
	超大型	I/O 点在 2048 点以上	
按用户程序存储容量分	超小型	存储容量在 500 ~ 800 步（或字）以下	
	小型	存储容量在 1000 ~ 2000 步（或字）以下	
	中型	存储容量在 2000 ~ 8000 步（或字）以下	
	大型	存储容量在 8000 步（或字）以上	
按结构分	单元式	将 CPU、I/O 模块、电源做成一体。小型以下 PC 往往设计为单元式。一般 I/O 点为固定搭配，输入点与输出点之比为 3:2。近年出现 1:1 的机种，便于在同一 CPU 机型的情况下通过各种扩展单元，达到覆盖更大范围 I/O 点数配置，使整个系统的 I/O 点数比可达 1:3 ~ 3:1，更经济地满足不同用户对 I/O 点数灵活配置的要求	
	模块式	将 CPU、I/O 模块、特殊功能、电源等做成各种各样的模块，模块以插件形式插在机架（或基板）上，由用户按控制系统的要求和规模自行配置，中型、大型、超大型均为模块式	

（续）

分类		特点
按能否联网通信分	独立型	为满足单机自动化要求和降低成本，只有超小型和小型才设计为独立使用型
	可联网型	可联网型又可分为挂PC专有局域网和开放型联网两类
集成型		近年来推出的新机种，把PC与个人微机或其他计算机结合在一起，PC的CPU与计算机的CPU通过高速数据通道（如PC总线，VME总线）访问公共存储区。这种新式的体系结构，使它既能运用计算机的信息处理软件，又能以安全可靠方式与PC紧密耦合。它是目前PC诸机种中销售增长最快的品种

二、可编程序控制器的特点

1. 抗电磁干扰性能好

符合IEC801《工业过程测量和控制装置的电磁兼容性》标准。在不同的工业环境下会遇到各种各样的电磁干扰源，PC对传导性电干扰、电磁辐射干扰和静电干扰具有优良的抵抗剔除能力，保证了它在工业电磁干扰环境中用户不必再采取严格的抗干扰措施，甚至不接地（浮空）就能可靠运行。

2. 可靠性高

平均无故障时间（MTBF）超过4万~5万小时，优秀新产品可高达十几万小时。另外，由于采用模块化设计，采用大规模、超大规模集成电路元件及其他集成元件，采用表面安装工艺，在结构设计上又特别注重接线及接插的方便、可靠。因此，平均修复时间（MTTR）短。

3. 使用方便

首先是编程方便，所采用的梯形图编程方式和顺序功能表图编程方式，直观易学，特别适合于电气控制专业的习惯。这样不仅程序开发的速度快，而且程序的可读性强，软件维护方便。其次，PC的输入/输出通道的硬件设计都可与现有的传感器、开关、执行器件等直接连接，配置时只需选用，不必另加接口，接线也极为方便。

4. 组合方便、功能强、应用范围广

现代的PC不仅具有逻辑运算、定时、计数、步进等功能，而且还能完成A/D、D/A转换，数字运算和数据处理以及通信联网、生产过程控制等。PC产品具有多种扩展单元，可方便地适应各种工业控制中不同输入输出点数及不同输入输出方式的系统。它既可用于开关量控制，又可用于模拟量控制；既可用于单机控制，又可用于组成多级控制系统；既可控制简单系统，又可控制复杂系统。因此，PC的应用范围很广。

5. 体积小、重量轻、功耗低

PC采用了半导体集成电路，外形尺寸很小，重量轻，功耗也很低，空载功耗约1.2W，一台收录机大小的PC具有相当于三个1.8m高的继电器控制柜的功能。由于PC的结构紧密，抗干扰能力强，可方便地将其装入机械设备内部，因此说PC是实现机电一体化较理想的控制设备。

第三节　小型可编程序控制器的硬件组成和性能

一、F系列PC的型号、机种

1. 型号

F系列PC型号表示方法如下：

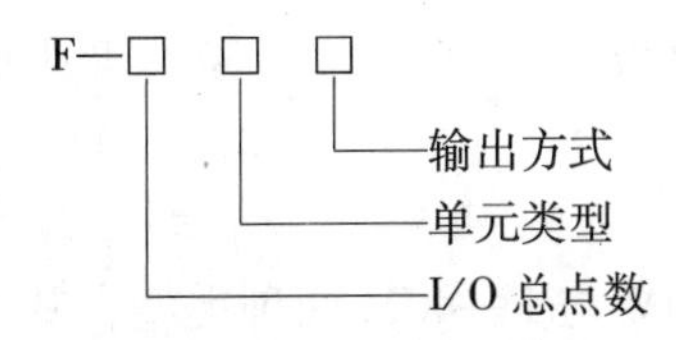

输出方式：R—继电器输出　　单元类型：M—基本单元
　　　　　S—晶闸管输出　　　　　　　E—扩展单元
　　　　　T—晶体管输出

例如，F—20MR 表示 F 系列 PC，它的基本单元输入输出总点数为 20 点，采用继电器输出方式。

2. 机种

F 系列 PC 具有多种机型，其主要产品有：

基本单元：F—12M、F—20M、F—40M、F—60M。

扩展单元：F—10E、F—20E、F—40E、F—4T（扩展定时器 4 点）。

外围设备：F—20P—E（简易编程器）、GP—80（图形编程器）、F—20MW（ROM 写入器）、F—ROM（存放用户程序的 EPROM 盒）、F—20H—U（程序存取器）。

二、F 系列 PC 的硬件结构及特点

图 4-6 为 F—40MR 硬件框图，它由基本单元、扩展单元、编程器、ROM 盒四个部分组成。基本单元中有 CPU、RAM、ROM、锂电池及输入/输出接口；扩展单元包含输入/输出接口，其外形与基本单元类似，利用扁平电缆通过扩展槽与主机相连；编程器上有编程键盘、数码及 I/O 显示器、编程/监控选择开关，通过编程插头与 PC 机面板的外设插座相连；ROM 盒用来固化已调试完成并需要长期使用的程序，它利用 ROM 写入器写入程序，需运行其程序时，把它插入 PC 安装 ROM 的卡槽中即可。

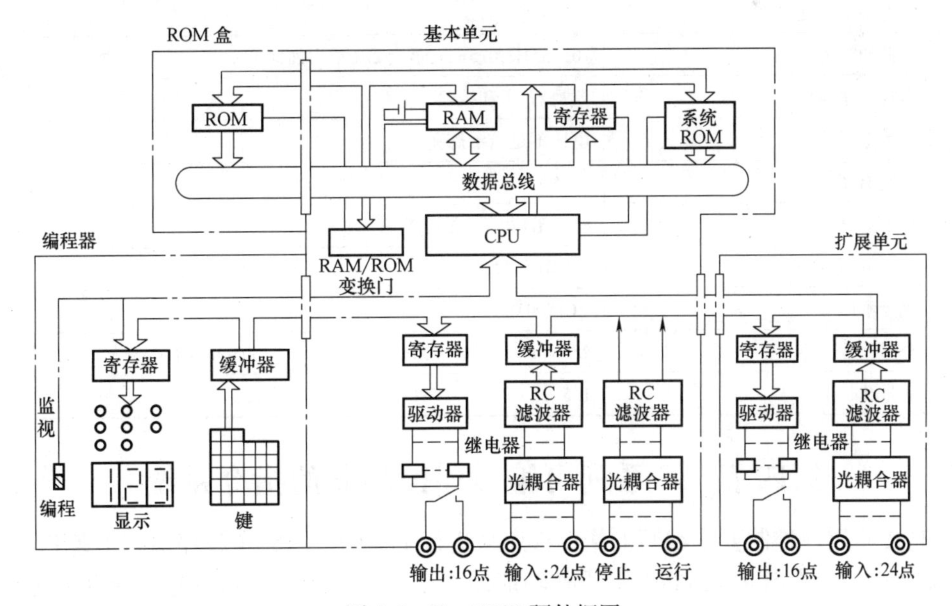

图 4-6　F—40MR 硬件框图

F 系列采用整体式（单元）结构，其结构非常紧凑，它将所有电路都装入一个模块内，构成一个整体，因此，体积小巧、成本低、安装方便。例如基本单元 PC，在其内部集中了

CPU 板、输入板、输出板、电源板等，可以直接装入机床或电控柜中，便于实现机电一体化。

三、F 系列 PC 的性能

F 系列 PC 最常用的为 F—20M 与 F—40M 两种类型，其主要技术性能见表 4-2。

表 4-2 F 系列 PC 总体技术特性

项目		F—20M	F—40M
电源	功耗/VA	<11	<25
	电压/V	AC100～110$^{+10\%}_{-15\%}$　AC200～220$^{+10\%}_{-15\%}$　(50Hz/60Hz)	
计时	点数	8 点	16 点
	设定位数	2 位	3 位
	设定范围/s	0.1～99	0.1～999
计数	点数	8 点	16 点
	设定方式	编程数字设定,复位优先	
	设定范围	1～99	1～999
辅助继电器		64 个(其中 16 个有掉电保护)	192 个(其中 64 个有掉电保护)
编程数容量(用户存储器容量)	数制	八进制	十进制
	数量	477	890
运算	指令	继电器梯形图方式	
	速度	100μs/步序(平均)	45μs/步序(平均)
可靠性措施	电池保护	锂电池,可连续使用五年,保持 RAM 程序	
	瞬时停电补偿	<20ms 瞬间停电可不出错,继续运转	
	抗电平干扰能力	1000V　1μs	
	耐振动能力	10～55Hz,0.5mm,最大 2*g*(重力加速度)	
	CPU 出错自诊断	监视器,求和校验	
	电池电压监视	电压不足指示灯亮	
一般	环境温度	0～55℃	
	环境湿度	85% RH 以下(无结露)	
	绝缘电阻/Ω	>5M(DC 500V)	
	绝缘耐压	AC1500V、1min	
	外形尺寸	255mm×80mm×100mm	305mm×110mm×110mm
	重量/kg	1.5	2.5

第四节　F 系列可编程序控制器的指令系统

PC 是按照用户控制要求编写的指令程序来进行工作的，每一个程序由若干条 PC 指令组成。所谓指令，就是让 PC 执行某一操作功能的命令，每条指令由指令号、指令名称、目标元件（操作对象）组成。F 系列 PC 共有 20 条基本指令。

目标元件是指 PC 内部的软继电器，它们的功能是相互独立的，每种元件都用一定的字母表示，并给以一定的编号加以区分。元件的状态存放在指定的内存单元中，供编程时调用。

用户在编制程序时，首先必须熟悉 PC 指令及每条指令涉及的软继电器的功能和编号。现以 F—40R 型 PC 为例对其进行说明。

一、内部继电器及其编号

1. 输入继电器（X）

输入继电器用来接受外部输入设备发来的开关量信号，并把它传给 PC，它与 PC 的输入端相连，并提供无数对常开、常闭触点，以供编程时调用。输入继电器只能由外部输入信号来驱动，编程指令不能控制它，它也不能直接驱动外部设备。

输入继电器编号采用三位八进制（其他继电器也一样），编号为

基本单元（24 个）：X400 ~ X407　X410 ~ X413　X500 ~ X507　X510 ~ X513

扩展单元（24 个）：X414 ~ X417　X420 ~ X427　X514 ~ X517　X520 ~ X527

2. 输出继电器（Y）

输出继电器将 PC 的输出信号传给外部负载，它仅有一对硬接线的常开触点，输出继电器通过这对常开触点与输出端相连，而内部使用的常开常闭触点有无数对，可供编程调用。输出继电器可直接驱动负载，但它只能由程序指令驱动，不能由外部信号驱动。其编号为

基本单元（16 个）：Y430 ~ Y437　Y530 ~ Y537

扩展单元（16 个）：Y440 ~ Y447　Y540 ~ Y547

3. 内部继电器

与外部没有直接联系，是 PC 内部的一种辅助继电器，每个内部继电器对应着内存的一个基本单元，可由输入继电器触点、输出继电器触点及其他内部器件触点驱动，它自己的触点也可以无限地多次使用。

（1）辅助继电器（M）　辅助继电器相当于继电器控制的中间继电器，带有无数对常开、常闭触点，供编程使用，但这些触点不能直接驱动外部负载，而必须通过输出继电器来驱动。

其编号为 M100 ~ M277（128 个），M300 ~ M377（64 个）

其中 M300 ~ M377 由电池支持，即带掉电保护功能。

（2）移位寄存器　辅助继电器可作移位寄存器用，此时每 16 个辅助继电器构成一个移位寄存器，其首位辅助继电器编号即为移位寄存器的编号。一旦辅助继电器用作移位寄存器时，则不可另作它用。

其编号为 M100 ~ M117，M120 ~ M137，M140 ~ M157，M160 ~ M177，M200 ~ M217，M220 ~ M237，M240 ~ M257，M260 ~ M277

带掉电保护：M300 ~ M317，M320 ~ M337，M340 ~ M357，M360 ~ M377

（3）特殊继电器（M）　特殊继电器是 PC 运行过程中的一些状态、标志和参数。特殊继电器的波形图，如图 4-7 所示。

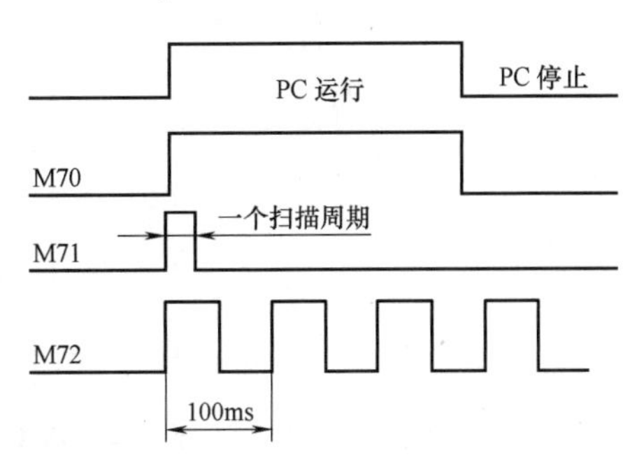

图 4-7　特殊继电器波形图

1）M70——运行监视继电器。M70 自动地随 PC 的运行/停止而呈通/断状态，其触点经输出继电器可在线显示 PC 运行与否。

2）M71——初始化脉冲。在程序运行开始后，M71 接通一个扫描周期，利用 M71 可对计数器、移位寄存器、状态指示等进行初始化。

3）M72——100ms 时钟。M72 提供 100ms 时钟脉冲，可用于驱动计数器和移动寄存器，或利用计数器对其触点的工作进行计数，实现定时器作用。

4）M76——电池电压下降监视。当电池电压下降时，M76 接通，可以把信号输出给外部指示单元来指示电池电压下降。

5）M77——全部输出禁止。当 M77 接通时，所有输出继电器自动断开，但其他继电器、定时器、计数器仍工作，可用于紧急停机，切断输出。

（4）定时器（T） PC 中定时器 T 相当于继电器控制系统中的延时继电器。它可提供无数对延时动作的常开、常闭触点供编程使用，但不能用其触点直接驱动外部输出设备。定时器无掉电保护功能，断电后自动清零。

F—40M 共有 16 个定时器，其编号为 T450 ~ T457，T550 ~ T557。

其定时时间由编程时的设定值 K 决定，定时范围为 0.1 ~ 999s，3 位数设定，最小设定单位为 0.1s。

图 4-8a 为延时接通型定时器工作原理。当 X400 接通，T450 开始定时，从设定值 5 开始，每隔 0.1s 自动减 0.1，5s 后当前值减为零，T450 的常开触点接通，常闭触点断开，使输出继电器线圈 Y430 得电。当 X400 断开，T450 复位，它的常开触点断开，常闭触点接通，并恢复设定值。

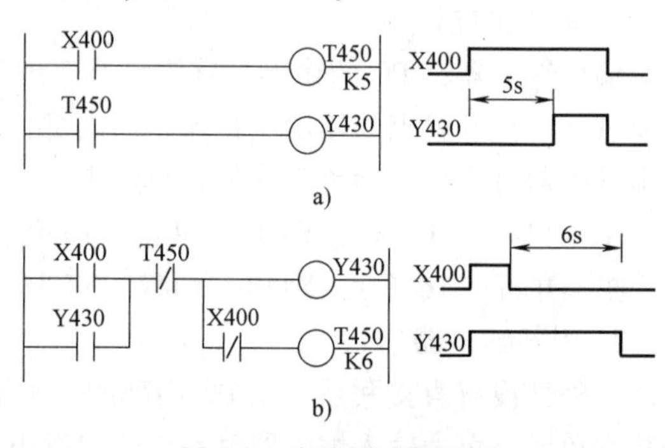

图 4-8 定时器工作原理

a）延时接通 b）延时断开

F 系列 PC 的定时器都是延时接通型，如果需要延时断开的定时器，则可采用图 4-8b 所示的电路。

（5）计数器（C） F—40M 有 16 个计数器，其编号为 C460 ~ C467，C560 ~ C567。

其计数次数由编程时的设定值 K 决定，计数范围为 1 ~ 999。采用减 1 计数，即计数器每接通一次，计数器的当前值减 1，直到计数值为 0，此时常开触点接通，常闭触点断开，其工作原理如图 4-9 所示。计数器具有掉电保持功能，电源中断时，当前值还保持着。在电源中断时不需要保存数据的场合，可用初始化脉冲 M71 作为计数器的复位信号，复位至设定值。

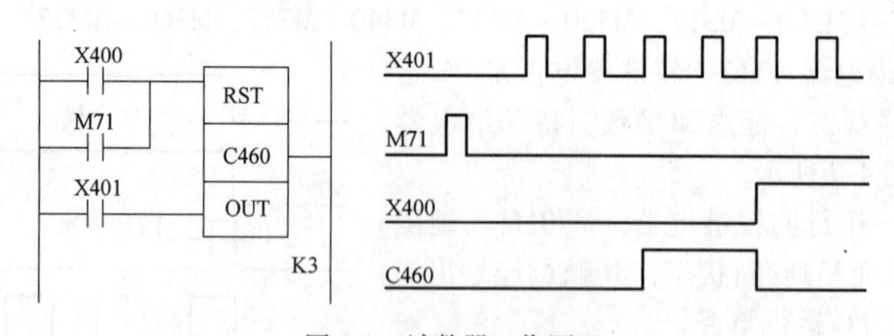

图 4-9 计数器工作原理

计数器利用 M72 产生的 0.1s 的固定脉冲，可实现定时电路，如图 4-10 所示电路可实现 0.1s × 600 = 60s 的定时。

二、可编程序控制器的指令系统

F 系列 PC 用梯形图和指令表两种语言编程，二者相互对应，共有 20 条指令。以下介绍这些指令。

1. LD、LDI、OUT 指令

LD（取）：常开触点与母线连接指令；LDI（取反）：常闭触点与母线连接指令；OUT（输出）：线圈驱动指令，如图 4-11 所示。

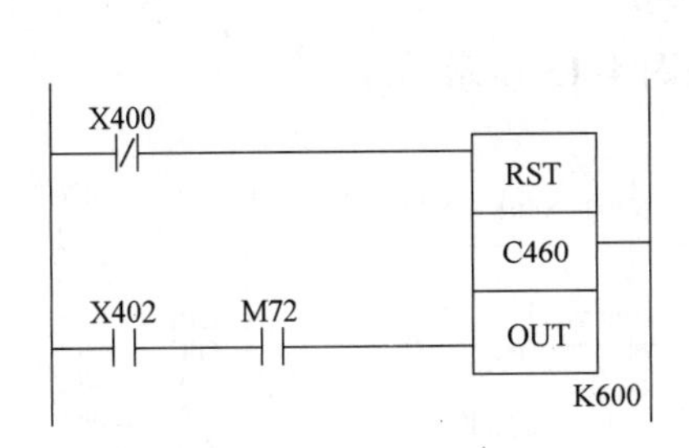

图 4-10　用计数器定时

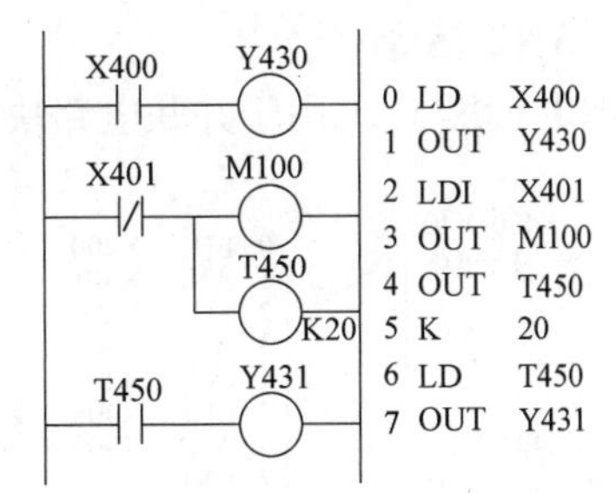

图 4-11　LD、LDI、OUT 指令的使用

1）LD 与 LDI 指令用于与母线相连的触点，此外，还可与后述的 ANB 指令配合，用于分支的起点。其目标元件为 X、Y、M、T、C。

2）OUT 指令用于驱动输出继电器、辅助继电器、定时器、计数器，但不能用来驱动输入继电器。本指令可以并联连接，用于定时器、计数器时，其后应跟设定常数 K 值。其目标元件为 Y、M、T、C。

2. AND、ANI 指令

AND（与）：常开触点串联指令：ANI（与反）：常闭触点串联指令，如图 4-12 所示。

AND、ANI 是单个触点与左边电路串联的指令。串联触点的数量不限，即可连续使用。其目标元件为 X、Y、M、T、C。

3. OR、ORI 指令

OR（或）：常开触点并联指令；ORI（或非）：常闭触点并联指令，如图 4-13 所示。

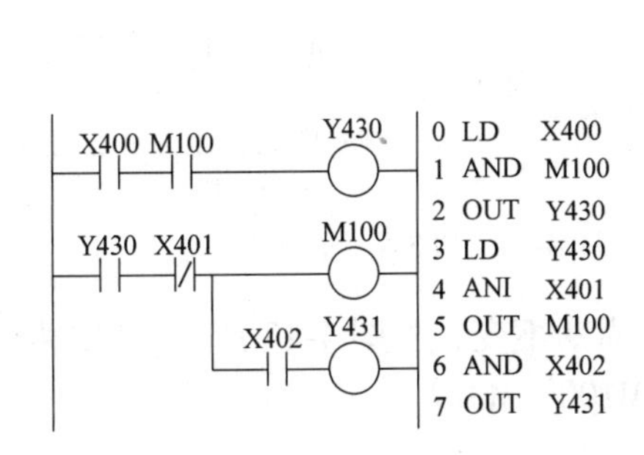

图 4-12　AND、ANI 指令的使用

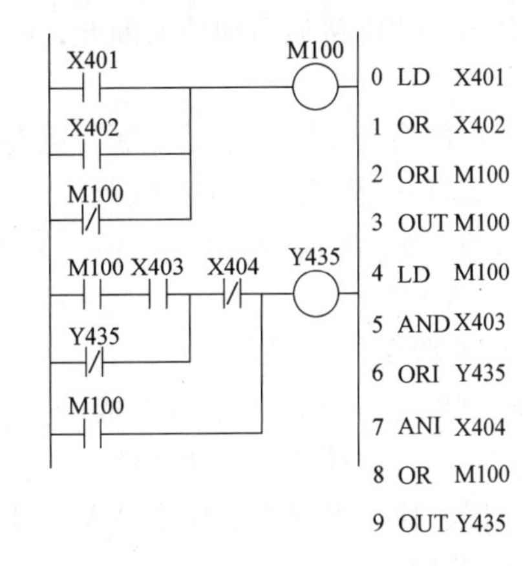

图 4-13　OR、ORI 指令的使用

OR 和 ORI 指令是单个触点与前面电路并联的指令，并联的数量也不限，其目标元件为 X、Y、M、T、C。

4. ORB 指令

ORB（块或）：用于串联电路块的并联连接，如图 4-14 所示。

1）两个或两个以上触点串联的电路称为“串联电路块”，在并联这种串联电路块时，在支路起点要用 LD、LDI 指令，并把块内部连接好，在支路的终点用 ORB 指令完成并联。

2）多重并联电路中，每个串联块顺次用 ORB 连接，并联电路数不限。ORB 是独立指令，无目标元件。

5. ANB 指令

ANB（块与）：用于并联电路块的串联连接，如图 4-15 所示。

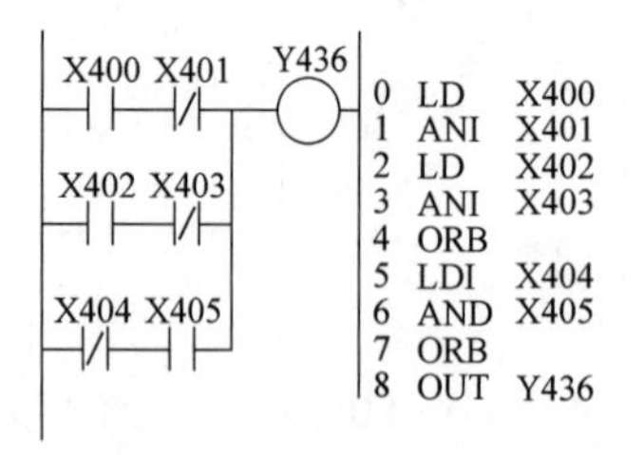

图 4-14　ORB 指令的使用

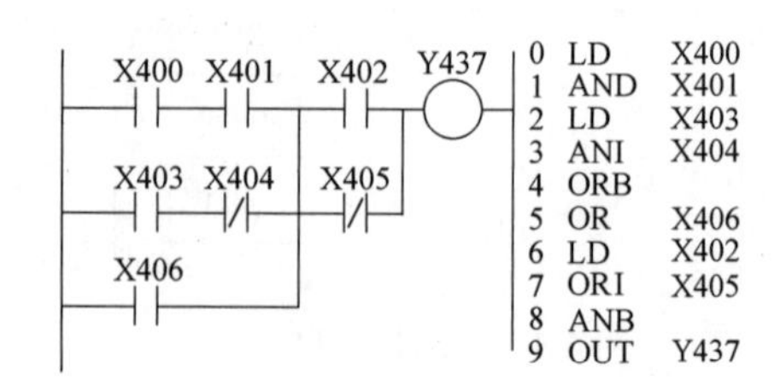

图 4-15　ANB 指令的使用

1）两个或两个以上触点并联的电路称为并联电路块。用 ANB 指令将并联电路块与前一个电路串联，在串联时，用 LD、LDI 指令作分支电路的起点，把块内部连接好，在终点用 ANB 指令完成串联。

2）多重串联电路中，每个并联块顺次用 ANB 连接，串联电路数不受限制。ANB 也是独立指令，无目标元件。

6. S、R 指令

S（置位）：使元件状态保持；R（复位）：使元件状态保持解除，如图 4-16 所示。

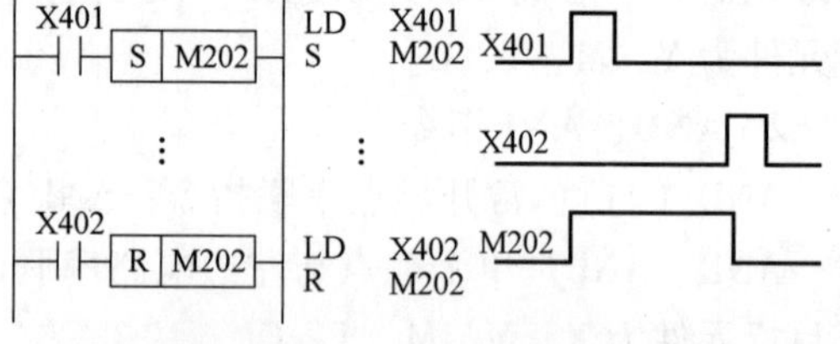

图 4-16　S、R 指令的使用

1）用 S 指令时，用它的自保功能，维持工作状态，当用 R 指令时，辅助继电器复位。如图 4-16 中 X401 接通后即使又断开，M202 还维持通电状态，只有 X402 接通后，M202 才复位。

2）S、R 指令使用顺序无限制，可在 S、R 指令中间插入其他指令，若当 S、R 指令连续编制又无其他程序时，则后执行的指令有效。S、R 指令目标元件：Y、M200 ~ M377。

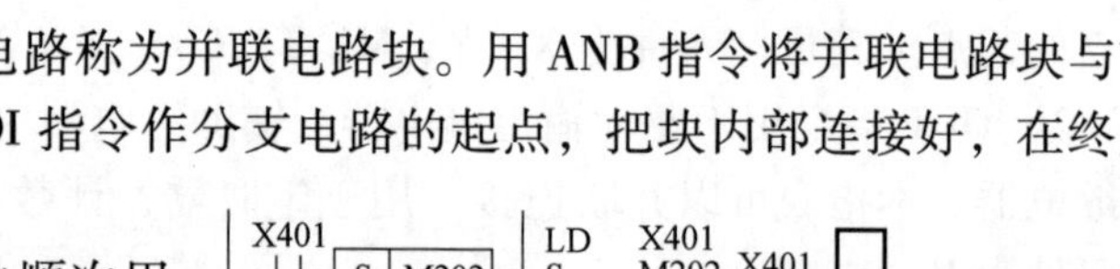

7. PLS 指令

PLS（脉冲）：将输入信号变成一个宽度为一个扫描周期的脉冲信号，但输入信号周期不变，如图 4-17 所示。PLS 指令常用于计数器、移位寄存器的复位输入，目标元件：M100 ~ M377。

图 4-17　PLS 指令的使用

8. RST 指令

RST（复位）：用于移位寄存器或计数器的复位，如图 4-18 所示。

1）RST 指令将计数器的当前值复位至设定值，或清除移位寄存器内容。

2）RST 优先执行，即当 RST 有效时，不接受计数器和移动寄存器输入信号。

9. SFT 指令

SFT（移位）：使移位寄存器的内容作移动的指令，如图 4-19 所示。

1）移位寄存器三个输入端为数据输入 OUT 端，复位输入 RST 端，移位输入 SFT 端。

2）第一个辅助继电器 M120 的通断状态由 M117 的通断决定；而当 X401 接通时，M120 ~ M137 全部断开，即 16 位全部复位；而当 X400 由断变通时，每个辅助继电器的通断状态前移一位。

3）两个以上移位寄存器纵向连接组成多于 16 位移位寄存器时，则要对后级先进行编程，用前级移位寄存器的末位输出作后级移位寄存器的数据输入，如图 4-19 所示。

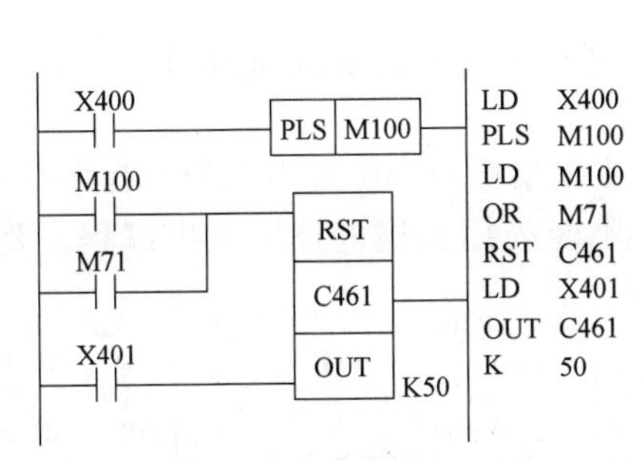

图 4-18　RST 指令的使用

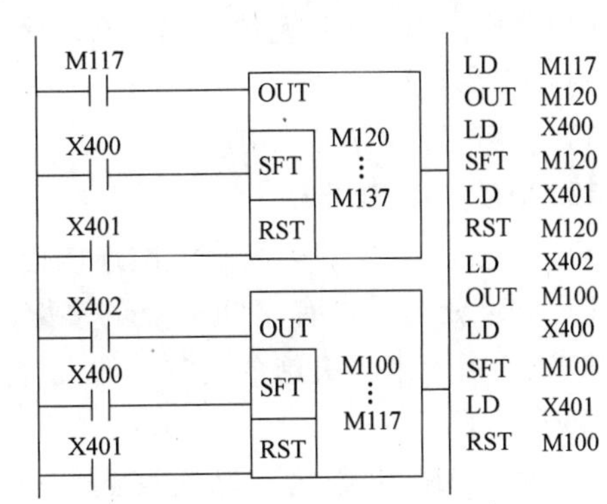

图 4-19　SFT 指令的使用

4）目标元件：M100、M120、M140、M160、M200、M220、M240、M260、M300、M320、M340、M360。

10. NOP 指令

NOP（空操作）：删除一条指令或空一条指令。

1）在编程中，利用 NOP 指令可使在修改程序时，使步序号变更较少。

2）可以用 NOP 指令取代已写入的指令，从而修改电路。但要注意，把 LD、LDI、ANB、ORB 等改成 NOP 指令时，会引起电路组态发生重大改变，如图 4-20 所示。NOP 指令无目标元件。

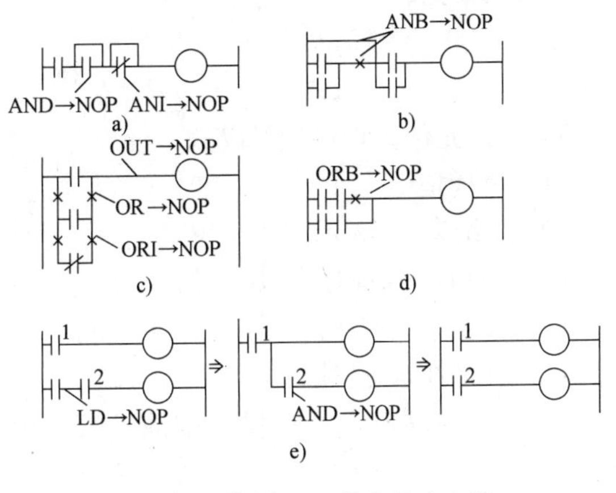

图 4-20　使用 NOP 指令修改电路

a）短路触点　b）短路前面全部电路　c）切断电路　d）切断前面全部电路　e）变换前面的电路

11. CJP、EJP 指令

CJP（条件跳步）：当输入接通时跳转至 EJP；EJP（跳步终止）：设置条件跳转目标。

1）图 4-21 所示为 CJP、EJP 工作示意图。当 X411 接通时，不执行程序 A，当 X411 断开时执行程序 A。

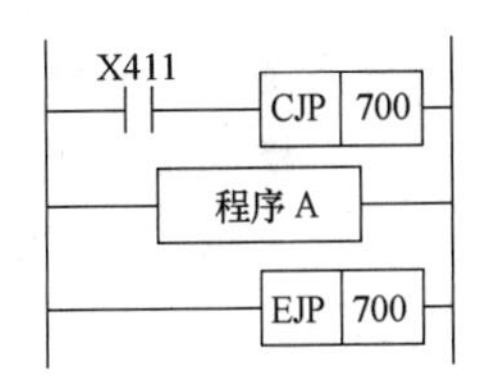

图 4-21　CJP、EJP 工作示意图

2）当程序被跳过时，程序中各元件状态保持不变，计数器不接

受计数输入，也不接受复位输入，定时器中断计时。

3）EJP 指令不能在 CJP 指令之前，否则 CJP 指令不起作用，同样若漏写了 EJP 指令，则 CJP 指令也不起作用。

4）利用 CJP、EJP 可实现多重跳步，具有相同的跳步终点的多重跳步指令的目标元件号相同，如图 4-22a 中的 CJP 704。允许某一跳步区全部或部分包围在另一跳步区内。如图 4-22b 所示，当 X401 接通时，CJP 706、CJP 707 无效，若 X402 接通，则 CJP 707 无效。

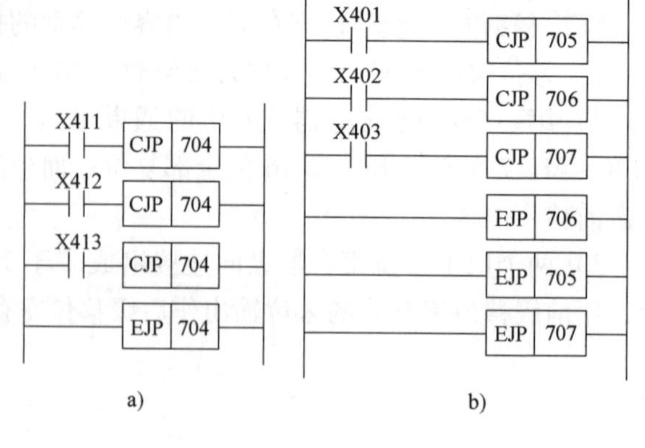

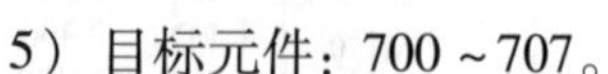

5）目标元件：700～707。

图 4-22　多重跳步指令的使用

12. MC、MCR 指令

MC（主控）：公共串联触点的连接指令；MCR（主控复位）：MC 指令的复位指令。

1）对于分支后含有串联触点的多路输出电路，不能采用前述的连续输出编程，要用 MC 和 MCR 指令来解决这个问题，如图 4-23 所示。

2）使用 MC 指令后，母线移到主控触点的后面，而 MCR 指令却使母线回到原来的母线上，因此 MC 指令后的任何指令都需以 LD 或 LDI 开头。

3）目标元件：M100～M177。

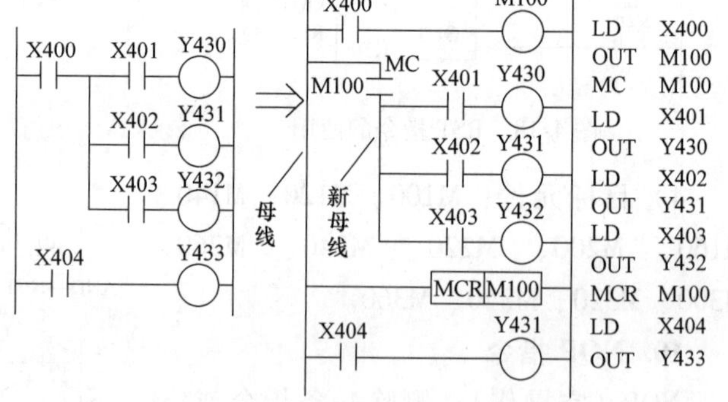

图 4-23　MC、MCR 指令的使用

13. END 指令

END（结束）：表示程序结束。

1）F—40M 对程序的循环扫描从 000～890 步为一个循环周期，反复执行，加入 END 指令，可使程序在 000～END 之间反复执行，由此可缩短扫描周期。

2）调试程序时，可在程序中插入若干个 END 指令，分段调试程序，以利于调试及查错。

第五节　可编程序控制器的程序设计

PC 的程序设计一般是根据系统的控制要求，按一定的编程规则及方法画出梯形图，再根据梯形图写出程序清单。

一、梯形图设计规则

梯形图是各种 PC 都能采用的一种编程语言，在编制梯形图时，应遵循一定的规则。其规则如下：

1）输入、输出继电器、内部继电器的触点可无限使用，根据需要可任意调用。

2）梯形图按自左至右、自上而下的顺序排列，每一个线圈的控制电路为一个逻辑行，梯形图每一逻辑行都从左母线开始，结束于右母线。

3）在每一逻辑行中，线圈不能直接与左母线相连，且所有的触点都须放在线圈的左侧。

4）每一个逻辑行中，串联触点多的支路应排在上面，而并联触点多的电路应排在左边，以减少编程指令，如图 4-24 所示。

5）桥形电路是不可编程序电路，应根据其逻辑功能对电路重画才能编程，如图 4-25 所示。

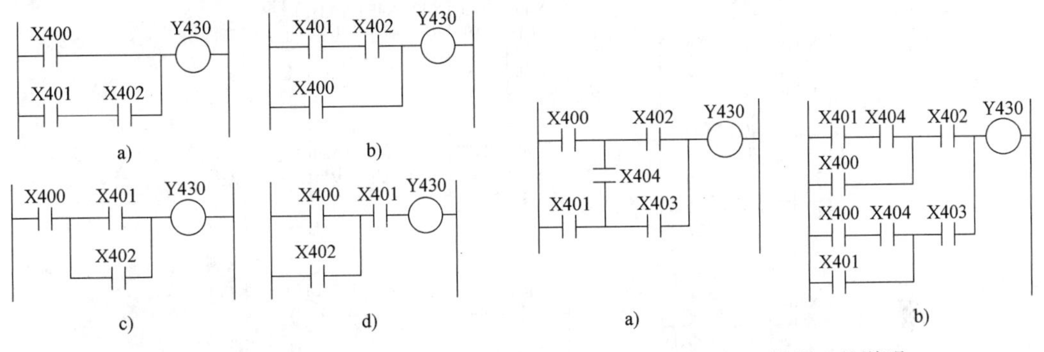

图 4-24　规则 4 的说明

a)、c）安排不当的电路　b)、d）安排合适的电路

图 4-25　规则 5 的说明

a）不可编程　b）可编程

6）在处理 PC 的外部输入信号时，一般均应按外部输入设备为常开触点来设计，即在 PC 中应尽可能采用常开触点作为输入。若某些信号只能用常闭触点输入，可先按输入全部为常开触点来设计，然后将梯形图中有关输入继电器的触点改为相反的触点，即常开改为常闭，常闭改为常开。

二、梯形图的设计方法

1. 经验设计法

经验设计法是利用典型的控制环节和基本单元电路，根据被控对象的具体要求，依靠经验进行选择、组合，绘制出梯形图的一种方法，它沿用继电器逻辑控制电路的设计方法。下面以送料小车自动控制系统的梯形图设计为例来说明这种方法。

（1）分析控制要求　送料小车工作过程如图 4-26a 所示，送料小车在 SQ1 处装料，10s 后装料结束，开始右行。碰到 SQ2 后停下来卸料，15s 后左行。此工作过程可一直循环，直到按下停止按钮，且可分别起动小车左行或右行。

（2）确定 I/O 设备及 PC 的连接示意图　如图 4-26b 所示，其中 SB1 为起动小车右行按钮，SB2 为起动小车左行按钮，SB3 为小车停止按钮。

（3）梯形图设计　可分两步进行，即小车独立动作控制程序和联锁控制程序。

1）设计小车独立动作控制程序，包括小车左行、右行起动，停止，自锁电路，小车装、卸料及计时开始程序，如图 4-26c 所示。

2）设计联锁控制程序，包括左行、右行的互锁，用各自的常闭触点串入对方电路；小车装卸料时的自动停止利用 X403、X404 常闭触点串入 Y430、Y431 线圈电路；装卸料完成后利用定时器常开触点与小车右行、左行起动常开触点并联自动起动小车右行、左行。最终梯形图如图 4-26d 所示。

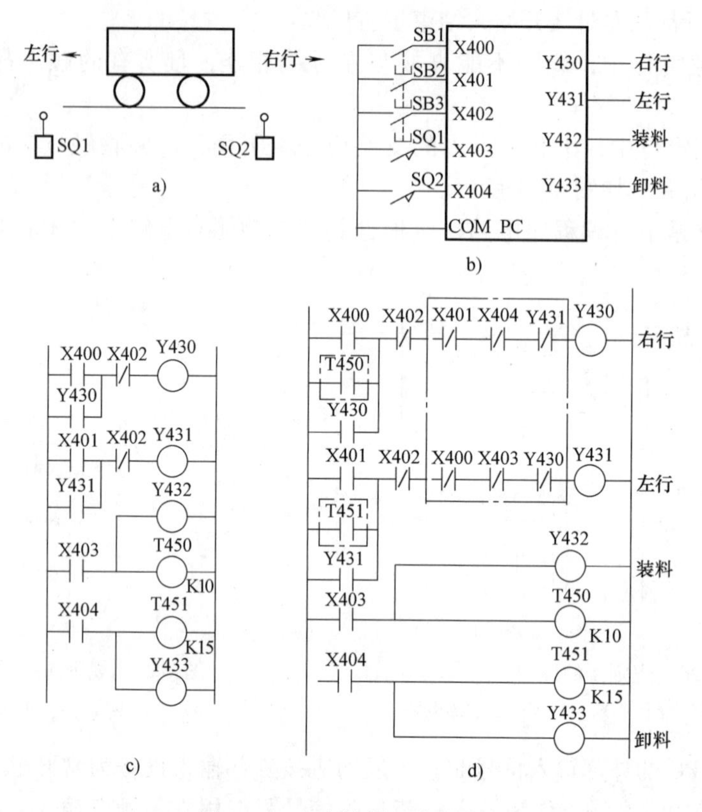

图 4-26　小车控制系统梯形图

2. 功能表图设计法

在工业控制领域，顺序控制的应用很广，尤其是机械制造行业，几乎无一例外地采用顺序控制，实现自动循环过程，采用功能表图设计梯形图，逻辑严密，方法规范，简单直观。

（1）功能表图设计方法　在设计顺序控制程序时，首先按着控制过程规定的顺序和控制条件，将系统的工作过程划分为若干个阶段，称为工步，并用编程元件如辅助继电器来代表各步，并确定系统由当前步进入下一步的转换条件，编程根据步的状态及转换条件绘出功能表图，再由功能表图绘出相应的梯形图。

（2）功能表图的组成　图 4-27 是功能表图的一般形式，主要由步、有向连线、转换和动作组成。左侧的矩形框表示工作过程的一个工步，初始步用双线框表示，框中的数字为该步的编号。编程时一般用相应的编程元件的元件号作为步的编号，比如用 M200 作为步的编号；带箭头的有向连线表示状态的转化路线（按习惯从上向下，从左向右转化可省去箭头）；有向连线中间的短线称为转换，旁边的文字 a、b 表示转换条件；步右侧的方框内内容表示该步活动时要执行的动作。

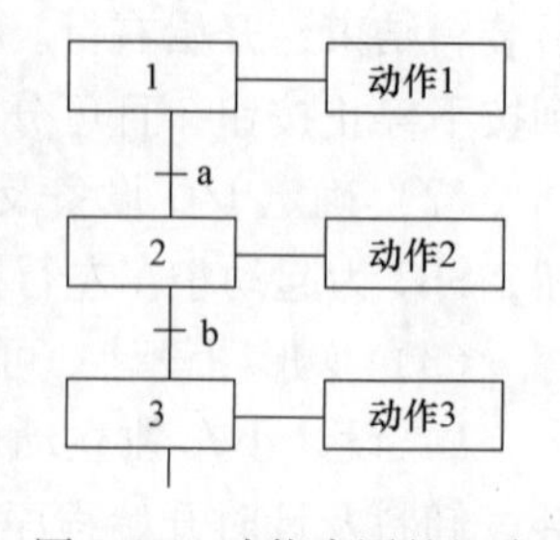

图 4-27　功能表图的组成

（3）顺序控制的基本特点　各工步按顺序执行，上一工步执行结束且转换条件满足，立即执行下一工步，同时关断上一工步，转换必须是在前级步活动的前提下进行。例如，当 1 步为活动步，转换条件 a 满足时，1 步活动结束，2 步进入活动，这样不会出现步的重叠。

(4) 编程举例　图 4-28 是某液压滑台自动循环示意图，X401～X403 为各限位开关信号，X400 为起动信号，输出 Y430～Y432 控制三个电磁阀，以实现动力头的运动控制。其输出继电器 Y430～Y432 在各工步的状态见表 4-3。

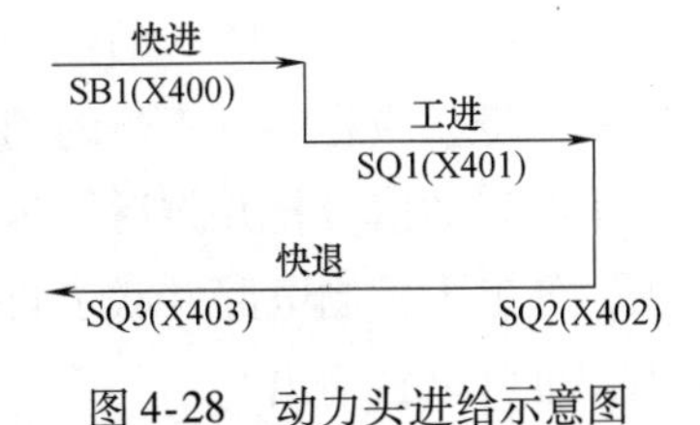

图 4-28　动力头进给示意图

1) 确定工步。这里可将动力头的一个周期分为初始状态、快进、工进和快退四步，用辅助继电器 M200～M203 分别代表初始、快进、工进和快退各工步。

表 4-3　状态表

工步＼动作	YV1 (Y430)	YV2 (Y431)	YV3 (Y432)
初始	−	−	−
快进	+	+	−
工进	−	+	−
快退	−	−	+

2) 确定各相邻步的转换条件。起动按钮 X400 和限位开关 X401～X403 是各工步之间的转换条件，因开始运行时应将初始步 M200 接通，否则系统无法起动，所以应将 M71 触点作为初始步的初始起动信号。

3) 画出功能表图。如图 4-29 所示。

4) 设计梯形图程序。根据功能表图设计梯形图有多种指令编程方式。

① 采用通用逻辑指令编程。所谓通用逻辑指令，是指与触点及线圈有关的指令，如 LD、AND、OUT 等。各种型号的 PC 都有这一类指令，所以这种方式可以用于各种型号的 PC。

根据功能表图，采用通用逻辑指令，先画出 M200～M203 线圈的控制电路，然后用 M200～M203 的常开触点控制输出，绘制出图 4-30 所示梯形图。

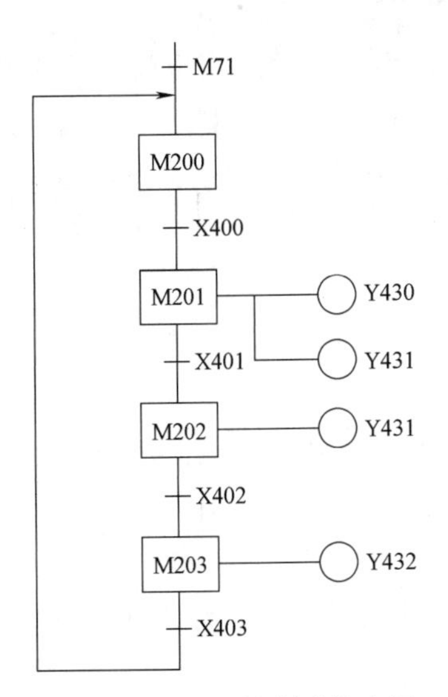

图 4-29　动力头控制功能表图

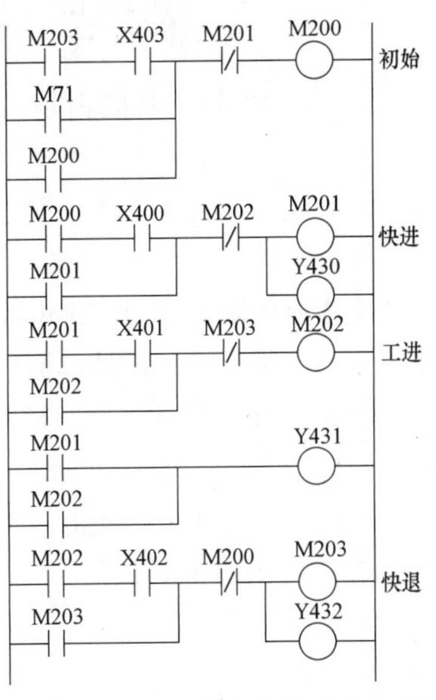

图 4-30　通用逻辑指令编程的梯形图

在绘制 M200 ~ M203 的控制电路时，为保证在当前步为活动步且转换条件满足时，才转入下一工步，应将前一工步的辅助继电器常开触点和转换条件相应的常开触点串联后作为后一工步的起动信号，并将后一步辅助继电器的常闭触点串入前一工步作为停止信号，为保证自锁，各工步控制电路并联了自锁触点。为简化电路，Y430 与 M201 及 Y432 与 M203 并联输出，也可单独输出。

② 用移位寄存器编程。由上面分析可知，动力头工作各工步的辅助继电器顺序地接通和断开，同时要求每工步只能有一个辅助继电器接通，移位寄存器很容易实现这种控制功能。

如图 4-31 所示，为移位寄存器编程时动力头控制系统的梯形图。图中采用 M200 ~ M217 的前 4 位 M200 ~ M203 作为动力头工作循环的 4 个工步。数据输入端采用 M201 ~ M203 的常闭触点和初始状态 X403 的常开触点串联，使其在系统初始工步时，首位（M200）为“1”，其他位为“0”，以保证系统的初始工步起动，同时在其他工步时，初始步为“0”；移位输入端采用了移位脉冲输入电路，以实现工步的转换，即利用工步的转换条件与前一工步辅助继电器常开触点串联来作为一个移位输入电路，并把每个串联电路并联起来实现移位输入；复位输入采用最后工步完成时下一个辅助继电器的常开触点实现复位，本例采用 M204 常开触点作为复位信号。

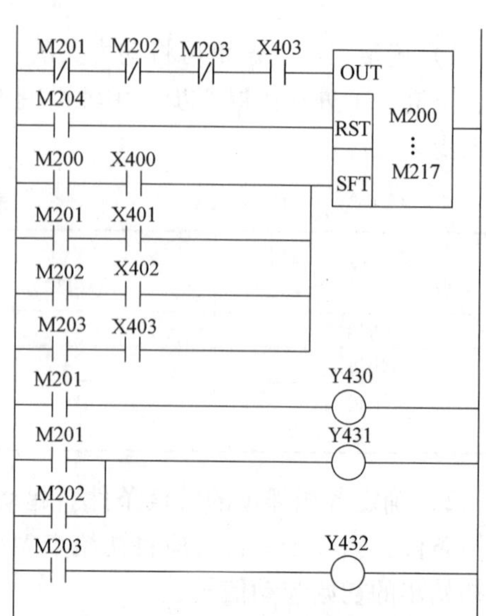

图 4-31　用移位指令编程的动力头控制梯形图

第六节　可编程序控制器的应用

随着 PC 产品的发展，其应用越来越广泛，PC 在工业生产中的应用也就是选用合适的 PC，并将其与现场 I/O 设备和必要的外围设备连接起来，构成一个控制系统，编制好相应的用户程序，对生产设备和生产过程进行控制，实现被控对象的工艺要求，以提高生产效率和产品质量等。

一、可编程序控制器应用系统设计步骤及内容

图 4-32 为 PC 控制系统设计的流程图，具体内容和步骤如下所述。

1. 分析控制系统的要求，确定控制任务

要应用 PC，首先要详细分析被控对象、控制过程与要求，熟悉其工艺过程，然后列出控制系统中所有的功能和指标要求，明确控制任务。

2. 选用和确定用户 I/O 设备

根据系统控制要求，选用合适的用户 I/O 设备，并由此初步估算所需 PC 的 I/O 点数。

3. 选择 PC 型号

包括机型的选择、I/O 点数的选择、存储器容量的选择、I/O 模块的选择等。

4. 分配 PC 的 I/O 点，并设计 PC 的 I/O 端口接线图

在分配 I/O 点编号时应尽量将同一类的信号集中配置，地址号按顺序连续编排。例如，对彼此关联的输出器件（如电动机正转、反转等），其输出地址号应连续编写。

5. 系统的硬件、软件设计

（1）用户软件设计的步骤　进行用户软件设计时，其步骤为：

1）设计控制系统流程图或功能表图，用以清楚地表明动作的顺序和条件。

2）设计梯形图，并写出对应的语句表。

3）用编程器将程序键入到 PC 的用户存储器中，初步调试程序。

（2）硬件设计　进行软件设计的同时，可进行硬件配备工作，如外围电路，包括主电路的设计、强电设备的安装布线、控制台（柜）的设计和现场安装等。

6. 联机统调

在程序设计和控制台（柜）及现场施工完成后，就可进行联机统调。如不满足要求，可修改和调整系统的硬、软件，直到达到设计要求为止。待全部调试结束，可将程序固化在 EPROM 中，然后编制好技术文件，包括说明书、系统硬件图及应用程序等文件资料，最后交付使用。

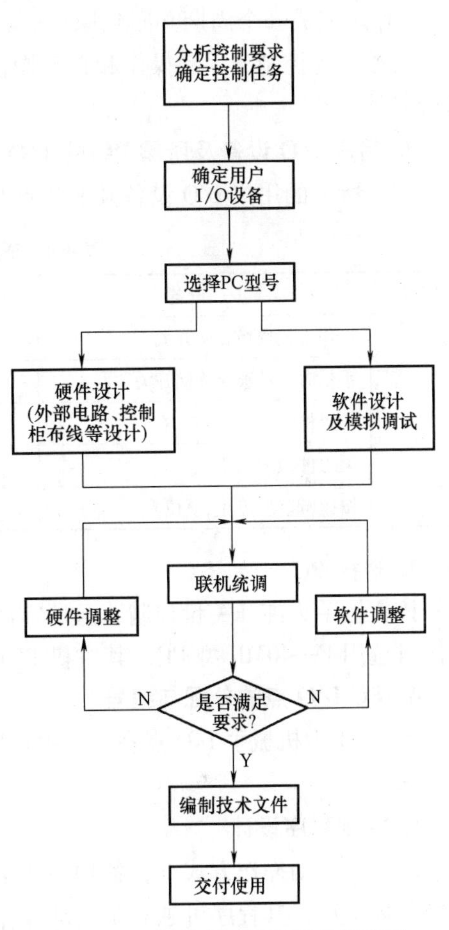

图 4-32　PC 控制系统设计的流程图

二、PC 应用举例

图 4-33 为某机械手动作示意图，用于生产线上将工件从左边搬运到右边，机械手控制的程序设计如下。

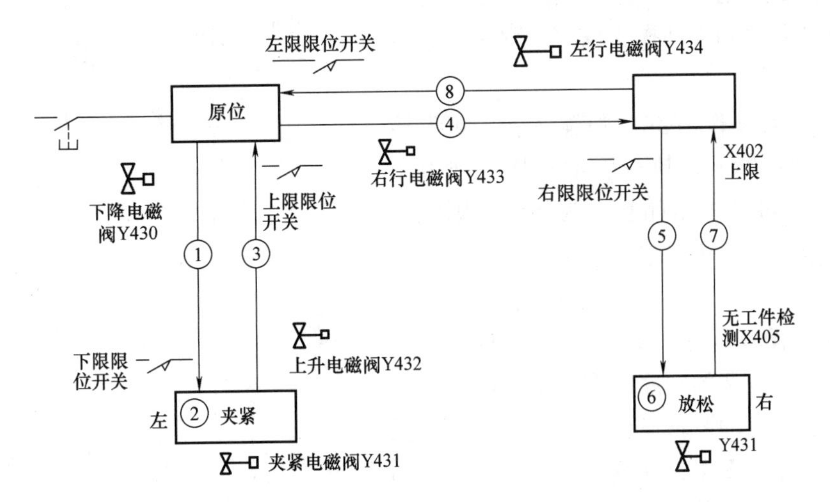

图 4-33　机械手动作示意图

1. 根据机械结构和工艺过程分析控制要求

机械手的全部动作由气缸驱动，而气缸又由相应的电磁阀控制，由图4-33可知，机械手的动作过程分为8个工步，即机械手下降→夹紧→上升→右移→下降→放松→上升→左移8个动作后完成一个周期并回到原点。

机械手的控制分手动操作和自动操作两种方式。自动操作又分为单工步、单周期和连续运行三种。

2. 用户I/O设备及所需PC的I/O点数

本例所需的用户I/O设备及I/O点数见表4-4，由表可知PC共需15点输入、6点输出。

表4-4 输入输出设备及I/O点数

信号	I/O设备	I/O点数	信号	I/O设备	I/O点数
输入	操作方式选择旋柄开关	4	输出	电磁阀(下降、上升、左移、右移)	4
	手动时运动选择旋柄开关	3		电磁阀(夹紧/松开)	1
	位置检测(上、下、左、右)	4		原点指示灯	1
	无工件检测	1			
	按钮(起动、停止、复位)	3			

3. 选择PC

该机械手为纯开关量控制，且所需的I/O点数不多，因此选用一般的小型低档机即可，本例可选用F—40MR型PC，其主机I/O点数为24/16点。

4. PC I/O点的分配与编号

图4-34为机械手I/O点在F—40MR上的分配及编号。

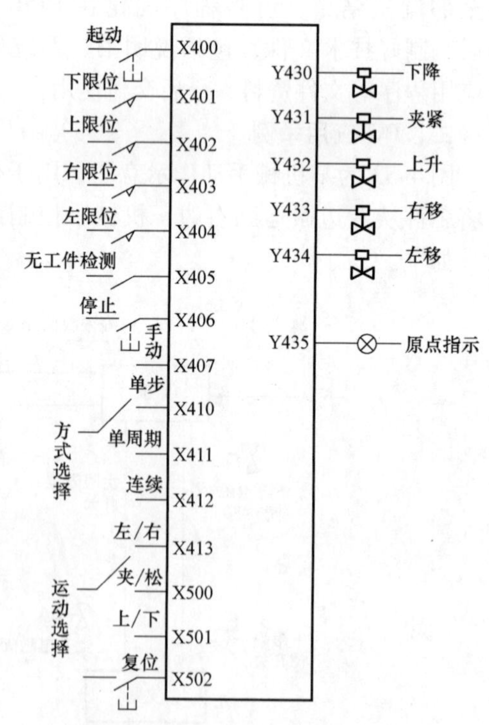

图4-34 PC I/O点的分配及编号

5. 控制程序设计

因为在手动操作方式下，各种动作都是用按钮控制来实现，其程序可独立于自动操作程序而另行设计。因此，总程序可分为两段独立的部分：手动操作程序和自动操作程序。程序的总结构如图4-35所示。

当选择手动操作方式，则输入点X407接通，其常闭触点断开，执行手动程序，并由于X410、X411、X412的常闭触点为闭合，则跳过自动程序。自动程序中又包括了机械手的三种工作方式。

（1）手动操作程序的设计　手动操作方式由于不需要任何复杂的顺序动作控制，可按照一般继电器控制系统的逻辑设计法来设计。手动操作的梯形图程序如图4-36所示。

（2）自动操作程序设计　自动操作控制比较复杂，采用功能表图设计法，可先绘出控

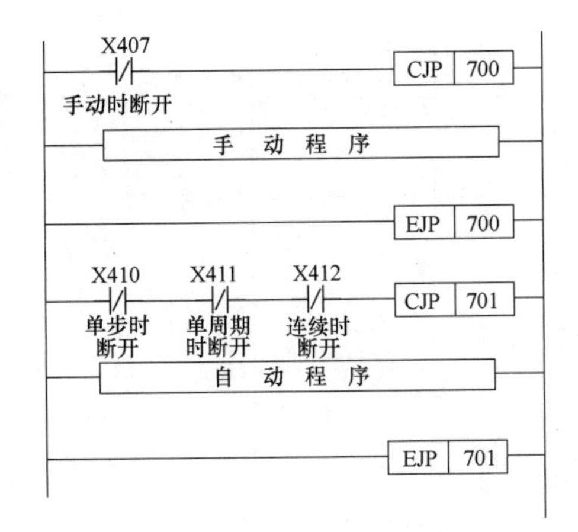

图 4-35　总程序结构框图

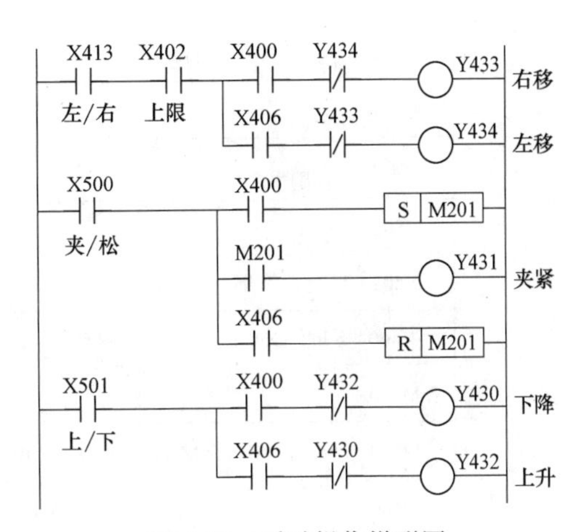

图 4-36　手动操作梯形图

制过程的功能表图，以表示程序执行的顺序和条件，如图 4-37 所示。可以看出，在原点位置，按下起动按钮，工步转换为第一次下降过程，随着下降电磁阀的工作，在到达下限位置时，下限开关 X401 接通，工步转为夹紧过程。因为定时器 T450 与夹紧输出同时工作，所以在定时器触点接通以后，工步转为第一次上升过程。此后，用类似的方法完成一系列工步的转换。

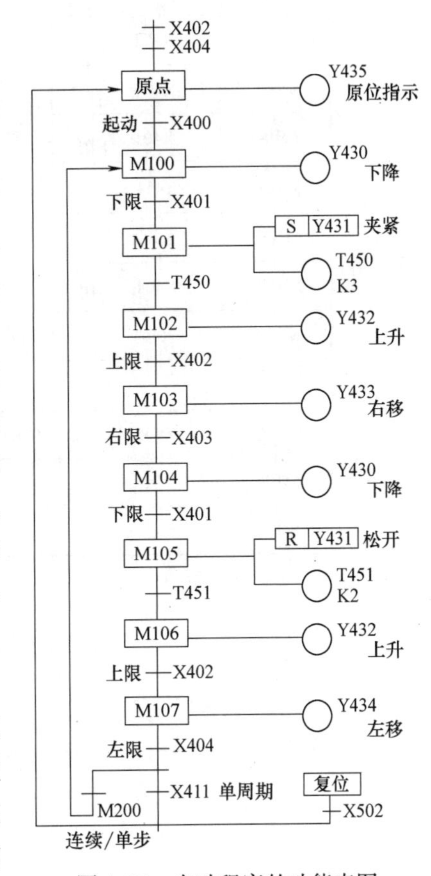

图 4-37　自动程序的功能表图

根据功能表图，再设计出梯形图程序，本例采用移位寄存器编程的方式设计自动程序。图 4-38 所示为自动操作程序的梯形图，程序控制原理如下：

1）利用移位寄存器的 M100 ~ M107 各位代表机械手一个工作循环的八步，当两步之间的转换条件得到满足时，转换到下一工步，即机械手的动作前进一工步。

2）移位寄存器的数据输入端电路由 M101 ~ M110 各位的常闭触点与辅助继电器 M120 的常开触点串联而成，以保证起动后移位寄存器首位 M100 置“1”。M120 辅助继电器作为起动信号，只有机械手在原点时，即 X402、X404 接通，按下 X400 时才能实现机械手的运动。

3）移位信号由若干条串联支路并联后，再经 X410 常闭触点或 X400 的常开触点接到移位端，当机械手连续工作时，X410 常闭触点闭合，机械手各动作可以连续执行，而单步动作时，X410 常闭触点断开，因而必须按一次起动按钮（X400 闭合）才能移位一次，即机械手每执行一步动作后便停下来。

4）移位寄存器的复位有两条路，其一是经过停止信号（X406）直接复位，其二是通过

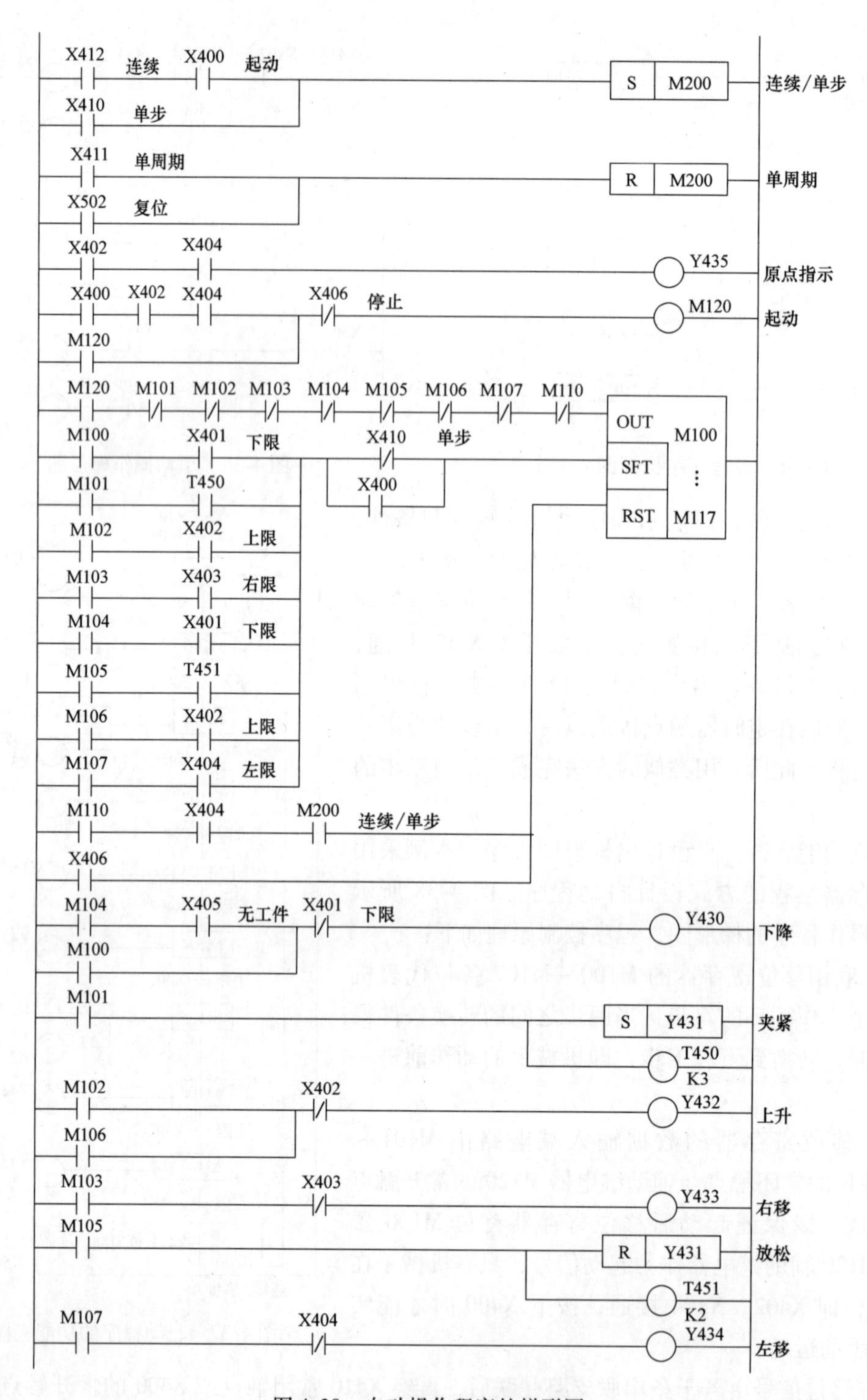

图4-38 自动操作程序的梯形图

M200的常开触点与M110、X404的常闭触点串联提供复位信号。M200是连续/单步与单周期工作进行转换的辅助继电器，利用S、R指令来实现M200的通与断。对于连续/单步工作方式，由于M200是接通的，其常开触点闭合，同时，M100和X404的常开触点也闭合，使移位寄存器可以复位，M100 又重新置“1”，开始第二个周期的动作循环。而对于单周期工作方式，由于 X411 接通，M200 复位，M200 常闭触点断开，移位寄存器这时不复位，M100 不能重新置“1”，机械手循环一周后停在原点。

5）由于机械手从左位抓住工件移至右位的过程中，需一直夹紧工件，因而 Y431 采用 S、R 指令来实现通断，从而控制工件的夹紧和松开，并用定时器控制夹紧和放松的时间。

手动和自动程序设计好后，按图 4-35 所示的总程序结构框图，将两段程序嵌入，就可得到整个系统的应用程序。

三、PC 应用中应注意的一些问题

1. PC 机型选择应注意的问题

PC 机型选择的基本依据是：在功能满足的前提下，保证可靠，使用维护方便，以获得最佳的性能价格比。PC 的型号种类很多，在选用 PC 时还要考虑以下几个问题：

（1）选用规模适当的 PC　输入输出点数是衡量 PC 规模大小的重要指标，因此，在选用 PC 时，首先要确保有足够的 I/O 点数，并留有一定的余量，一般可考虑 10% ~15% 的备用量。

（2）PC 的容量要满足用户要求　PC 用户程序所需内存容量一般与开关量输入输出点数、模拟量输入输出点数以及用户程序的编写质量等有关。对 PC 用户程序存储容量的估算，推荐下面的经验公式，即

$$存储器总字数 =(开关量 I/O 点数 \times 10)+(模拟量点数 \times 150)$$

按经验公式所算得的存储器字数需再考虑 25% 的余量。

（3）输入/输出单元的选择　选择哪一种功能的输入/输出单元和哪一种输出形式，取决于控制系统中输入/输出信号的种类、参数要求和技术要求。

目前常用的开关量输入电路有三种：直流输入、交/直流输入和交流输入电路，如图 4-39 所示。其中交流输入接触可靠，适合于油雾、粉尘的恶劣环境下使用；直流输入电路延迟时间较短，还可以直接与接近开关、充电开关等电子装置连接。

输出单元按方式不同又有继电器输出、晶体管输出和晶闸管输出三种。对开关频繁，低功率因数的感性负载，可使用晶闸管输出（交流输出）或晶体管输出（直流输出），但这种单元过载能力稍差，价格也较高。继电器输出单元承受过电压和过电流的能力较强，价格较便宜，缺点是响应速度较慢，在输出变化不是很快、很频繁时，可优先考虑使用。三种输出方式的输出电路如图 4-40 所示。

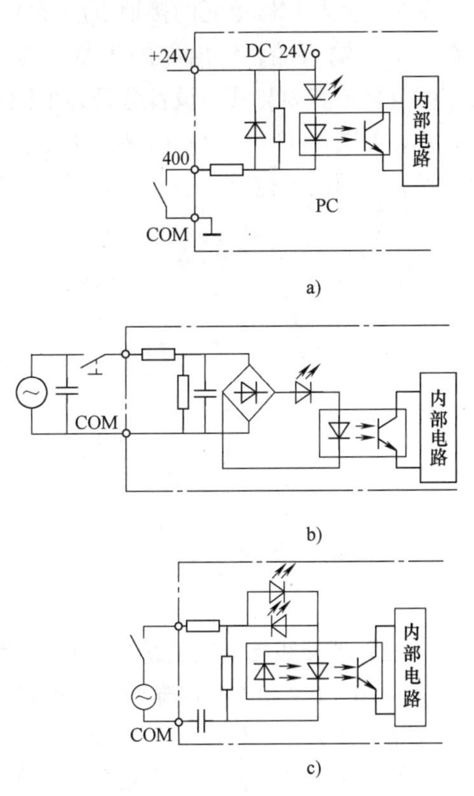

图 4-39　PC 输入电路

a）直流输入　b）交/直流输入　c）交流输入

（4）选用 PC 机型要统一　即在同一个工厂，PC 使用的机型要尽量统一。同一型号的 PC，其模块可互为备用，便于备件的采购和管理；其功能及编程方法统一，有利于 PC 应用技术水平的提高和功能的开发；其外部设备通用，资源可以共享，经济上也合算。

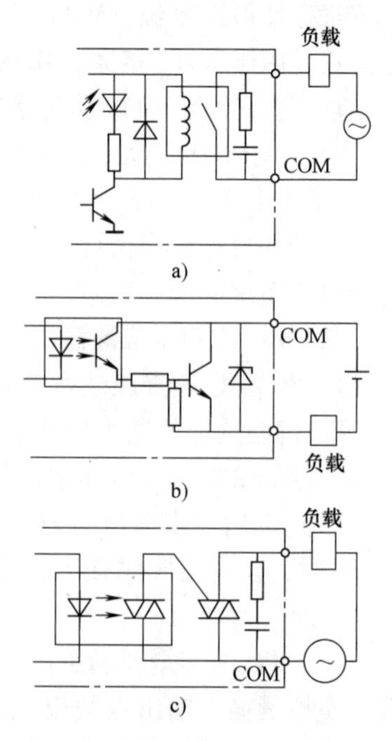

图 4-40　PC 输出电路
a）继电器输出　b）晶体管输出
c）晶闸管输出

2. 电源的使用要求

1）PC 的电源应与系统的动力设备电源分开配线，对于电源线来的干扰，PC 本身具有足够的抑制能力。如果电源干扰特别严重，可安装一个 1∶1 的隔离变压器以减少设备与地之间的干扰。

2）一般电气控制设备都具有电源接通控制和急停控制功能，从系统可靠性考虑，当处理紧急停止时，尽管 PC 都能由程序控制输出点断开来切断负载，但 PC 的输出电路应在 PC 外部切断控制，实现紧急停车，紧急停车控制电路可参考图 4-41。

3. 接地

良好的接地是保证 PC 安全可靠运行的重要条件。接地时，基本单元与扩展单元的接地点应接在一起。为了抑制附加在电源及输入端、输出端的干扰，应给 PC 接以专用地线，并且接地点要与其他设备分开，如图 4-42a 所示。若达不到这种要求，也可采用公共接地方式，如图 4-42b 所示。但是禁止图 4-42c 所示的串联接地方式，因为这种接地方式会产生各设备之间的电位差。

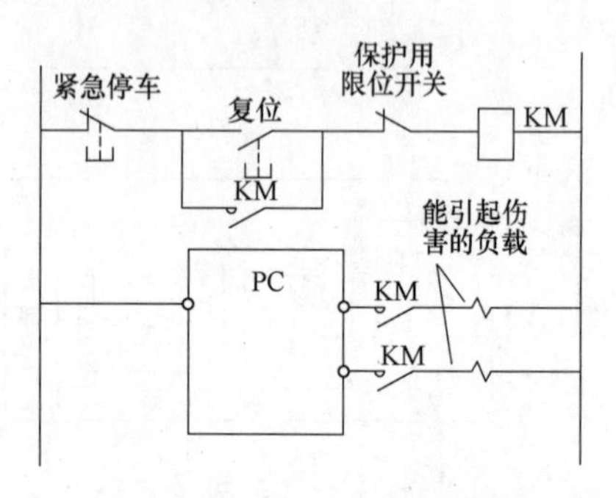

图 4-41　运行时的紧急停车

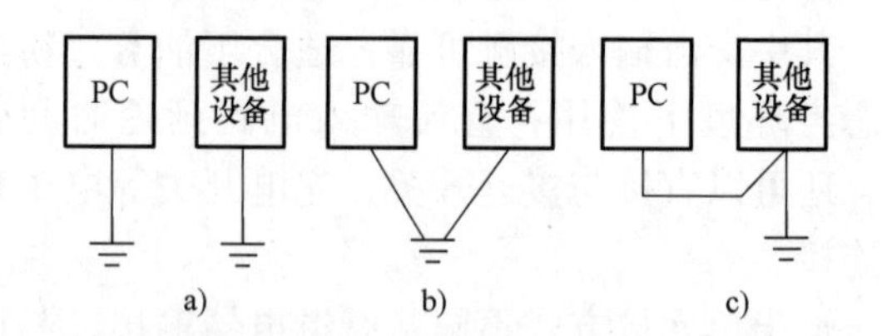

图 4-42　接地的处理
a）各自接地　b）公共接地　c）串联接地

4. 输入端接线与 24V 直流端子的使用

F—40M、F—40E 有直流 24V 接线端（24^+），该接线端可为外部输入传感器（如接近开关或光电开关）提供电流，当 24V 端子作为传感器电源时，COM 端是直流的 O 端。如果采用扩展单元，则应将基本单元和扩展单元的 24V 端子连接起来。另外任何外部电源都不能接到这个端子，也不允许与其他 DC24V 电源并接。当外部传感器使用 PC 内部电源时，应注意不要超过其容量，图 4-43 为一个输入端接线的示例。

5. 输出接线

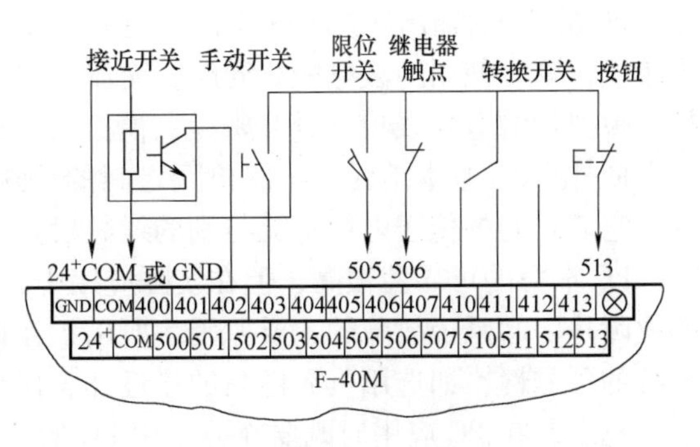

图 4-43 输入端接线

1）PC 的输出技术特性应查阅产品输出技术特性表，在输出端与负载之间连线时，若接入负载超过了规定的最大限值时，必须外接继电器或接触器，PC 才能正常工作。若负载低于规定的最小限制时，应并联电阻电容串接吸收电路，图 4-44 是一个继电器输出端接线的示例。

2）PC 的输出端接线有独立输出和分组输出等类型，如图 4-45 所示。

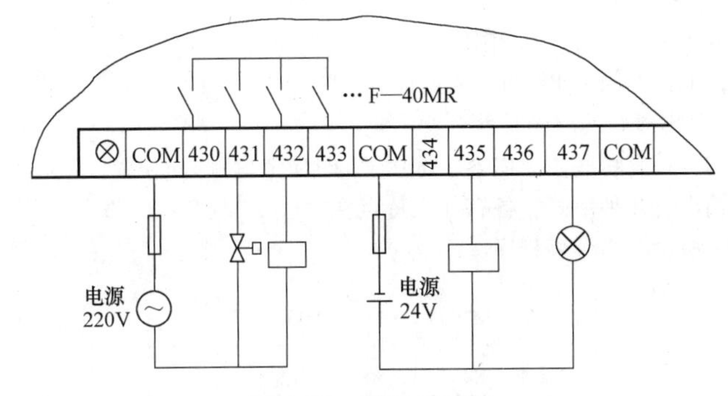

图 4-44 输出端接线

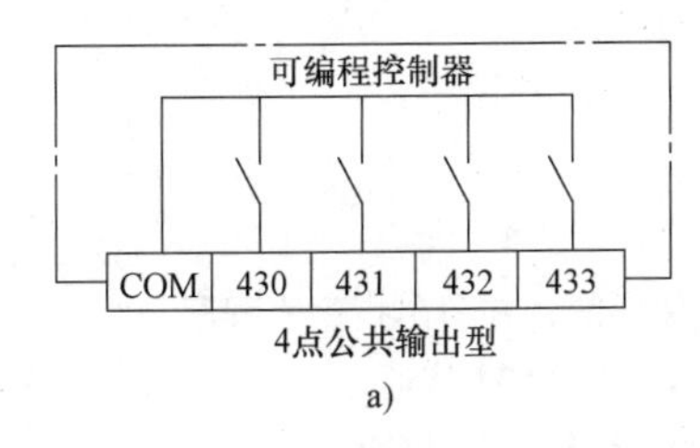

a)

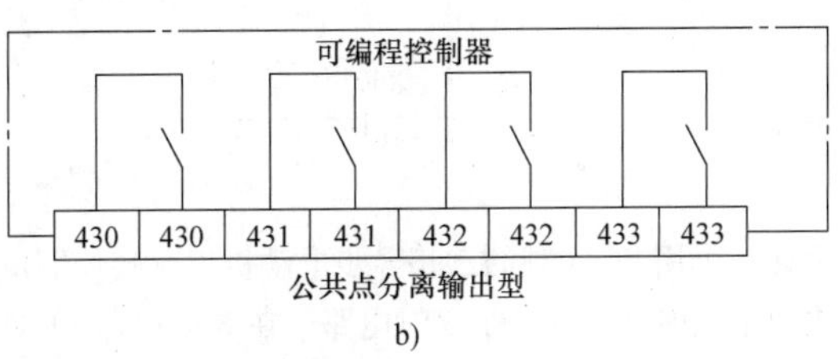

b)

图 4-45 PC 的输出分组类型
a）公共输出型 b）分离输出型

3）由于可编程序控制器的输出电路没有内部短路保护功能，因此，为防止由于负载短路等原因而烧坏可编程序控制器的输出点，输出回路必须加熔断器作短路保护，如图 4-44所示。

4）若输出端接有感性元件，应在它们两端并联二极管（直流负载）或阻容吸收电路（交流电路），如图 4-46 所示。因为当感性负载中的电流突然中止时（输出由 ON 到 OFF），就会产生一个很高的尖峰电压，若不抑制该尖峰电压，就可能损坏输出单元。

6. PC 安装与布线时的其他注意事项

为了避免其他外部的电干扰，PC 应远离高压电源和高压设备，PC 不能与高压电器安装在同一个控制柜内。

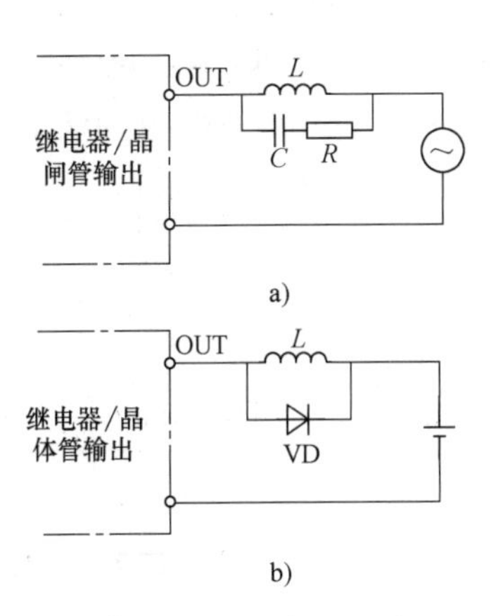

图 4-46 输出保护电路
a）交流负载 b）直流负载

PC的输入/输出线与系统控制线应分开布线，并保持一定的距离，如不得已要在同一槽中布线，则应使用屏蔽电缆。同时，交流线与直流线、输入线与输出线都应分开走线。开关量和模拟量的I/O线也要分开敷设，模拟量最好用屏蔽线。

此外，PC基本单元与扩展单元之间的传送信号电压低、频率高，很容易受到干扰，所以，它们之间的传送电缆不能与别的线敷设在同一管道内。

PC本身的可靠性很高，但在实际应用中，系统中PC以外部分（特别是机械限位开关）的故障是引起系统故障的主要原因，所以，在设计PC应用系统时应采取相应的措施，提高系统的可靠性，如选用可靠性高的接近开关代替机械限位开关等。

总之，在PC应用时既要充分发挥PC的软、硬件效率，又要保证PC安全可靠地运行。

思考与练习

4-1　PC由哪几部分组成，各有什么作用？

4-2　PC的工作方式如何？简述PC的工作过程。

4-3　引起PC输入-输出滞后的原因是什么？

4-4　PC控制系统的设计有哪些主要内容，选用PC时应考虑哪些问题？

4-5　PC的开关量输出有几种形式？各有什么特点？

4-6　写出如图4-47所示的指令表程序。

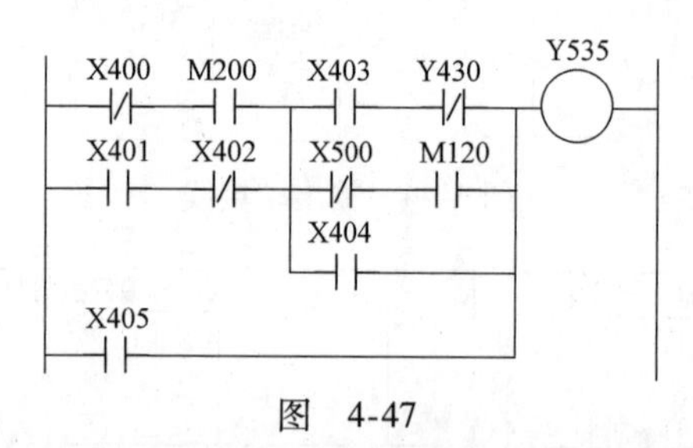

图　4-47

4-7　设计一个用PC实现的三相异步电动机正反转控制的梯形图，并写出指令表程序。

4-8　用两个定时器设计一个定时电路，在X400接通1200s后将Y534接通。

4-9　用两个计数器设计一个定时电路，在X401接通80000s后将Y435接通。

4-10　在按钮X403按下后Y430接通并保持。X401输入10个脉冲后（用C460计数），T450开始定时。6s后Y430断开，同时C460被复位。PC在开始运行时C460也被复位。试设计出梯形图。

4-11　画出图4-48a中M206的波形。

4-12　画出图4-48b中M120、M121和M122的波形。

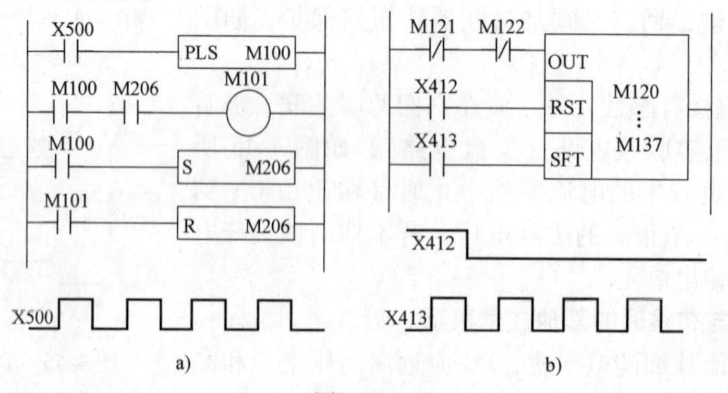

图　4-48

4-13　试用移位寄存器设计一个四位环形双向移位彩灯控制器，控制 Y430 ~ Y433 的通断。移位方向用 X400 控制，移位脉冲的周期为 0.4s，移位寄存器的初始状态用程序设定。

4-14　小车在初始位置时限位开关 X400 接通。按下起动按钮 X403，小车按图 4-49 所示顺序运动，最后返回并停在初始位置，试画出功能表图和梯形图。

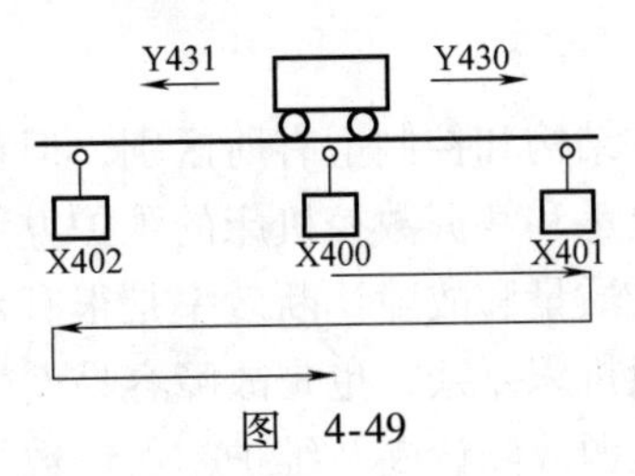

图　4-49

第五章　数控机床维护及数控系统故障诊断

不同种类的数控机床虽然在结构和控制上有所区别，但在数控机床维护、故障处理及故障诊断等方面有它们的共性。熟悉和掌握数控机床的维护方法、故障诊断方法，以及所使用的工具和有关资料，对提高维护质量和故障诊断效率是很有帮助的。

数控机床的电源配置较一般机床复杂，也是故障容易发生的部位。熟悉数控机床电源配置的组成、电源供给的对象、电源故障诊断及维护是保证数控机床正常运行的前提条件。

数控机床在运行的过程中，另一个不可忽视的因素是干扰问题。了解干扰的因素及影响，加强抗干扰的措施，有助于数控机床稳定可靠地运行。

第一节　数控机床的维护

对数控机床进行维护保养的目的就是要延长机械部件的磨损周期，延长元器件的使用寿命，保证数控机床长时间稳定可靠地运行。

一、点检

由于数控机床集机、电、液、气等技术为一体，所以对它的维护要有科学的管理，有计划、有目的地制订相应的规章制度。对维护过程中发现的故障隐患应及时加以清除，避免停机待修，从而延长平均无故障时间，增加数控机床的开动率。点检就是按有关数控机床维护文件的规定，对其进行定点、定时的检查和维护。某加工中心的维护点检，见表5-1。如图5-1所示，为某数控车床的润滑示意图。表示了该数控车床需润滑的部位、润滑的时间间隔、润滑材料及润滑方式等。

图5-1a中，编号①～㉗为该数控车床需润滑的部位，左上角数据8、50、200及2000为润滑间隔时间（h）；图5-1b中，说明了每个润滑部位的润滑方法和材料。

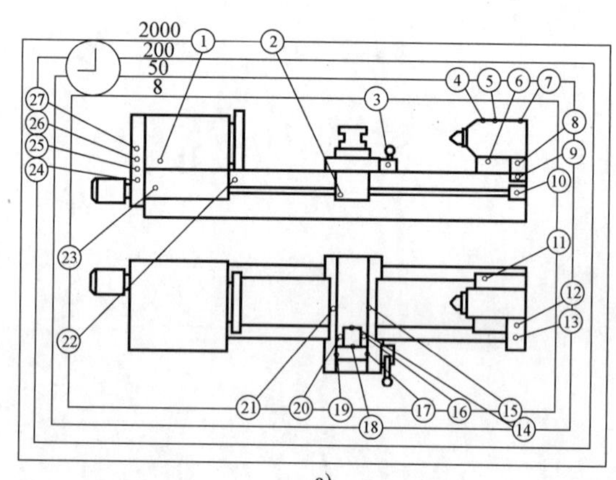

a）

润滑部位编号	①	②	③	④～㉓	㉔～㉗
润滑方法					
润滑油牌号	N46	N46	N46	N46	油脂
过滤精度/μm	65	15	5	65	—

b）

图5-1　数控车床润滑示意图

a）润滑部位及间隔时间　b）润滑方法及材料

从点检的要求和内容上看，点检可分为专职点检、日常点检和生产点检三个层次。数控机床点检维修过程的示意图如图5-2所示。

（1）专职点检　负责对数控机床的关键部位和重要部位，按周期进行重点点检和设备状态监测与故障诊断。制订点检计划，做好诊断记录，分析维修结果，提出改善设备维护管理的建议。

表 5-1　某加工中心的维护点检表

序号	检查周期	检 查 部 位	检 查 要 求
1	每天	导轨润滑油箱	检查油标、油量，及时添加润滑油，润滑泵能定时起动打油及停止
2	每天	X、Y、Z 轴向导轨面	清除切屑及脏物，检查润滑油是否充分，导轨面有无划伤损坏
3	每天	压缩空气气源压力	检查气动控制系统压力是否在正常范围
4	每天	气源自动分水滤气器和自动空气干燥器	及时清理分水滤气器中滤出的水分，保证自动空气干燥器工作正常
5	每天	气液转换器和增压器油面	发现油面不够时，及时补足油
6	每天	主轴润滑恒温油箱	工作正常，油量充足并调节温度范围
7	每天	加工中心液压系统	油箱、液压泵无异常噪声，压力表指示正常，管路及各接头无泄漏，工作油面高度正常
8	每天	液压平衡系统	平衡压力指示正常，快速移动时平衡阀工作正常
9	每天	CNC 的输入/输出单元	如光电阅读机清洁，机械结构润滑良好
10	每天	各种电气柜散热通风装置	各电气柜冷却风扇工作正常，风道过滤网无堵塞
11	每天	各种防护装置	导轨、防护罩等应无松动、泄漏
12	每半年	滚珠丝杠	清洗丝杠上旧的润滑脂，涂上新油脂
13	每半年	液压油路	清洗溢流阀、减压阀、过滤器，清洗油箱箱底，更换或过滤液压油
14	每半年	主轴润滑恒温油箱	清洗过滤器，更换润滑脂
15	每年	检查并更换直流伺服电动机电刷	检查换向器表面，吹净碳粉，去除毛刺，更换长度过短的电刷，并应跑合后才能使用
16	每年	润滑液压泵、过滤器清洗	清理润滑油池池底，更换过滤器
17	不定期	检查各轴导轨上的镶条、压滚轮的松紧状态	按加工中心的说明书调整
18	不定期	冷却水箱	检查液面高度，切削液太脏时需更换并清理水箱底部，经常清洗过滤器
19	不定期	排屑器	经常清理切屑，检查有无卡住等
20	不定期	清理废油池	及时取走滤油池中的废油，以免外溢
21	不定期	调整主轴驱动带松紧	按加工中心的说明书调整

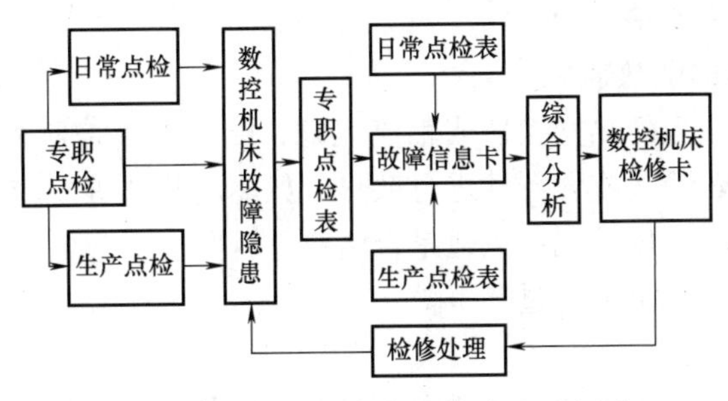

图 5-2　数控机床点检维修过程示意图

（2）日常点检　负责对数控机床的一般部位进行点检，处理和检查数控机床在运行过程中出现的故障。

（3）生产点检　负责对生产运行中的数控机床进行点检，并负责润滑、紧固等工作。

点检作为一项工作制度，必须认真执行并持之以恒。只有这样，才能够保证数控机床的正常运行。表5-2为某企业的数控机床点检卡，供参考。

表5-2　某企业数控机床点检卡

设备编号__________型号__________　　　　年　　月

序号＼内容	点检内容	1	2	3	4	5	6	7	8	9	10	11	12	13	14	15	16	17	18	19	20	21	22	23	24	25	26	27	28	29	30	31
1	检查电源电压是否正常(380V±38V)																															
2	检查气源压力及过滤器情况,并及时放水																															
3	检查液压油位、冷却液位是否达标																															
4	检查液压泵起动后,主液压回路油压是否正常																															
5	检查数控机床润滑系统工作是否正常																															
6	检查冷却液回收过滤网是否有堵塞现象																															
7	轴间找正过程中,各轴向运动是否有异常																															
8	机构找正过程中,主轴定位、换刀动作、轴孔吹屑、防护门动作是否正常																															
9	主轴孔内、刀链刀套内有无铁屑																															
10	数控机床附件及罩壳和周围场地是否有异常、渗漏现象																															
备注																																

二、数控系统的日常维护

1. 数控机床电气柜的散热通风

通常安装于电气柜门上的热交换器或轴流风扇，能对电气控制柜的内外进行空气循环，促使电气控制柜内的发热装置或元器件进行散热，如驱动装置等。应定期检查电气控制柜上的热交换器或轴流风扇的工作状况，风道是否堵塞。否则会引起电气控制柜内的温度过高而使系统不能可靠地运行，甚至引起过热报警。

2. 尽量少开电气控制柜门

加工车间飘浮的灰尘、油雾和金属粉末落在电气控制柜上，容易造成元器件间的绝缘电阻下降，从而出现故障。因此，除了定期维护和维修外，平时应尽量少开电气控制柜门。

3. 纸带阅读机的定期维护

纸带阅读机是数控系统信息输入的一个重要部件，CNC 系统参数、零件程序等数据都可以通过它输入到 CNC 系统的寄存器中。如果读带部分有污物，将会使读入的纸带信息出现错误。为此，要定期对光电头、纸带压板等部件进行清洁。纸带阅读机也是 CNC 系统内唯一的运动部件，为使其传动机构运行顺利，必须对主动轮滚轴、导向滚轴和压紧滚轴等定期清洁和加注润滑油。

4. 支持电池的定期更换

数控系统存储参数用的存储器采用 CMOS 器件，其存储的内容在数控系统断电期间靠支持电池供电保持。在一般情况下，即使电池尚未消耗完，也应每年更换一次，以确保系统能正常工作。电池的更换，应在 CNC 系统通电状态下进行。

5. 备用印制电路板的定期通电

对于已经购置的备用印制电路板，应定期装到 CNC 系统上通电运行。实践证明，印制电路板长期不用，容易出故障。

6. 数控系统长期不用时的保养

数控系统处于长期闲置的情况下，要经常给数控系统通电。在数控机床锁住不动的情况下，要让数控系统空运行。数控系统通电，可利用电器元件本身的发热来驱散电气控制柜内的潮气，保证电器元件性能的稳定可靠。实践证明，在空气湿度较大的地区，经常通电是降低故障的一个有效措施。

三、诊断故障用仪器仪表

1. 测量用仪表

1）交流电压表。用于测量交流电源电压，测量误差应在 ±2% 以内。

2）直流电压表。用于测量直流电源电压，电压表的最大量程分别为 10V 和 30V，误差应在 ±2% 以内，用数字式电压表更好。

3）相序表。在维修晶闸管直流驱动装置时，检查三相输入电源的相序。

4）示波器。频带宽度应在 5MHz 以上，双通道，便于波形的比较。

5）万用表。使用机械式和数字式万用表，其中机械式万用表应是必备的。

6）钳形电流表。在不断线的情况下，用于测量电动机的驱动电流。

7）机外编程器。用于监控 PLC 的 I/O 状态和梯形图。

8）振动检测仪。用于检测数控机床的振动情况，如电子听诊器及频谱分析仪等。

2. 工具

1）十字螺钉旋具，各种规格，必须齐全。

2）一字螺钉旋具，各种规格，必须齐全。

3. 使用仪器的注意事项

万用表和示波器是维修时经常要用到的仪器，使用时要特别注意。因为印制电路板上元件的密度是很高的，元件间的间隙很小，一不小心会将表笔与其他元件相碰，可能会引起短路，甚至造成元件损坏。在使用示波器时，要注意被测电路是否能与地相连，否则应将示波器作接地处理，以免引起元器件不必要的损坏。

四、技术资料

从数控机床技术资料的完整性考虑，作为数控机床生产厂家，必须向用户提供与使用及维修有关的技术资料。这些技术资料主要有数控机床的电气使用说明书，数控机床的电气原理图，数控机床的电气互连图，数控机床的结构简图，数控机床的电气参数，数控机床的PLC 控制程序，数控系统的操作手册，数控系统的编程手册，数控系统的安装及维修手册，以及伺服驱动系统的使用说明书。

维修人员必须对这些资料认真仔细地阅读，对照数控机床本身，使实物与图样资料联系起来，做到心中有数。当数控机床出现故障时，根据故障的现象，一方面找到数控机床故障发生的区域，另一方面翻阅相应的技术资料，作出正确的判断。

第二节　数控机床的故障处理

数控机床的故障有软故障和硬故障之分。所谓软故障，就是故障并不是由硬件损坏引起的，而是由于操作、调整处理不当引起的。这类故障在设备使用初期发生的频率较高，这和操作及维护人员对设备不很熟悉有关。所谓硬故障，就是由硬件损坏引起的故障，包括检测开关、液压系统、气动系统、电气执行元件及机械装置等故障，这类故障是数控机床常见的故障。

数控机床发生故障时，除非出现影响设备或人身安全的紧急情况，不要立即关断电源。要充分调查故障现场，从数控系统的外观、CRT 显示的内容、状态报警指示及有无烧灼痕迹等方面进行检查。在确认数控系统通电无危险的情况下，可按数控系统复位（RESET）键，观察数控系统是否有异常，报警是否消失，如能消失，则故障多为随机性，或是操作错误造成的。

CNC 系统发生故障，往往是同一现象、同一报警号可以有多种起因。有的故障根源在机床上，但现象却反映在系统上。所以，无论是 CNC 系统、机床电器，还是机械、液压及气动装置等，只要有可能引起故障的原因，都要尽可能全面地列出来，进行综合判断，确定最有可能的原因，再通过必要的试验，达到确诊和排除故障的目的。为此，当故障发生后，要对故障的现象作详细的记录，这些记录往往为分析故障的原因，查找故障源提供重要的依据。当数控机床出现故障时，往往从以下方面进行调查：

一、检查数控机床的运行状态

1）数控机床出现故障时的运行方式。

2）MDI/CRT 显示的内容。

3）各报警状态指示的信息。

4）故障时轴的定位误差。

5）刀具轨迹是否正常。

6）辅助机能运行状态。

7）CRT 显示有无报警及相应的报警号。

二、检查数控加工程序及操作情况

1）是否为新编制的数控加工程序。

2）故障是否发生在子程序部分。

3）检查程序单和 CNC 内存中的程序。

4）程序中是否有增量运动指令。

5）程序段跳步功能是否正确使用。

6）刀具补偿量及补偿指令是否正确。

7）故障是否与换刀有关。

8）故障是否与进给速度有关。

9）故障是否和螺纹切削有关。

10）操作者的训练情况。

三、检查故障的出现率和重复性

1）故障发生的时间和次数。

2）加工同类工件，故障出现的概率。

3）将引起故障的程序段重复执行多次，观察故障的重复性。

四、检查数控系统的输入电压

1）输入数控系统的电压是否有波动，电压值是否在正常范围内。

2）数控系统附近是否有使用大电流的装置。

五、检查环境状况

1）CNC 系统周围的温度。

2）电气控制柜的空气过滤器的状况。

3）数控系统周围是否有振动源引起数控系统的振动。

六、外部因素

1）故障前是否修理或调整过数控机床。

2）故障前是否修理或调整过 CNC 系统。

3）数控机床附近有无干扰源。

4）使用者是否调整过 CNC 系统的参数。

5）CNC 系统以前是否发生过同样的故障。

七、检查数控机床的运行情况

1）在运行过程中是否改变过工作方式。

2）数控系统是否处于急停状态。

3）熔断器的熔丝是否熔断。

4）数控机床是否做好了运行准备。

5）数控系统是否处于报警状态。

6）方式选择开关的设定是否正确。

7）速度倍率开关是否设定为零。

8）数控机床是否处于锁住状态。

9）进给保持按钮是否按下。

八、检查数控机床的状况

1）数控机床是否调整好。

2）数控机床运行过程中是否有振动产生。

3）刀具状况是否正常。

4）间隙补偿是否合适。

5）工件测量是否正确。

6）电缆是否有破裂和损伤。

7）信号线和电源线是否分开走线。

九、检查接口情况

1）电源线和 CNC 系统内部电缆是否分开安装。

2）屏蔽线接线是否正确。

3）继电器、接触器的线圈和电动机等处是否加装有噪声抑制器。

第三节　数控系统故障诊断的方法

数控系统的故障诊断过程分为故障检测、故障判断及隔离和故障定位三个阶段。第一阶段的故障检测就是对数控系统进行测试，判断是否存在故障；第二阶段是判定故障性质，并分离出故障的部件或模块；第三阶段是将故障定位到可以更换的模块或印制电路板，以缩短修理时间。为了及时发现数控系统出现的故障，快速确定故障所在部位并能及时排除，要求故障检测应简便，不需要复杂的操作和指示；故障诊断所需的仪器设备应尽可能少且简单实用；故障诊断所需的时间应尽可能短。为此，可以采用以下的诊断方法。

一、直观法

利用感觉器官，注意发生故障时的各种现象，如故障时有无火花、亮光产生，有无异常响声，何处异常发热及有焦煳味等。仔细观察可能发生故障的每块印制电路板的表面状况，有无烧毁和损伤痕迹，以进一步缩小检查范围，这是一种最基本、最常用的方法。

二、CNC 系统的自诊断功能

依靠 CNC 系统快速处理数据的能力，对出错的部位进行多路、快速的信号采集和处理。然后由诊断程序进行逻辑分析判断，以确定数控系统是否存在故障，及时对故障进行定位。

现代数控系统自诊断功能可分为两类：一类为“开机自诊断”，它是指从每次通电开始至进入正常的运行准备状态为止，数控系统内部的诊断程序自动执行对 CPU、存储器、总线和 I/O 单元等模块、印制电路板、CRT 单元、光电阅读机及软盘驱动器等外围设备进行运行前的功能测试，确认数控系统的主要硬件是否可以正常工作。

例如，配置 FANUC 10TE 数控系统的机床，开机后 CRT 显示：

FS10TE 1399B

ROM TEST：END

RAM TEST

CRT 显示表明 ROM 测试通过，RAM 测试未通过。这需要从 RAM 本身参数是否丢失，外部电池失效或接触不良等方面进行检查。

另一类是故障信息提示。当数控机床运行中发生故障时，在 CRT 上会显示编号和内容。根据提示，查阅有关维修手册，确认引起故障的原因及排除方法。但要注意的是，有些故障根据故障内容提示和查阅手册可直接确认故障原因，而有些故障的真正原因与故障内容提示不相符，或一个故障显示有多个故障原因，这就要求维修人员必须找出它们之间的内在联系，间接地确认故障原因。

一般来说，数控机床诊断功能提示的故障信息越丰富，就越能够给故障诊断带来方便。

三、数据和状态检查

CNC 系统的自诊断功能不但能在 CRT 上显示故障报警信息，而且能以多页的“诊断地址”和“诊断数据”形式提供数控机床的参数和状态信息，常见的有两个方面的检查。

1. 接口检查

数控系统与机床之间的输入/输出接口信号，包括 CNC 与 PLC、PLC 与机床之间的接口输入/输出信号。数控系统的输入/输出接口诊断能将所有开关量信号的状态显示在 CRT 上，用“1”或“0”表示信号的有无。利用状态显示可以检查数控系统是否已将信号输出到机床侧，机床侧的开关量等信号是否已输入到数控系统，从而可将故障定位在机床侧，或是在数控系统侧。

2. 参数检查

数控机床的机床数据是经过一系列试验和调整而获得的重要参数，是数控机床正常运行的保证。这些数据包括增益、加速度、轮廓监控公差、反向间隙补偿值和丝杠螺距补偿值等。当受到外部干扰时，会使这些数据丢失或发生混乱，数控机床不能正常工作。

四、报警指示灯显示故障

现代数控机床的数控系统内部，除了上述的自诊断功能和状态显示等“软件”报警外，还有许多“硬件”报警指示灯，它们分布在电源、伺服驱动和输入/输出等装置上。根据这些报警灯的指示，可判断出发生故障的原因。

五、备板置换法

利用备用的电路板来替换有故障疑点的模板，是一种快速而简便的判断故障原因的方法，常用于 CNC 系统的功能模块，如 CRT 模块、存储器模块等。

例如，有一数控系统开机后 CRT 没有显示，采用如图 5-3 所示的故障检查步骤，即可判断 CRT 模块是否有故障。

需要注意的是，备板置换前应检查有关电路，以免由于电路短路而造成好板损坏。同时，还应检查试验板上的选择开关和跨接线是否与原模板一致，有些模板还要注意板上电位器的调整。置换存储器板后，应根据数控系统的要求，对存储器进行初始化操作，否则数控系统仍不能正常工作。

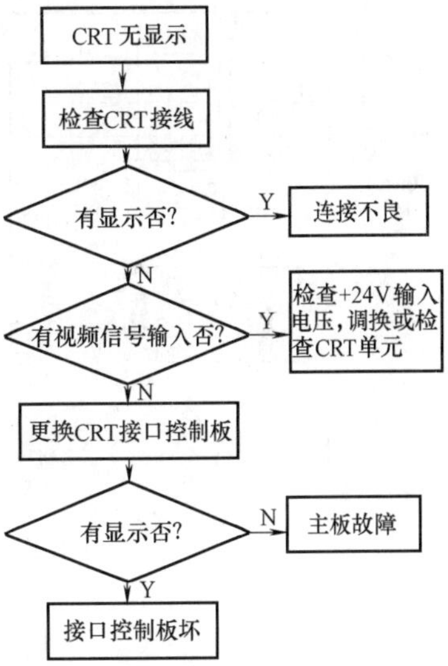

图 5-3　CRT 故障备板置换诊断流程图

六、交换法

在数控机床中常有功能相同的模块或单元，将相同模块或单元互相交换，观察故障转移的情况，就能快速确定故障的部位。这种方法常用于伺服进给驱动装置的故障检查，也可用于两台相同数控系统间相同模块的互换。

七、敲击法

数控系统由各种电路板组成，每块电路板上会有很多焊点，任何虚焊或接触不良都可能出现故障。若用绝缘物轻轻敲打不良疑点的电路板、接插件或元器件时，若故障出现，则故障很可能就在敲击的部位。

八、测量比较法

为检测方便，模块或单元上设有检测端子，利用万用表、示波器等仪器仪表，通过这些端子检测到的电平或波形，将正常值与故障时的值相比较，可以分析出故障的原因及故障的所在位置。

需要注意的是，对上述故障诊断方法有时要几种方法同时应用，进行故障综合分析，快速诊断出故障的部位，从而排除故障。

第四节　电源维护及故障诊断

数控机床的电源装置，通常由电源变压器、机床控制变压器、断路器、熔断器和开关电源等组成。通过电源配置提供给数控机床各种电源，以满足不同负载的要求。电网的电压波动，负载对地短路均会影响到电源的正常供给。

一、电源配置

数控机床从供电电路上取得电源后，在电气控制柜中进行再分配，根据不同的负载性质和要求，提供不同容量的交、直流电压。图 5-4 所示为三菱 MELDAS 50 系统及伺服驱动的电源配置。

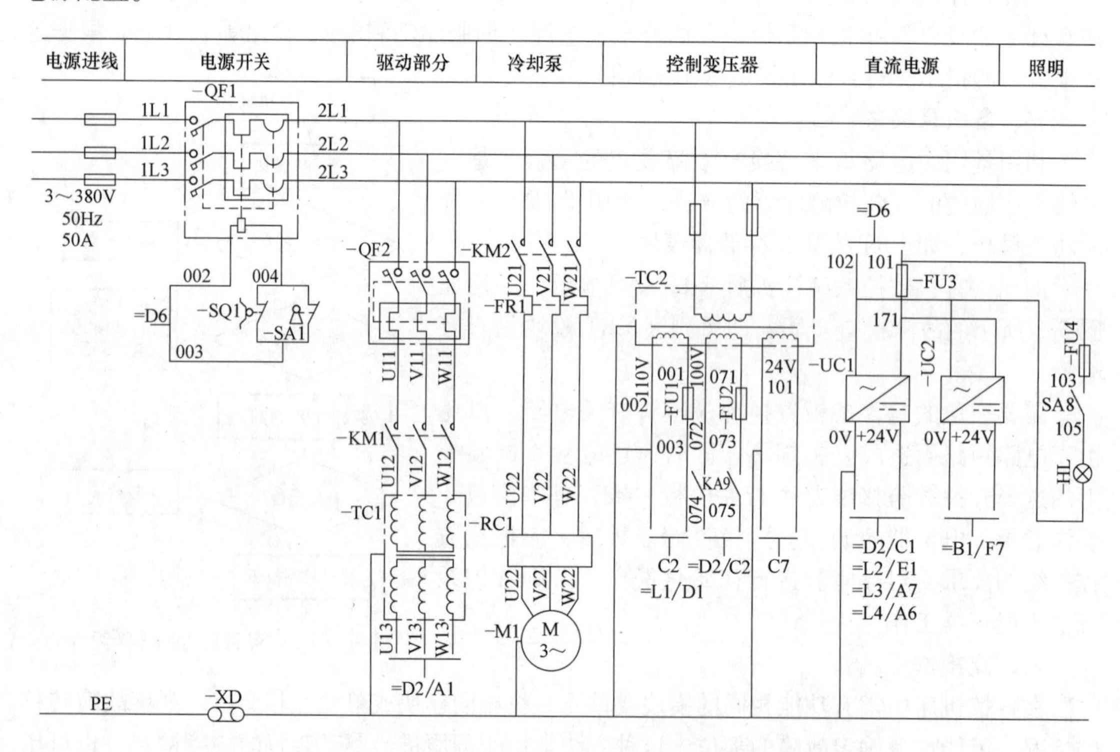

图 5-4　三菱 MELDAS 50 系统及伺服驱动的电源配置

动力电网的三相交流 380V、50Hz 电源经断路器 QF1 引入，分别转换成驱动部分电源、冷却泵电源、控制变压器电源、直流电源和照明电源。由于三菱伺服驱动（包括主轴和进给）的驱动电压为三相交流 200V，经断路器 QF2 和变压器 TC1 将三相交流 380V 变换为三相交流 200V。变压器 TC2 一是将单相 220V 电源变换为单相 110V 电源，用于交流接触器的线圈电压；二是变换为单相 100V 电源，用于 CNC 系统 CRT 显示器的电源；三是变换为交流 24V 电源，经整流器 UC1 和 UC2 输出直流 +24V，分别用于数控机床操作面板上带灯显示按钮的电源和数控系统的 I/O 单元电源。I/O 单元电源一方面用于中间继电器的线圈电压，另一方面用于接近开关电源和各类按钮及行程开关的对地电压。由于各个负载共用一个 +24V 电源，因此一个负载对地短路而引起另一负载的短路是电源最容易发生的故障。

另外要注意的是电源配置中的接地线（黄绿线），接地的好坏直接影响到数控机床的正常运行和安全性，要检查接地排上接地端子的连接是否紧固，接触是否良好。

当数控机床出现电源故障时，首先要查看熔断器、断路器等保护装置是否熔断或跳闸，找出故障的原因，如短路、过载等。断路器相当于刀开关、熔断器、热继电器和欠电压继电器的组合，是一种既有手动开关作用又能自动进行欠电压、失电压、过载和短路保护的电器。在数控机床电路中，常用塑壳式断路器作为电源开关及控制和保护电动机频繁起动、停止的开关，其操作方式多为手动操作，主要有扳动式和按钮式两种。每经过一段时间，如定期检修时，应清除断路器上的灰尘，以保证良好的绝缘；定期检查电流整定值和延时设定，以保证动作可靠。

熔断器在配电电路中作为短路保护之用，当通过熔断器的电流大于规定值时，以它本身产生的热量使熔体熔化而自动断开电路。在数控机床的配电电路中，常用螺旋式熔断器和扳动式熔断器。螺旋式熔断器有熔体熔断的信号指示装置，熔体熔断后，带色标的指示器弹出，便于发现更换；扳动式熔断器中的熔丝可应用万用表来检验其是否熔断。在更换熔体时，要注意熔断器的电流等级，以避免电路的误动作或过电流。

二、通过电气原理图诊断故障

当数控机床运行中停电或无法起动时，从电源方面来看，故障原因多为电源指标没有达到而进行的自我保护。例如，配备 FANUC 7 系统的数控机床，在运行过程中产生丢电故障。图 5-5 所示为 FANUC 7 系统的直流稳压电源监控原理图。

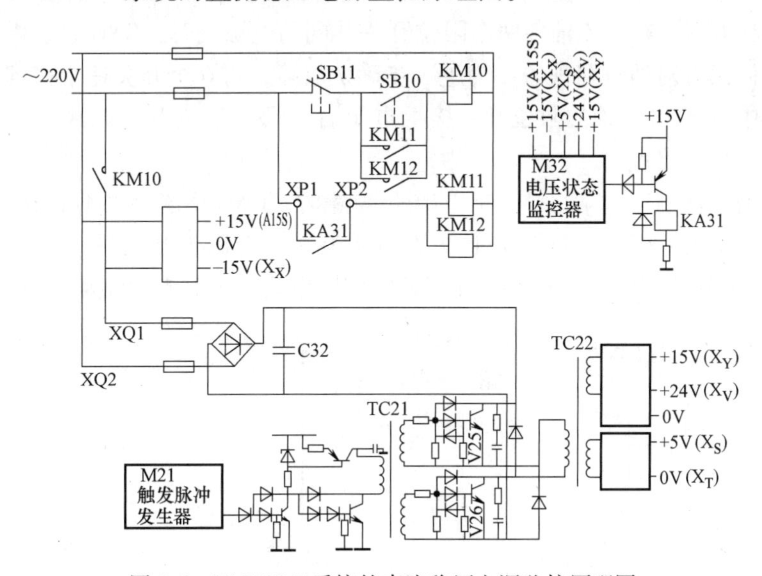

图 5-5　FANUC 7 系统的直流稳压电源监控原理图

按电源起动按钮 SB10，交流接触器 KM10 吸合后，常开触点 KM11、KM12 闭合自保，整机起动供电。接触器 KM11、KM12 通电的条件是：电源盘上的继电器 KA31 通电，使并接在 XP1、XP2 端子上的常开触点 KA31 闭合后，才能使主触点 KM10 吸合自保。从图中看出，开关电源进电端 XQ1、XQ2 是通过主接触器 KM10 常开触点闭合后，接到交流 220V 电源上的。继电器 KA31 受电压状态监控器 M32 控制，当电源板上输出直流电压 +15V、-15V、+5V及 +24V 均正常时，KA31 继电器吸合正常。一旦有任何一项电压不正常时，KA31 继电器即释放，使主接触器 KM10 断电释放，从而引起丢电故障。要消除这个故障，就要查找引起直流电压不正常的原因：

1）输出端 A15S 的 +15V、X_X 的 –15V、X_Y 的 +15V、X_V 的 +24V 及 X_S 的 +5V 直流电压是否正常。

2）电容器 C32 两端电压是否为 310V，以说明供电电源是否正常。

3）用示波器检查脉冲发生器 M21 是否有 20kHz 触发脉冲输出。

4）在变压器 TC21 一次线圈上能否测到波形。

5）开关管 V25、V26 能否正常工作。

三、负载对地短路的故障诊断

当一个电源同时供几个负载使用时，若其中一个负载发生短路，就可能引起其他负载的失电故障。

例如，一台配备 SINUMERIK 810 系统的数控机床，当按下 CNC 起动按钮时，则 CNC 系统开始自检，在显示器上出现基本画面时，数控系统马上失电。这种现象与 CNC 系统 +24V 直流电压有关，当 +24V 直流电压下降到一定数值时，CNC 系统采取保护措施，自动断开系统电源。由稳压电源输出的 +24V 直流电压除了供 CNC 系统外，还作为限位开关的外部电源、中间继电器线圈及伺服电动机中电磁制动器线圈的驱动电源。因此它们中的任何一个短路，均可使其他元件失电。

在不通电的情况下，经测量确认 CNC 系统的电源模块、中间继电器线圈没有短路和漏电现象。逐个断开 X、Y 和 Z 轴各两个限位开关共同的电源线时，CNC 系统供电正常，测量限位开关，确认没有对地短路现象。为进一步确认故障，将 6 个开关逐个接到电源上，处于工作状态。其中 X 轴和 Y 轴的限位开关接上电源后，CNC 系统上电正常。但 Z 轴的两个限位开关接上电源后，出现：

1）主轴箱没有到达 +Z 和 –Z 方向的限位位置时，CNC 系统就供不上电。

2）当主轴箱到达 +Z 或 –Z 限位位置并压上其中一个限位开关时，CNC 系统就能供上电。这台 SINUMERIK 810 系统的数控机床 Z 轴伺服电动机配有电磁制动器，如图 5-6 所示。

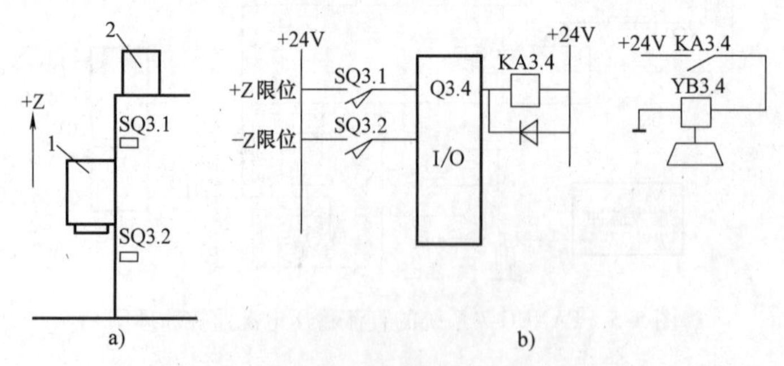

图 5-6　Z 轴伺服电动机电磁制动器的控制

a）Z 轴限位开关位置　b）电磁制动器控制

1—主轴箱　2—带电磁制动器的 Z 轴伺服电动机

电磁制动器具有得电松开，失电制动的特性。

分析Z轴的伺服条件，在正常运行的情况下，+Z或-Z的限位开关均未压上，PLC的I/O模块输出Q3.4为“1”，中间继电器KA3.4线圈得电，KA3.4的常开触点闭合，电磁制动器YB3.4线圈得电，抱闸松开，Z轴伺服电动机驱动。当碰到+Z或-Z其中的一个限位开关时，Q3.4为“0”，KA3.4线圈失电，KA3.4的常开触点释放，电磁制动器YB3.4线圈失电，Z轴伺服电动机制动。这时Z轴两个限位开关未压上，YB3.4线圈应得电，但CNC系统失电；而其中一个限位开关压上时，YB3.4线圈应失电，但CNC系统上电正常，分析的情况和故障现象相吻合。显然，电磁制动器YB3.4线圈+24V短路，从而引起CNC系统的失电，经测量YB3.4线圈的对地电阻后，证实判断的正确性。

第五节 数控机床的抗干扰

干扰是影响数控机床正常运行的一个重要因素，常见的干扰有电磁波干扰、供电电路干扰和信号传输干扰等。

一、电磁波干扰

工厂中电火花高频电源等都会产生强烈的电磁波，这种高频辐射能量通过空间的传播，被附近的数控系统所接收，如果能量足够，就会干扰数控机床的正常工作。

二、供电电路干扰

数控系统对输入电压的允许范围都有要求，供电电路的过电压或欠电压都会引起电源电压监控报警，从而停机。如果电路受到干扰，就会产生谐波失真，频率与相位漂移。

动力电网的另一种干扰是由大电感负载所引起的。大电感在断电时要把存储的能量释放出来，在电网中形成高峰尖脉冲，它的产生是随机的，其波形如图5-7所示。由于这种电感负载产生的干扰脉冲频域宽，特别是高频窄脉冲，其峰值高，能量大，干扰严重，但变化迅速，不会引起电源监控的反应。如果通过供电电路窜入数控系统，引起的错误信息会导致CPU停止运行，数控系统的数据丢失。

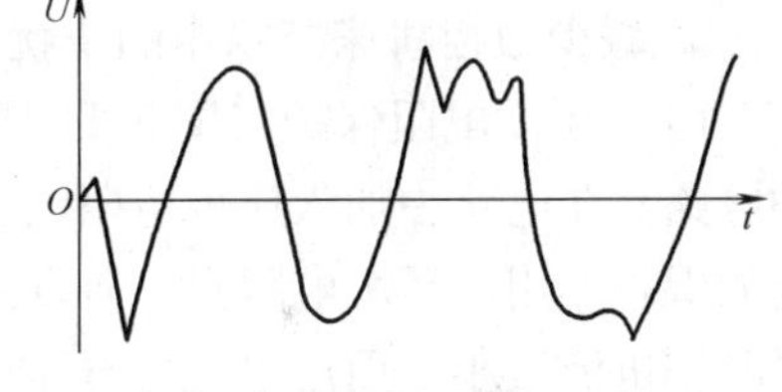

图5-7 电网干扰电压

三、信号传输干扰

数控机床电气控制的信号在传递过程中，若受到外界干扰，常会产生常模干扰（又称差模干扰、串模干扰）和共模干扰。图5-8所示为常模干扰的等效电路及电压波形。从图中可以看出，常模干扰电压U_{NI}叠加在有用信号上，从而对信号传输产生干扰。常模干扰的表现形式有

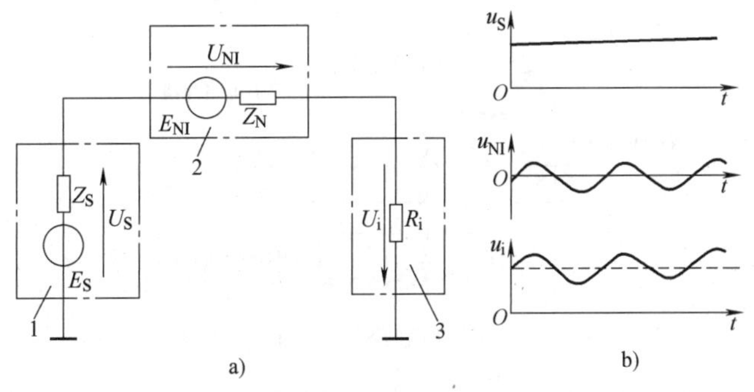

图5-8 常模干扰

a）等效电路 b）输入端的电压波形

1—有用信号源 2—常模干扰源 3—测量装置

1）通过泄漏电阻的干扰。最常见的现象是元件支架、检测元件、接线柱、印制电路板及电容绝缘不良，使噪声源得以通过这些漏电阻作用于有关电路而造成干扰。

2）通过共阻抗耦合的干扰。最常见的情况之一，是通过接地线阻抗的共阻耦合干扰。

3）经电源配电回路引入的干扰。如前所述的供电电路的干扰。

图 5-9 所示为共模干扰等效电路。当干扰电压对两根信号线的干扰大小相等、相位相同时属于共模干扰，由于接收装置的共模抑制比一般均较高，所以 U_{N1} 对数控系统的影响不大。但当接收装置的两个输入端出现很难避免的不平衡时，共模电压的一部分将转换为常模干扰电压。

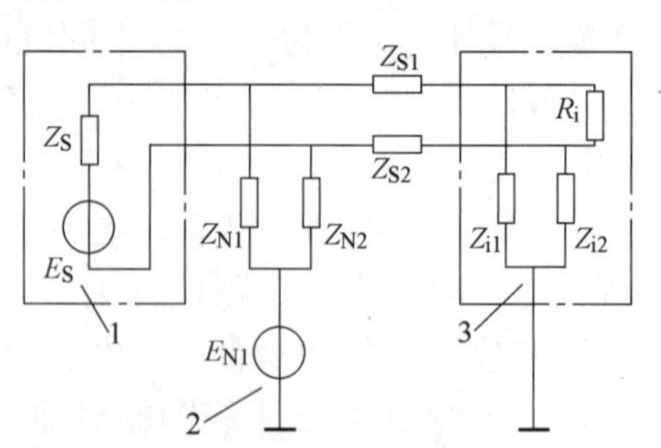

图 5-9 共模干扰等效电路

1—有用信号源 2—共模干扰源

3—检测装置

四、抗干扰的措施

1. 减少供电电路干扰

数控机床的安装要远离中频、高频的电气设备；要避免大功率起动、停止频繁的设备和电火花设备与数控机床位于同一供电干线上，而要采用独立的动力线供电。在电网电压变化较大的地区，供电电网与数控机床之间应加自动调压器或电子稳压器，以减小电网电压的波动。动力线与信号线要分离，信号线采用绞合线，以减少和防止磁场耦合和电场耦合的干扰。例如，变频器中的控制电路接线要距离电源线至少 100mm，两者绝对不可放在同一个导线槽内。另外，控制电路配线与主电路配线相交时要成直角相交，且控制电路的配线应采用屏蔽双绞线，如图 5-10 所示。

2. 减少数控机床控制中的干扰

（1）压敏电阻保护　图 5-11 所示为数控机床伺服驱动装置电源引入部分压敏电阻的保护电路。在电路中加入压敏电阻（又称浪涌吸收器），可对电路中的瞬变、尖峰等噪声起一定的保护作用。压敏电阻是一种非线性过电压保护元件，抑制过电压能力强，反应速度快。平时漏电流很小，而放电能力异常大，可通过数千安培电流，且能重复使用。

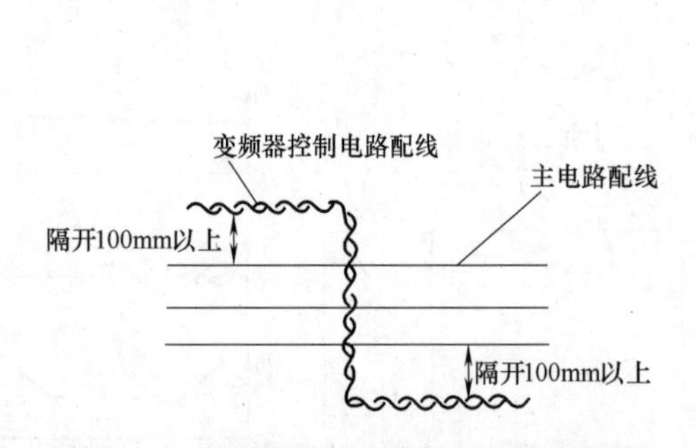

图 5-10 变频器控制电路与主电路的配线

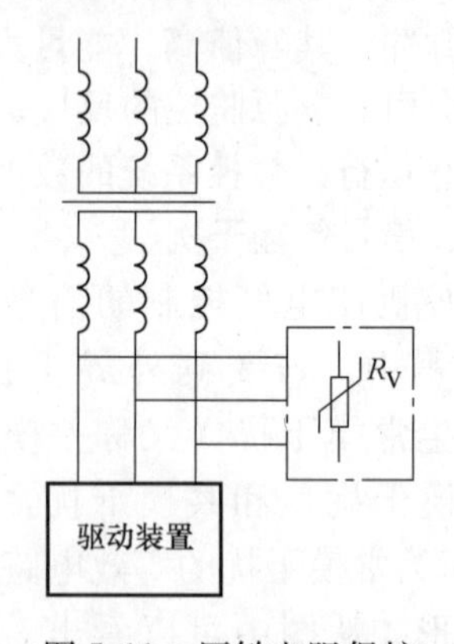

图 5-11 压敏电阻保护

（2）阻容保护　图 5-12 所示是数控机床电气控制中交流负载的阻容保护电路。交流接触器和交流电动机频繁起动、停止时，其电磁感应现象会在数控机床的电路中产生浪涌或尖峰等噪声，干扰数控系统和伺服系统的正常工作。在这些电器上加入阻容吸收回路，会改变电感元件的电路阻抗，使交流接触器线圈两端和交流电动机各相的电压在起动、停止时平稳，抑制了电器产生的干扰噪声。交流接触器的阻容吸收回路，其电阻一般为 220Ω，电容一般为0.2μF/380V；交流电动机各相之间的阻容吸收回路，电阻一般为300Ω，电容一般为0.47μF/380V。

目前，有些交流接触器配备有标准的阻容吸收器件，如TE公司的D2系列接触器，其交流接触器中的LA4线圈抑制模块，如图5-13a所示。线圈抑制模块可直接插入接触器规定的部位，安装方便。图5-13b所示的三相灭弧器，一般用于三相负载的阻容吸收。

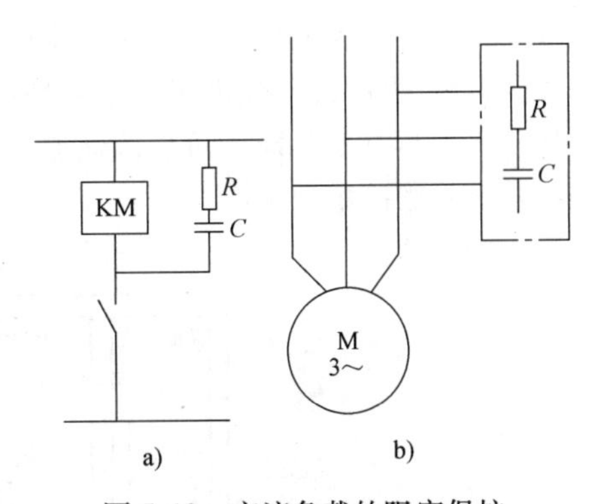

图5-12　交流负载的阻容保护
a）交流接触器线圈　b）驱动电路

（3）续流二极管保护　图5-14所示是数控机床电气控制中直流继电器、直流电磁阀续流二极管保护电路。直流电感元件在断电时，线圈中将产生较大的感应电动势，在电感元件两端反向并联一个续流二极管，释放线圈断电时产生的感应电动势，可减小线圈感应电动势对控制电路的干扰噪声。目前，有些直流继电器已将续流二极管做成一体，如FUJI中间继电器DC24VHH53P-FL在其线圈两端并联有二极管，给使用安装带来了方便。

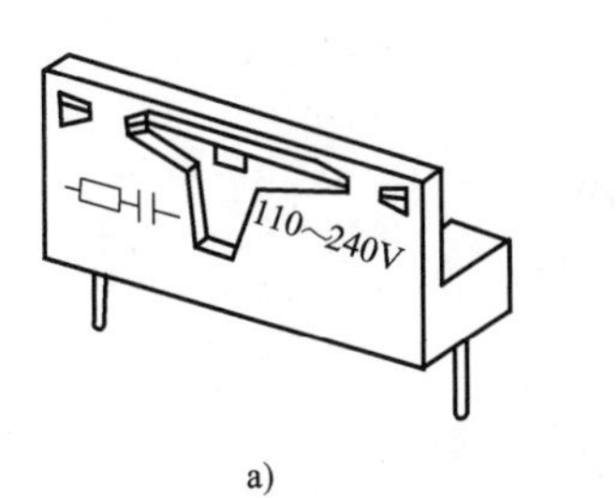

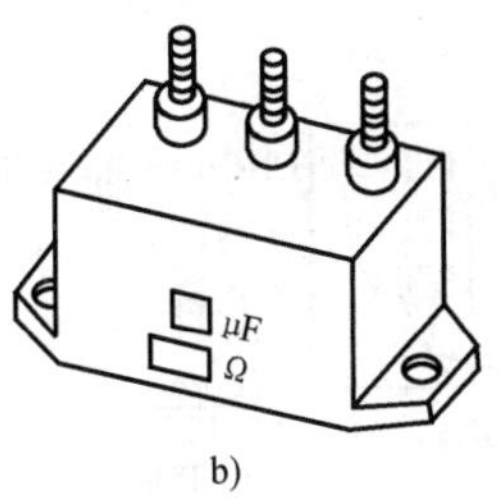

图5-13　阻容吸收器件
a）线圈抑制模块　b）三相灭弧器

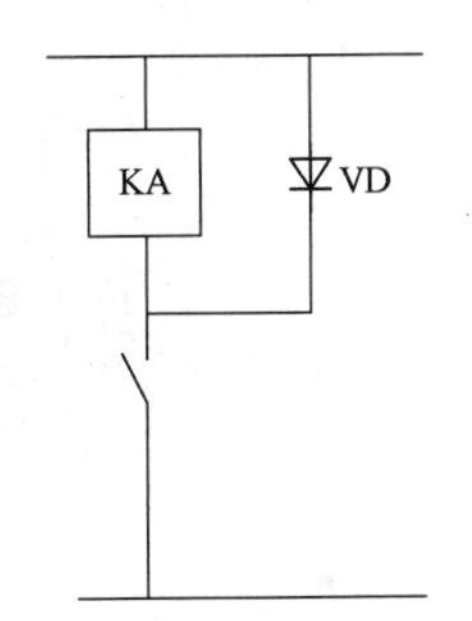

图5-14　续流二极管保护电路

3. 屏蔽技术

利用金属材料制成容器，将需要防护的电路放置在其中，可以防止电场或磁场的耦合干扰，这个方法称为屏蔽。屏蔽可以分为静电屏蔽、电磁屏蔽和低频磁屏蔽等几种。通常使用的铜质网状屏蔽电缆能同时起到电磁屏蔽和静电屏蔽的作用；将屏蔽线穿在铁质蛇皮管或普通铁管内，达到电磁屏蔽和低频磁屏蔽的目的；仪器的铁皮外壳接地能同时起到静电屏蔽和电磁屏蔽的作用。

4. 保证“接地”良好

“接地”是数控机床安装中一项关键的抗干扰技术措施。电网的许多干扰都是通过“接地”这条途径对数控机床起作用的。数控机床的地线系统有这样三种：

（1）信号地　信号地是用来提供电信号的基准电位（0V）。

（2）框架地　框架地是以安全性及防止外来噪声和内部噪声为目的的地线系统，它是装置的面板、单元的外壳、操作盘及各装置间接口的屏蔽线。

（3）系统地　系统地是将框架地与大地相连接。图5-15所示为数控机床的地线系统。系统接地电阻应低于100Ω，连接的电缆必须具有足够的截面积，一般应等于或大于电源电缆的截面积，以保证在发生短路等事故时，能安全地将短路电流传输到系统地线中。

图 5-16 所示为数控机床实际接地的方法。图 5-16a 的接地是将所有金属部件统一连在一点上；图 5-16b 设置了两个接地点，在这种情况下，要把主接地点和第二接地点用截面积足够大的电缆连接起来。

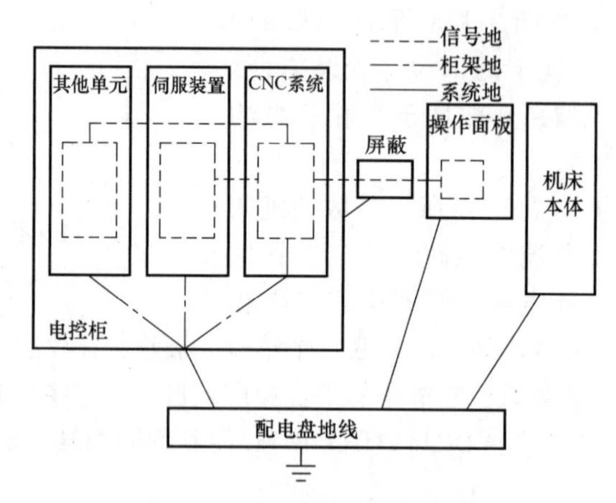

图 5-15 数控机床的地线系统

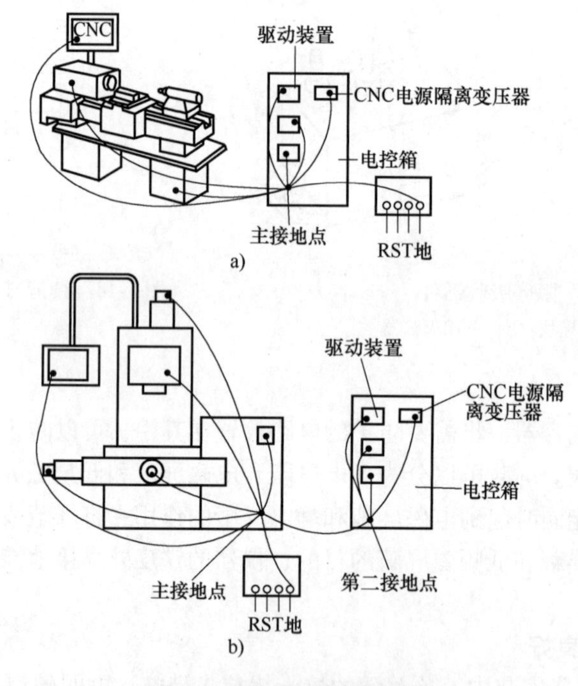

图 5-16 数控机床实际接地
a）一点接地 b）二点接地

思考与练习

5-1 点检的目的是什么？对于数控车床和加工中心而言，哪些是重要部位？

5-2 数控机床故障诊断的方法有哪些？

5-3 图 5-17 所示为某数控机床的电源配置，请说明这个电源配置的特点。

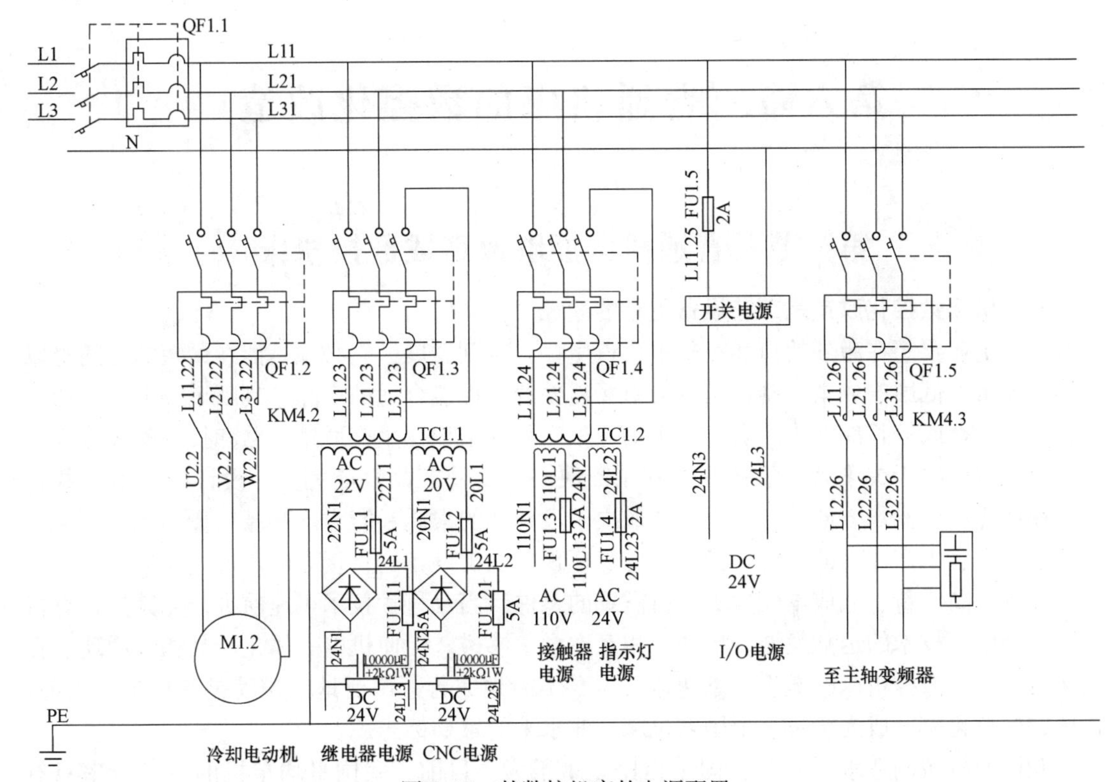

图 5-17　某数控机床的电源配置

5-4　数控系统的干扰有哪些？应采取什么措施来消除？

5-5　“接地”的作用是什么？在数控机床中有哪些“接地”？

5-6　某台采用 KT400 数控系统的车床，电源中有 DC +24V，用途如图 5-18 所示。在加工过程中，CRT 上显示 64 号报警，随即数控系统死机。64 号报警为 +24V 直流电源报警，问怎样来解决这一个问题。

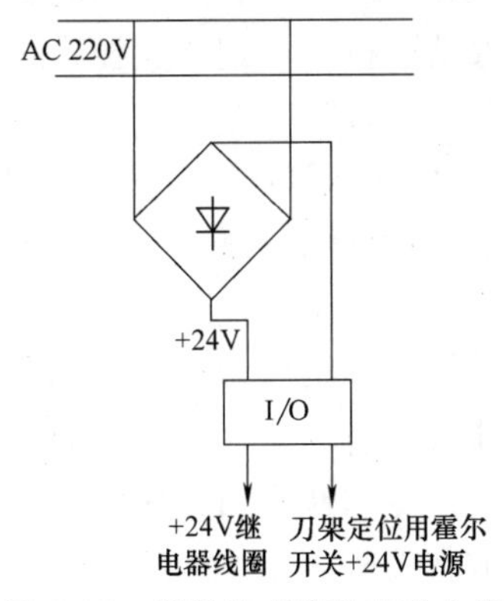

图 5-18　某数控车床的部分电源

5-7　数控机床自诊断功能主要包括哪些内容？

第六章　普通机床的数控化改造

第一节　普通机床能够改造成数控机床

一、机床数控化改造是工艺设备更新的途径

一个企业要想在激烈的市场竞争中获得生存，得到发展，它必须是能在最短的时间里以优异的质量、低廉的成本，制造出符合市场需要的、性能合适的产品。判断市场上产品的变化，决定近期或较长期的生产安排，主动调整产品的结构，生产适销对路和技术附加值高的产品，主要取决于决策者的敏锐观察和果断决心。要使产品性能完美，设计出技术参数合理、性能优良、操作方便的产品，主要取决于设计师的素质和能力。产品质量的优劣、制造周期的长短、生产成本的高低，又往往受工厂现有加工设备的直接影响。现代化的加工设备能高效率、高质量、低成本地加工出所需要的零件。当今科学技术飞速前进，尤其是计算机技术和微电子技术的迅猛发展，机和电相互融合、渗透，促使机电一体化产品相继涌现。在机床行业中，数控机床的诞生、迅速地发展、不断地完善、广泛地应用就是其例证。当前，机床的数控化率已成为衡量一个国家机床工业水平的重要标志。

我国的机械制造水平与发达国家相比差距很大。目前，我国平均单机的生产效率只有美、日等国的1/10，全员劳动生产率约为美、日的1/25，设备使用时间长、技术水平落后是其原因之一。为改变这个落后现状，采用先进的工艺装备，包括采用数控机床，逐步增加数控机床所占的比重，已成为我国制造技术发展的总趋势。由于零件的类型、形状、尺寸和用途差异很大，零件的加工批量相差悬殊，零件的质量和精度要求也有着显著的不同，因此机械制造业需要不同类型的数控机床和高、中、低档不同层次的数控机床。购买新的数控机床是提高数控化率的主要途径；改造旧机床、配置数控系统，把普通型的旧机床改装成数控机床也是提高数控化率的途径。

我国现有机床330多万台，机床的使用时间，尤其是大型和重型机床的使用时间都很长，这些机床的结构一般都很陈旧，操作部分复杂，测量系统简陋，控制系统非常落后。但是把这些性能落后、生产率低的旧机床全部闲置或淘汰，用新型的机床去取代，是不现实的。重型机床、特别是现代化的数控重型机床价格都非常昂贵。我国是一个发展中的国家，把普通旧机床改装成数控机床是非常经济的途径。发达的西方工业大国，在大量制造数控机床的同时，也在组建维修改造公司，专门从事旧机床的维修和数控化改造。

把使用很久的大型机床改装成数控机床是可能的。分析各种大型机床的基本结构，普通机床与数控机床相比，形状复杂的、吨位重的基础零件，如底座、工作台、床身、立柱、横梁、顶梁和滑枕等都是必不可少的。它们的材质都是铸件或焊接钢件，这些零件占用的原材料多，加工周期长，耗费资金多。将旧机床进行改造，重复使用这些基础零件，必然缩短了制造周期并降低了生产成本。机床的使用时间长，相应的这些基础件的自然时效也长，内应力的消除使得机床主要基础零件的精度稳定性好。大型机床的占地面积大，混凝土基础深，浇灌混凝土的费用也多，改造旧机床还可节省大量的基础费用。机床制造厂要满足不同用

户的要求，机床一般都按通用化设计和制造，大型机床更是如此。用户使用机床，是为加工本厂特有的零件，机床的专用性强，当机床按具体的零件要求进行数控化改造后，生产效率必然比通用机床高。被改造的机床由于曾长期使用，其存在的故障和隐患都很清楚。机床在数控化改造的同时，也顺理成章地根除了这些故障，使得改造后的数控机床更适合用户的使用。显然，普通机床进行数控化改造是提高技术水平，更新工艺设备的有效途径。

二、机床数控化改造的条件

旧机床虽然能改装成数控机床，但并不是所有的旧机床都适合改装成数控机床，衡量是否适合改装的主要标准是机床基础件的刚性和改装的经济性。

（1）机床基础件必须具有足够的刚性　数控机床属于高精度的机床，工件移动或刀具移动的位置精度要求很高，一般在0.001～0.01mm，高的定位精度和运动精度要求机床基础件具有很高的静刚度和动刚度。基础件不稳定、受力后容易变形的旧机床都不适合于改装成数控机床。

（2）机床数控改装的总费用合适，经济性好　机床数控改装分两部分进行：一是维修机械部分，其工作主要包括更换或修理磨损了的零件，调试大型基础零件，增加新的功能装置，恢复或提高机床的精度和性能；另一方面是舍弃原操纵系统和控制系统。微电子技术的迅猛发展，促进机床数控系统不断地更新换代，机床原有的控制系统必须舍弃，用新的数控系统和相应的装置来代替。改造总费用也是由机械维修和增加数控系统两部分组成，机械部分改造的费用与旧机床原有零件利用的多少密切相关，数控系统的价格对新、旧机床都一样。若机床数控改造的总费用仅为同类规格设备价格的50%～60%时，则该机床数控改造在经济上才合算。由于数控系统本身价格较高，从经济效益考虑，大、中型机床，尤其是重型机床，最适合于数控改造。

三、国内外旧机床数控改造的实例

数控机床的逐渐普及，数控系统的价格不断地降低，使得旧机床进行数控改造的特点（如成本低、交货期快、机械刚性好、生产适应性强等）更明显，促使越来越多的机械制造厂选择旧机床数控改造作为设备的更新途径。世界各国，包括许多工业发达的国家相继成立了机床修复公司、翻新公司或改造公司，承担旧机床数控改造的业务，并且成功地改造了一些大型和重型机床。

德国的Schiess公司在1981年把一台加工直径为19m的超重型立式车床改装成数控车床。该机床是1929年出产的，当时曾是世界上最大的机床，其改造的内容有：工作台导轨改装为静压导轨，承载能力增加了50%；主传动采用半导体可控硅控制，取代老式的机组传动；刀架的滑动导轨改为滚动导轨；增加测量显示装置，配置数控系统等。该机床的全部改造费用仅为当时同类规格新机床价格1200万马克的28.9%，其中大修费用占7.9%，数控改造费用占20.8%。该公司还改造了一台最大加工直径为14m的超重型立式车床，全部改造费用为当时同类规格新机床价格900万马克的19.1%。以上两例标志着当今世界设备改造业的重大进展和高超水平。

德国的Schiess公司还曾把一台1968年出产的加工直径为1.4m的普通型单臂小立式车床改装成数控车床，改造总费用为同类规格新机床价格95万马克的48.1%，其中大修费用占11.7%，数控部分改造费用占36.4%。

美国的 Dayton 公司于 1985 年改造了一台已使用 27 年的大型龙门铣床，用于 B-1 逆火式轰炸机和坦克的混合生产线上。该机床的数控化改造非常彻底，仅保留原机床的 5 大件（床身、工作台、立柱、顶梁和横梁），其他机械、液压和电器等零件全都用新的零部件和新的系统替换。改造后，两个新的 Setco 精密铣头的主轴转速范围在 100 ~ 3600r/min，工作台的定位精度达 ± 0.0025mm，重复定位精度达 0.00125mm，床身导轨的直线度在 ±0.025mm以内，两个铣头能同时在一个零件上进行镜像加工，一台机床具有两台机床的功能。全部改造费用据说仅为同类规格新机床价格的 60%。

我国某重型机械厂在 1987 年曾把一台 24-10FP450 型数显龙门铣床改装成数控龙门铣床，该机床是由德国 Waldrich Coburg 公司制造的，工作台上加工零件的面积为 5m × 15m，加工零件的最大质量为 525t。该机床的机械部分仅更换了蜗轮蜗杆传动副，控制部分配置了 SIEMENS 8MC 数控系统。改造后的该机床可控制四坐标（X 轴工作台移动、Y 轴滑座移动、Z 轴滑枕移动、W 轴横梁移动）运动，其中任意三坐标直线插补，任意两轴半坐标曲线插补。该厂认为，改造后的数控龙门铣床，特别适宜加工形状复杂的单件生产的重型零件。生产中，因为各种复杂零件形状的改变，则只要改变控制程序，通过数控龙门铣床几个坐标的联动，就可加工出形状复杂的零件，并且加工精度较高，加工质量稳定，加工效率为普通机床的 2 ~3 倍。而该机床的改造费用，仅为原机床进口值的 15%。

某造船厂为了加工直径 2.1m 的薄壁球体，早在 1977 年就成功地把一台 C534J 型双柱立式车床改装成数控立式车床。该立式车床最大车削直径为 3.4m，原有左、右两个刀架，现仅把左刀架改装成数控刀架。该刀架的滑座和滑枕分别由两个电液马达驱动，更换了进给箱，用滚珠丝杠替换普通丝杠，控制部分配置了晶体管逻辑电路（TTL），滑座（X 轴）和滑枕（Z 轴）的脉冲当量分别为 0.005mm 和 0.01mm，机床的加工精度可以达到 0.01mm。滑座和滑枕两坐标联动，加工出了合格的球体。该机床使用的数控系统虽然原始，但能在 30 多年前，我国还很少应用数控机床的情况下大胆改装，并获得成功，这是很不容易的。

某计算机应用技术研究所研制了一套 16 位微机立式车床控制系统，用于某化工机械厂 2.5m 双柱立式车床的数控化改造。该控制系统由 MC68000 单板机、带键盘的终端、盒式磁带、外部控制电路等组成。机械部分仅改造右刀架，取消原进给箱，刀架滑座和滑枕的移动由电液马达驱动，经过一对减速齿轮，使光杠和丝杠转动而实现。数控化改造总投资为 4.6 万元，一年内即可收回。改造后工效提高 4 ~6 倍，加工精度显著提高，表面粗糙度轮廓幅度参数值明显减小。

除了大型普通机床数控化改造外，许多中、小型机床，特别是普通卧式车床，机床的机械部分仅做较小改动，再配以简易数控系统，就能加工出各种锥面和旋转曲面。这种较廉价的数控改造具有很大的实用价值，目前在我国得到了迅速地推广和应用。

第二节　机床数控化改造的一般途径

一、微机控制系统

用微电子技术改造机械设备是新技术发展的一个方向，它能提高生产效率，提高产品质量。实践表明，用微机改造旧机床，是一种投资少、见效快的好办法。但由于是旧机床改装，它的轴承、导轨面均有不同程度的磨损，所以改装后的精度一般达不到新机床的精度。

这一不足，在改装时要考虑，对某些关键部件要精化。

例如，微机控制装置在卧式车床的改装中，主要实现的功能如下：

1）控制刀架纵向、横向的移动方向、速度、位移量。

2）局部循环功能，简化加工程序。当加工余量较大，需多次进给才能完成加工时，可用循环功能。

3）设有暂停、延时、点动等功能。根据加工精度、测量、调试等不同需要选择功能。

4）设有自动换刀、间隙补偿功能，提高加工精度。

5）外控键盘上设有暂停、急停控制指令，以应付加工过程中的特殊情况。

经济型简易数控车床所用的微机装置通常由微型计算机、接口电路及驱动电路等组成。微型计算机是以包括运算器和控制器的微处理器为核心，配以大规模的集成电路制成的数据存储器 RAM 和只读存储器 ROM 组成。通常，把这些部件及输入输出接口电路装在一块印制电路板上，因此将这种微型计算机称为单板机。微机控制系统工作框图如图 6-1 所示。专用控制程序是根据微机控制装置所实现的功能要求而专门设计的软件。微机在专用程序控制下，按照所输入的零件加工程序发出一系列脉冲信号，经驱动电路放大后驱动步进电动机，控制机床的运动。

零件加工程序的输入有键盘直接输入方式和盒式磁带输入方式，也可将常用的程序固化于可擦抹改写的计算机只读存储器 ROM 中。

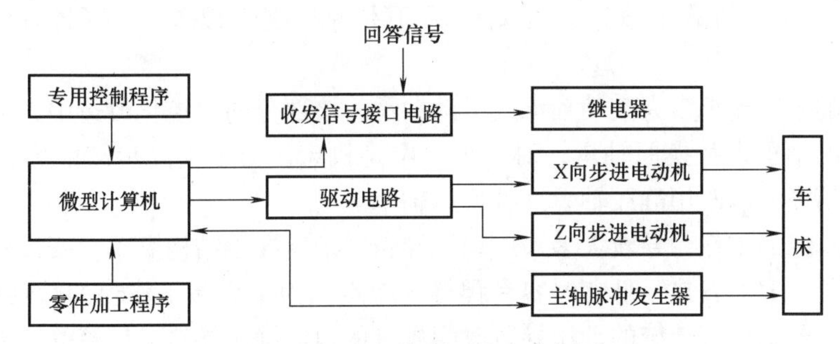

图 6-1　微机控制系统工作框图

二、主传动的数控化改造

机床主传动的作用是把电动机的转速和转矩通过变速箱传递给主轴，使工件或刀具以各种不同的速度运动。主传动性能的好坏，直接影响零件的加工质量和生产效率。机床的主传动一般采用普通交流电动机拖动或直流电动机拖动两种方式。中、小型机床的主传动多数采用普通交流电动机拖动，大型机床的主传动多数采用直流电动机拖动。

普通交流电动机拖动属于开环控制方式。在加工过程中，当电网电压和切削力矩发生变化时，电动机的转速也会随之波动，直接影响加工零件的表面粗糙度轮廓幅度参数值。普通交流电动机的调速一般不容易实现，主轴的变速需通过变速箱内各滑动齿轮块位置的转换获得不同的转速。常用的变速方式有液压变速或机械变速。为了使主轴能获得从低到高的各种不同转速，满足加工的需要，机械挡位数一般较多，使变速箱结构复杂，体积庞大，在运转过程中，尤其在高速时，振动和噪声都较大，对零件的加工精度会产生不良影响。用直流电动机拖动可采用速度闭环控制，电网电压和切削力矩的变化对电动机转速的影响很小。直流控制系统容易实现无级平滑调速，且调速范围较宽，所需机械挡位数也较少（一般为 2 挡或

4 挡）。齿轮数量的减少，致使主轴箱结构简单，体积缩小，转动时的振动和噪声减小，零件的加工精度较高。

1. 主传动电气部分的数控改造

主传动用直流电动机拖动比用普通交流电动机拖动具有许多优点。对主传动电气部分的改造，主要是将原来的普通交流电动机拖动改为直流电动机拖动，即用直流电动机替换原普通交流电动机，并配置相应的直流调速装置，同时还需改造原主轴箱。电气部分和机械部分同时改造，必然使机床改造的总费用大幅度上升，改造周期也将延长。采用普通交流电动机拖动的多为中、小型机床，其本身价格较低，改造费用过高、改造周期过长都将降低这类机床进行数控化改造的经济价值。所以在一般情况下，对机床的主传动均采取保留原电气系统的方案。对要求具有螺纹切削功能的机床，可在主轴部位安装主轴位置编码器。主轴位置编码器的安装，一般与主传动机械部分的改造同时进行。

2. 主传动机械部分的数控改造

主传动的电气部分通常保留原电气系统，因此主传动链维持不变，主轴箱内的变速部分就不需要改造。主传动机械部分的改造主要是主轴部件和主轴支承或工作台导轨的改造。

主轴部件直接带动工件或刀具参加切削运动，它除了承受本身质量外，还需承受较大的切削载荷。因此，主轴本身的刚性和旋转精度，以及支承的刚性都将直接影响零件的加工精度。主轴部分的数控改造，首先应保证本身的刚性以及修复和提高本身的旋转精度。

普通机床的主轴支承多为滚动轴承或滑动轴承。该部分的数控化改造中，对于小型机床多选用高精度的轴承来替换原轴承；对于大、中型机床，为了提高承载能力，增大主轴转速，保持旋转精度，可改用静压轴承来替换原轴承。

普通立式车床的工作台导轨大多采用动压导轨。动压导轨结构简单，安装调试方便，但存在着精度误差，容易发热，低速时容易爬行等缺点。为了提高工作台的载荷能力和精度，消除低速爬行现象，可将传统的动压导轨改为先进的恒流静压导轨。恒流静压导轨具有压力储备大、过载能力强、使用寿命长、工作可靠性好、无爬行、功率消耗与发热量少等优点，有利于提高工作台转速、增加载荷、提高精度、消除爬行，特别适合于大型立式车床工作台部件的数控改造。

三、进给传动的数控化改造

在数控机床中，进给传动的作用是接受数控系统的指令，经放大后使刀具作精确定位或按规定的轨迹作严格的相对运动，如直线、斜线、圆弧等，加工出符合要求的零部件。对进给传动的要求包括：①高精度，即高的定位精度和重复定位精度，以及加工零件的综合精度；②高品质，即频带宽，响应快，动、静态速降小，调速范围宽；③高速度，即能快速定位，以提高效率；④大功率，即能输出大的力矩和功率，以满足加工的需要。

1. 进给传动电气部分的数控改造

（1）确定控制方式　数控系统的控制方式基本上可分为开环、闭环和半闭环三种方式。普通机床数控化改造选择哪种控制方式，需要根据具体情况确定。一般小型机床的数控化改造多采用开环控制方式，数控系统多为以单板机或单片机为主控制单元的简易数控系统。因这类机床本身价格低廉，而该控制方式投资少，安装调试方便，但控制精度和速度较低。

大、中型机床的数控改造多采用半闭环控制方式，数控系统有北京数控设备厂研制生产的BS03经济型数控系统；FANUC System7、FANUC System3、DYNAPATH System10等中档数控系统。半闭环控制方式虽然改造费用较大，但这类机床本身价格较贵，特别是大型、重型机床价格更昂贵，且该控制方式多以直流伺服电动机为驱动元件，控制精度和速度比开环控制方式高，安装调试也比较方便。闭环控制方式由于需要直接测出移动部件的实际位置，要在机床的相应部位安装直线测量元件，工作量大，费时多，而且闭环控制方式的调试相当麻烦，它的稳定性与机械部分的各种非线性因素有很大关系，在机床数控化改造中一般不采用闭环控制方式。

（2）选择伺服系统　目前，使用得比较广泛的伺服系统有步进电动机驱动系统、可控硅直流伺服系统和大功率晶体管直流脉宽调制（PWM）伺服系统。

在机床的数控化改造中，小型机床多采用步进电动机驱动系统。这种系统价格低，结构简单，安装调试和维修都非常方便，但控制精度和速度较低。大、中型机床则多采用可控硅直流伺服系统或PWM直流伺服系统，这两种系统控制精度高，调速范围宽，快速性好，容易实现半闭环控制，但价格较高，维修较困难。

（3）选择位置测量元件　位置测量元件是数控伺服系统中的一部分，用来测量运动部件按指令值移动的位移量，并将其位移量反馈给数控系统。位置测量元件可分为旋转型测量元件和直线型测量元件两类。

目前在数控机床中，使用最广泛的旋转型测量元件有旋转变压器和光电脉冲编码器。旋转变压器精度高、体积小，可以达到很高的转速，安装方便，耐冲击能力较强。光电脉冲编码器是光学式测量元件，检测方式采用非接触形式，没有摩擦和磨损，响应速度高。采用照相腐蚀技术制作编码盘，具有很高的精度和分辨率。由于编码盘采用玻璃材料制作，故耐冲击能力较差。这两种测量元件均可用在数控系统的半闭环控制中，用来测量伺服电动机的角位移量。具体采用哪一种测量元件与所选用的数控系统有关，不同的数控系统对采用的测量元件类型有不同的要求。

直线型测量元件用来测量移动部件的位移量，常用的有感应同步器和光栅。感应同步器对环境的适应性强，它是利用电磁感应原理产生信号，不怕油污和灰尘的污染。光栅的特点是精度高，但对使用的环境条件适应性较差。这两种测量元件多用在闭环控制方式的数控系统中，在机床的数控化改造中一般不用。

机床在数控化改造中，应根据机床的类型、大小、加工对象及加工要求等因素选择合适的控制方式、伺服系统和测量元件，应以满足机床改造后的加工要求为主要目的，不要盲目追求高精度、高性能，以免造成不必要的浪费，增加改造的难度。

2. 进给传动机械部分的数控改造

（1）导轨副　普通机床的导轨多采用滑动导轨，它具有结构简单、制造方便、承载面积大、接触刚度好、抗振性强等优点。但滑动导轨的静摩擦因数大，动摩擦因数随速度变化而变化，摩擦损失大，在低速时容易出现爬行现象，直接影响运动部件的定位精度。把滑动导轨改为滚动导轨或静压导轨，可消除爬行，提高定位精度。但工艺复杂，许多相关零部件需进行更换或加工，改造工作量大、周期长，改造费用多，实现起来比较困难。另一种改造方式是在原移动部件的导轨上粘接聚四氟乙烯软带，该软带具有摩擦因数小，动、静摩擦因数差别小，部件运行平稳，没有爬行，定位精度高。没有振动，提高了工件表面加工质量，延长了刀具使用寿命。软带耐磨损，且嵌入性能好，与其配合的金属导轨面不会拉伤。软带有自润滑性，当机械润滑系统出现故障时，导轨不会拉伤。

导轨采用粘接软带，零部件不需更换，加工部位少，改造工作量小、周期短、费用少，若与机床大修、提高精度同时进行，效果将更佳。这种导轨副在机床数控化改造中得到了广泛的应用。

（2）进给箱　普通机床的进给箱多为齿轮结构，随着进给变换级数的增多，齿轮对数和操纵机构显著增加。传动链的增长，不仅使进给箱的结构复杂，还因齿轮间隙的累积，使反向间隙增大，降低了反向精度。进给系统的改造主要是减少进给箱内的齿轮对数，缩短进给传动链，增加传动元件消除间隙的装置，提高反向定位精度。普通机床在数控化改造时，往往是取消原进给箱或换成仅一级减速的进给箱。该箱体内的连接元件采用无键连接，传动元件要有消除或减少间隙的装置，如双齿轮机构，以提高反向精度。

（3）移动元件　在机床的进给传动链中，需将旋转运动变换成直线运动。普通机床常采用普通丝杠副实现该项运动。普通丝杠副的导程小，降速比大，故牵引力也大。普通丝杠副有自锁能力，在垂向进给机构中不用附加制动装置。其缺点是摩擦阻力大，传动效率低；动、静摩擦因数相差大，在低速时容易出现爬行。

数控机床要求进给部分的移动元件灵敏度好、精度高、反应快、无爬行，采用滚珠丝杠副可满足数控机床进给运动的这些要求。在机床数控化改造时，由于滚珠丝杠副的径向尺寸较大，许多相关的部位都需修改，往往仍用原普通丝杠副，但为消除过大的丝杠与螺母间隙，应将原单螺母改成可调整间隙的双螺母副。

第三节　普通卧式车床的数控化改造

普通卧式车床的数控化改造涉及两个方面的问题：一是机械传动链的改造；二是电气控制系统的配置。也就是说，在卧式车床上增加微机控制系统，再进行适当的机械改装，使其具有一定的自动化能力，以实现预定的加工工艺目标。现以 C618 卧式车床改造成经济型数控车床为例，说明普通卧式车床数控化改造的方法。

一、机械结构改造

1. 进给传动链

C618 卧式车床数控化改造后的纵向（Z 轴）、横向（X 轴）的传动链，如图 6-2 所示。改造后，原纵向进给传动链中的丝杠和光杆由滚珠丝杠取代，Z 轴步进电动机和滚珠丝杠采用同步齿形带变速，一方面增大了输出转矩，另一方面由于同步齿形带的柔性，可克服由于电动机轴和滚珠丝杠不平行而引起的失步现象。Z 轴步进电动机和滚珠丝杠的安装方式，如图 6-3 所示。X 轴滚珠丝杠采用一端支承的方式，由 X 轴步进电动机通过同步齿形带来驱动。

2. 主传动

保留原机床的主轴传动链，采用手动挂挡变速的方法（也可拆除主轴传动链，通过对主电动机的变频调速实现机床主轴的无级调速）。拆卸交换齿轮，在主轴末端安装主轴脉冲编码器（1024P/r，六脉冲输出），以进行螺纹切削。主轴脉冲编码器的安装，如图 6-4 所示。

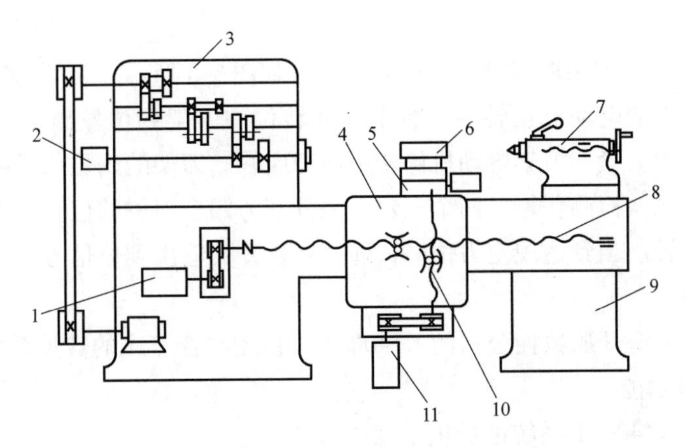

图 6-2　改造后的 C618 卧式车床传动系统图

1—Z 轴步进电动机　2—主轴脉冲编码器　3—主轴箱　4—溜板箱

5—刀架滑板　6—电动刀架　7—尾座　8—Z 轴滚珠丝杠

9—床身　10—X 轴滚珠丝杠　11—X 轴步进电动机

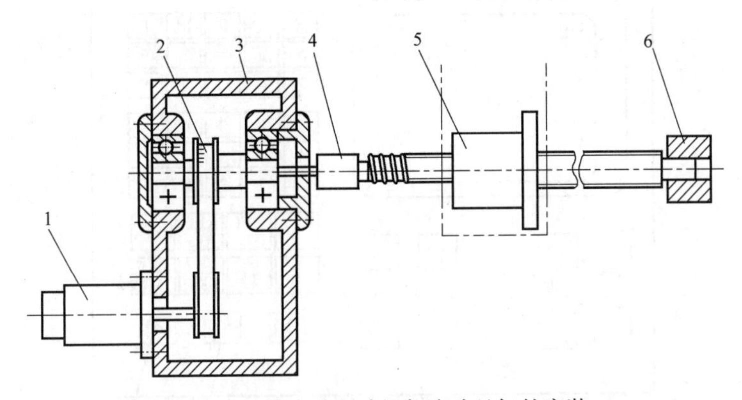

图 6-3　Z 轴步进电动机与滚珠丝杠的安装

1—步进电动机　2—同步齿形带　3—箱体　4—联轴器　5—滚珠丝杠螺母副　6—支承座

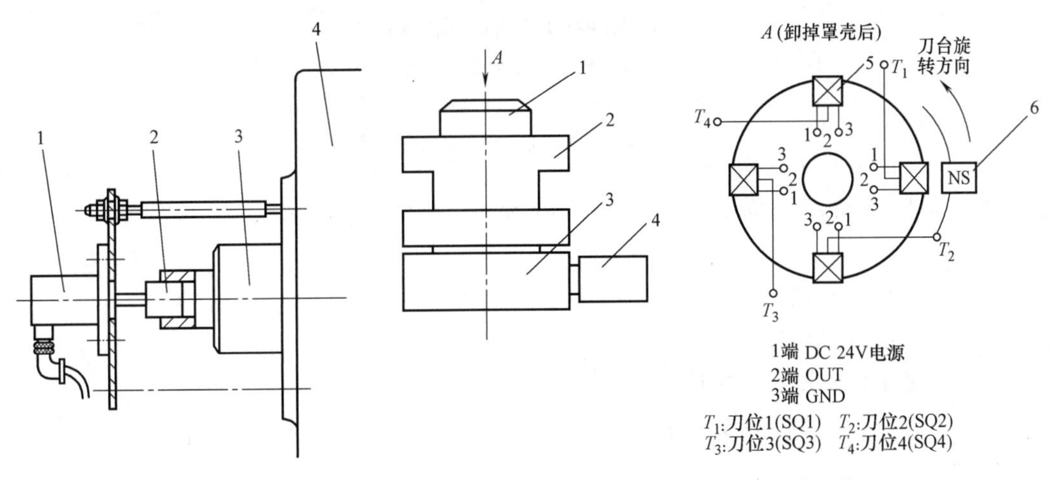

图 6-4　主轴脉冲编码器的安装

1—主轴脉冲编码器　2—堵头

3—主轴　4—主轴箱

图 6-5　LD4 系列电动刀架

1—罩壳　2—刀台　3—刀架座

4—刀架电动机　5—霍尔开关　6—永久磁铁

3. 刀架

采用LD4系列电动刀架取代原手动四方刀架，如图6-5所示。刀架的定位过程如下：系统发出换刀信号→刀架电动机正转→刀台上升并转位→刀架到位发出信号→刀架电动机反转→初定位→精定位夹紧→刀架电动机停转→换刀应答。刀架的到位信号由刀架定轴上端四个霍尔开关和永久磁铁检测获得。四个霍尔开关分别为四个刀位的位置，当刀台旋转时，带动永久磁铁一起旋转。当到达规定刀位时，通过霍尔开关输出到位信号。

二、数控系统

数控系统采用上海开通数控公司的KT400-T经济型数控车床的数控系统。

1. 系统面板及功能

图6-6所示为KT400-T系统的面板示意图。

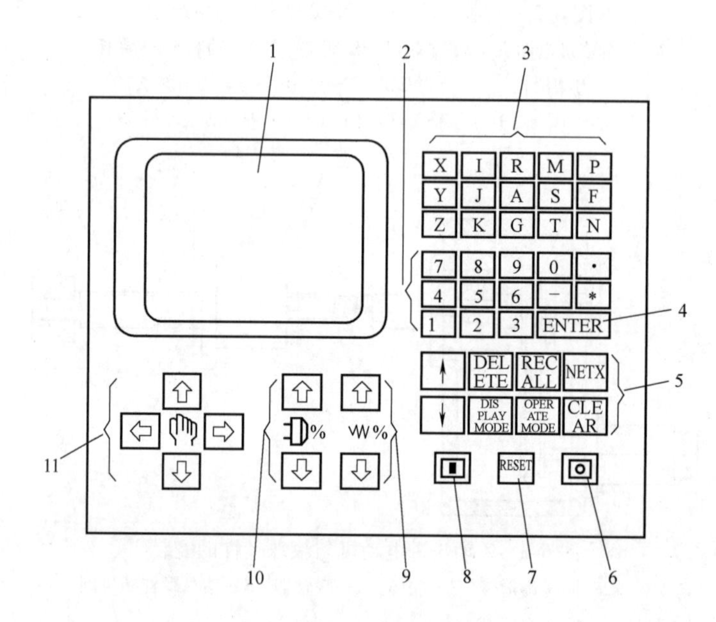

图6-6　KT400-T系统的面板示意图

1—CRT　2—数字及符号键　3—字母键　4—输入键　5—功能键
6—循环停止键　7—复位键　8—循环启动键　9—进给倍率修调键
10—主轴速度修调键　11—手动方向键

（1）CRT　在数控系统运行过程中，CRT显示下列信息：

1）操作方式表。

2）现行的操作方式。

3）在执行的程序和程序段。

4）正在编辑的程序和程序段。

5）装入存储器内的程序分配表。

6）轴的坐标值。

7）跟随误差。

8）进给率、主轴转速和现在执行的功能。

9）刀具表。

10）出错代码。

（2）功能键　按这些键用于切换各种功能显示画面。

1）操作方式键（OPERATE MODE）。按下该键，在显示屏上就立即显示出“操作方式表”，这是进入任何操作方式的第一步操作。

2）显示方式键（DISPLAY MODE）。在显示屏上可以显示出所选择的操作方式中的各种信息。

3）前后移动键（↑和↓）。利用这两键可使操作者看到编辑前后的程序段及刀具表。另外，这两键还用作光标的前后移动。

4）删除键（DELETE）。用于删除一个程序或一个程序段；删除译码 M 功能表及清除图形显示。

5）检索键（RECALL）。用于选取一个程序；也用于选取程序中的一个程序段或与程序段相应的刀具表中的一组刀具。

6）下一步键（NEXT）。按下该键，能在多种操作方式下使 CNC 进入相应的下一步操作。

7）清除键（CLEAR）。在编辑一个程序段的过程中，按下该键，可以逐个清除字符。

（3）输入键（ENTER）　将数据输入到 CNC 存储器内。

（4）循环启动键（START）　按下循环启动键，数控系统开始运行程序，数控机床进入自动加工状态。

（5）循环停止键（STOP）　按下循环停止键，CNC 停止执行正在加工的那个程序段。若要继续执行那个程序段，则需要按循环启动键。

（6）复位键（RESET）　使 CNC 回到初始条件。

（7）主轴速度修调键　使已编入程序的主轴速度能按百分比修调（当主轴采用独立的手动挂挡变速时，这个功能无效）。

（8）进给倍率修调键　用于修调已编入程序中的进给速度，以及在各种不同手动方式时的进给速度（连续、增量和手摇脉冲发生器）。

（9）手动方向键　手动操作时，用于移动 X 轴或 Z 轴的正、负方向。在加工时，与进给倍率修调键配合，用于对刀。

2. 接口

图 6-7 所示为 KT400-T 系统背面的示意图。

1）A_1端口，用于 X 轴脉冲输出，9 芯连接器。

2）A_3端口，用于 Z 轴脉冲输出，9 芯连接器。

3）A_4端口，用于主轴编码器和手摇脉冲发生器的信号输入，15 芯连接器。

4）I/O 1 端口，用于强电箱的输入和输出信号，37 芯连接器。

5）I/O 2 端口，用于强电箱的输入和输出信号，25 芯连接器。

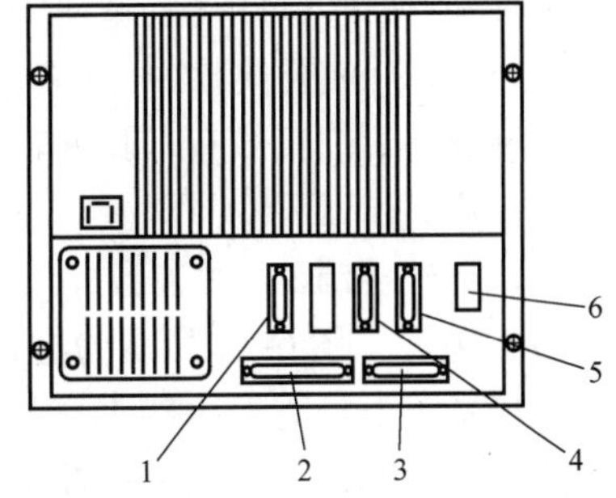

图 6-7　KT400-T 系统背面的示意图

1—A_1 端口　2—I/O 1 端口　3—I/O 2 端口　4—A_3 端口　5—A_4 端口　6—A_5 端口

6）A_5端口，用于 RS232C（V24）9 芯连接器。

三、机床操作面板

在 KT400-T 数控系统面板上，已集成了数控机床操作按键。为适应操作需要，另设数控机床操作面板，如图 6-8 所示。

四、进给驱动及步进电动机

步进电动机采用 110BYG550 系列五相步进电动机，步距角 0.36°/0.72°。其中，Z 轴步进电动机转矩为 12N · m，X 轴为 9N · m。步进驱动装置为 KT300 步进驱动装置，该装置采用环形分配集成电路、MOSFET 功放器件、恒流斩波及锁定自动降电流等控制技术，KT300 步进驱动装置的外观如图 6-9 所示。数控系统 KT400-T 和步进驱动装置 KT300 及步进电动机的连接关系，如图 6-10 所示。

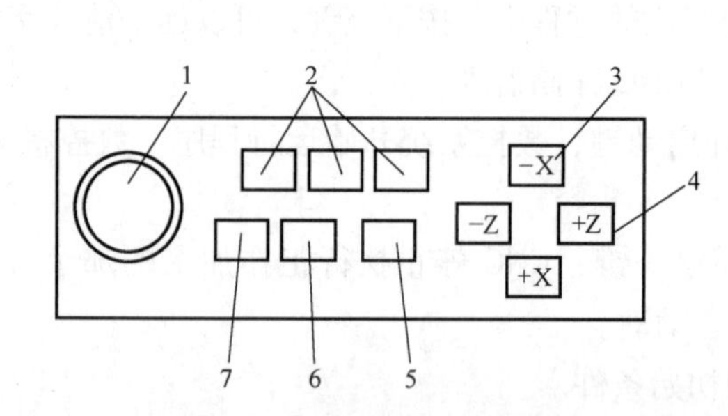

图 6-8　数控机床操作面板

1—急停按钮（SA_1）　2—主轴正转（SB_7）、反转（SB_8）、停止（SB_6）按钮　3—X 轴正向（SB_2）、负向（SB_3）按钮　4—Z 轴正向（SB_4）、负向（SB_5）按钮　5—冷却开/关（SB_1）按钮　6—循环停止 STOP（SB_9）按钮　7—循环启动 START（SB_{10}）按钮

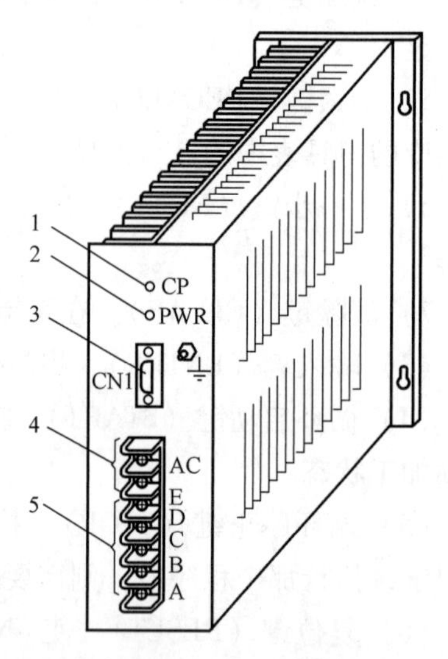

图 6-9　KT300 步进驱动装置

1—脉冲信号指示灯　2—电源指示灯　3—控制信号输入插座　4—电源输入接线端子　5—步进电动机驱动电源接线端子

系统中 A_1和 A_3端口与驱动装置的信号连接有两种方式，即正转（CW、$\overline{CW}$）、反转（CCW、$\overline{CCW}$）或公共脉冲（CW、$\overline{CW}$）加方向信号（DIR），两者取其一。

主轴脉冲反馈信号有六脉冲输出，即辨向脉冲 A、$\overline{A}$，B、$\overline{B}$和零标志 C、$\overline{C}$，其他有电源 0V 和 5V，屏蔽 FRAME。

五、电气控制

（1）电源　图 6-11 所示为这台机床的电源配置。

数控系统由隔离变压器 T_1 提供 AC220V 电源，以避免电网扰动对数控系统的干扰。X 轴和 Z 轴的驱动装置分别由数控机床的变压器 T_2 和 T_3 提供 AC220V 电源。有条件的话，可采用两个稳压电源分别提供 I/O 直流 +24V 电压和中间继电器直流 +24V 电压，以避免干扰对 I/O 信号的影响。整个数控系统的电源配置应注意接地的可靠性，因为接地的好坏直接影响到数控系统的抗干扰性和安全性。

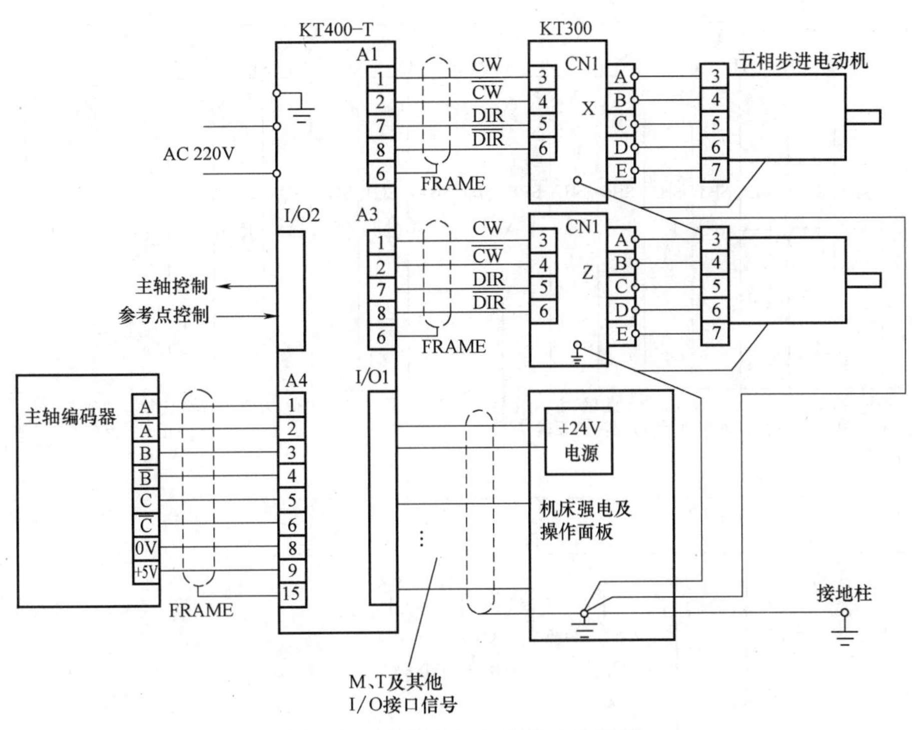

图 6-10　KT400-T 与 KT300 的连接

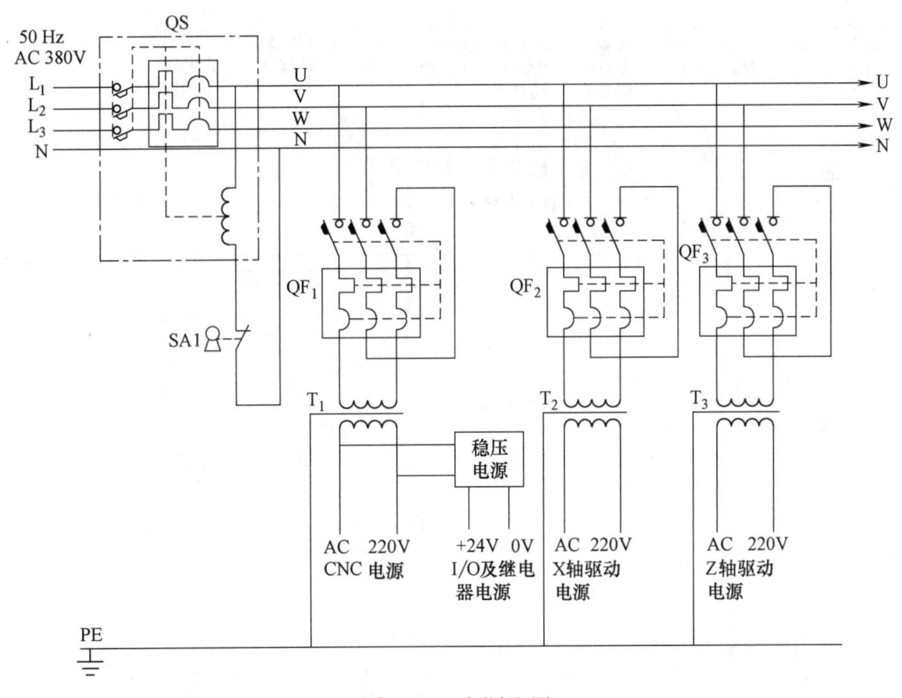

图 6-11　电源配置

（2）I/O 信号　图 6-12a 和图 6-12b 分别为 I/O 1、I/O 2 的输入、输出信号定义。

（3）主轴及刀架控制　图 6-13 所示为主轴及刀架的控制电路图。

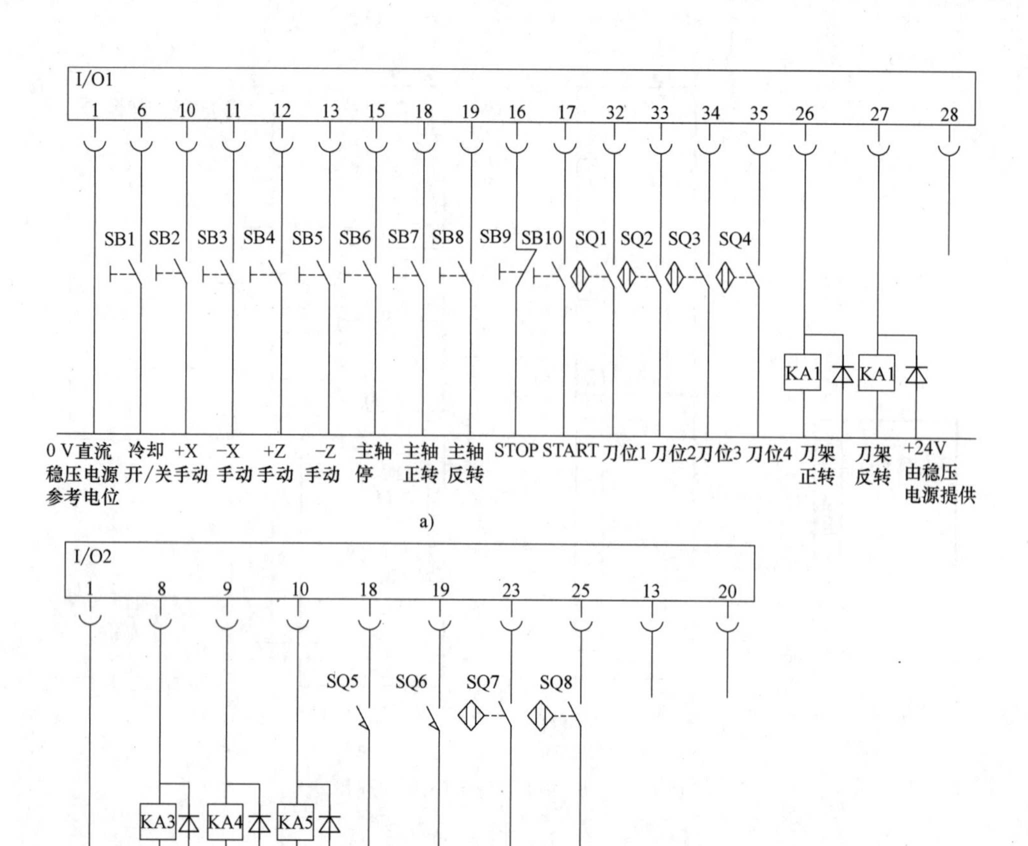

图 6-12　I/O 定义

a）I/O 1　b）I/O 2

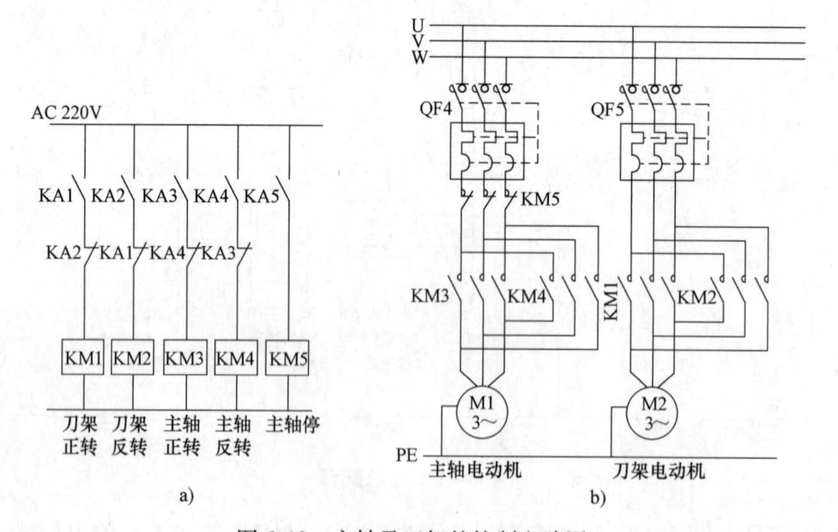

图 6-13　主轴及刀架的控制电路图

a）控制电路　b）主电路

六、调试

数控系统的参数 P0 ~ P120 涉及有关坐标轴参数、驱动特性参数等，调整好这些参数，将有利于数控机床的正常运行。

1. 有关坐标轴的参数

（1）限位　P21、P22 参数为 X 轴正向和负向软限位值，极限值为 + 8388mm 和 - 8388mm。

（2）反向间隙　P23 参数设定 X 轴反向间隙，最大设置值 255，单位为脉冲。

（3）机床参考点　该数控机床 X 轴和 Z 轴各采用一个行程开关和接近开关，作为参考点时的减速开关和参考点基准开关，并由 P94 参数确定。返回参考点时，以 G00（由 P102、P103 参数设定）向参考点运动，当碰到减速开关后，轴就减速，当运动到达接近开关时，轴就停止运动，即到达机床参考点，如图 6-14 所示。参考点的精度为 + 1 脉冲，这与接近开关的性能有关。

2. 有关驱动特性的参数

（1）G00 方式时的自动升降速控制　P27 ~ P31、P32 及 P107 参数为 X 轴第 1 步至第 5 步的起跳频率，第 6 步至第 9 步及第 10 步至第 16 步的起跳频率。和 X 轴相对应，P67 ~ P71、P72 及 P108 为 Z 轴的第 1 步至第 16 步的起跳频率。P109 和 P110 为 X 轴和 Z 轴的线性升降速时间常数。升降速曲线，如图 6-15 所示。

（2）X 轴最大可编程序切削进给率　由于切削进给（G01、G02/G03）没有加减速控制，P24 参数应根据数控机床 X 轴步进电动机的实际起跳频率设定，以保证不丢步。

（3）Z 轴升降速　P117 参数为螺纹切削时，Z 轴升降速的调节量。

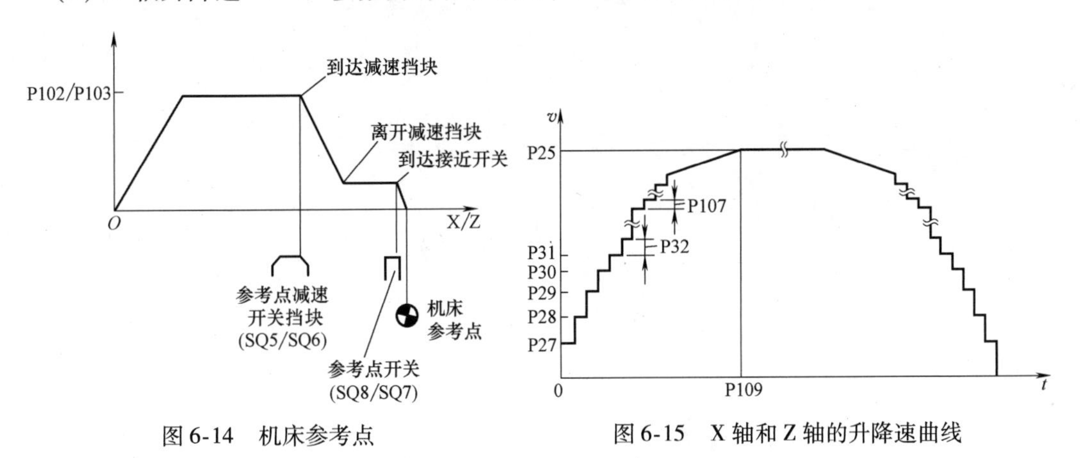

图 6-14　机床参考点　　图 6-15　X 轴和 Z 轴的升降速曲线

思考与练习

6-1　为什么说机床数控化改造是工艺设备更新的途径？

6-2　机床数控化改造需要考虑哪些方面的问题？

6-3　机床数控化改造的一般途径是什么？

6-4　微机控制装置在卧式车床的改装中，主要实现哪些功能？

6-5　机床主传动数控化改造有哪些部分？

6-6　机床进给传动电气部分的数控化改造有哪些内容？

6-7 机床进给传动机械部分的数控化改造有哪些内容？

6-8 配置标准型数控系统的数控机床，在电气控制方面包含哪些内容？

6-9 一曲轴磨床的砂轮架进给需进行数控化改造，砂轮架进给运动的规律，如图 6-16 所示。现要对砂轮架的位置进行精确控制，请提出砂轮架进给控制数控化改造的方案。

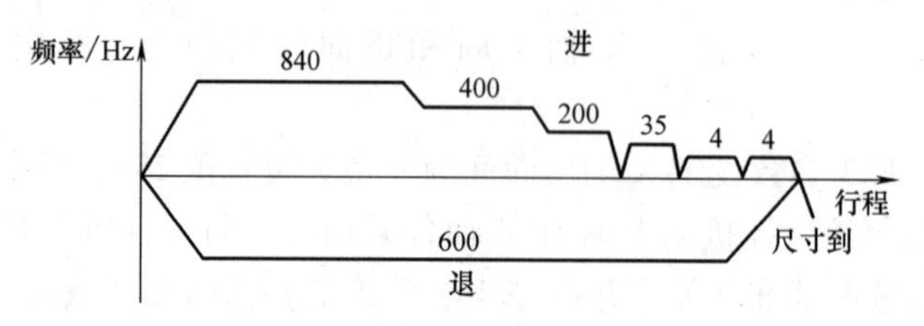

图 6-16 砂轮架进给运动的规律

参考文献

[1] 谭有广. 设备电气控制及维修［M］. 北京：机械工业出版社，1996.
[2] 安善之. 机床电气控制［M］. 北京：宇航出版社，1989.
[3] 方承远. 工厂电气控制技术［M］. 北京：机械工业出版社，2000.
[4] 许翏. 工厂电气控制设备［M］. 北京：机械工业出版社，1990.
[5] 廖常初. 可编程序控制器应用技术［M］. 重庆：重庆大学出版社，1992.
[6] 郑瑜平. 可编程序控制器［M］. 北京：北京航空航天大学出版社，1995.
[7] 连赛英. 机床电气控制技术［M］. 北京：机械工业出版社，1999.
[8] 何焕山. 工厂电气控制设备［M］. 北京：高等教育出版社，1992.
[9] 李发海，王岩. 电机与拖动基础［M］. 北京：清华大学出版社，1994.
[10] 胡幸鸣. 电机及拖动基础［M］. 北京：机械工业出版社，2000.
[11] 项毅. 机床电气控制［M］. 南京：东南大学出版社，1996.
[12] 王炳实. 机床电气控制［M］. 北京：机械工业出版社，1994.
[13] 胡泓，姚伯威. 机电一体化原理及应用［M］. 北京：国防工业出版社，1999.
[14] 田瑞庭. 可编程序控制器应用技术［M］. 北京：机械工业出版社，1993.
[15] 王兆义. 可编程序控制器教程［M］. 北京：机械工业出版社，1992.
[16] 王侃夫. 数控机床故障诊断及维护［M］. 北京：机械工业出版社，2003.
[17] 晏初宏. 数控机床［M］. 长沙：中南大学出版社，2006.
[18] 林宗璠. 现代电子电工手册［M］. 福州：福建科学技术出版社，1999.

参考文献